ZHINENG LOUYU GU... ...SHI
SHIXUN ZHIDAOSHU

智能楼宇管理师
实训指导书

主　编　韩嘉鑫
编　写　寿大云　赵会霞　徐　菁　裴　涛
张自忠　杨英锐　胡　群

中国电力出版社
CHINA ELECTRIC POWER PRESS

内 容 提 要

本书是智能楼宇管理师实训指导书，也是中国技能大赛——智能楼宇职业技能竞赛指定用书。本书系统、全面地对建筑智能化系统的实训设备进行了阐述，结合系统的特点，对各个系统的实验实训内容进行了综合规划设计，主要包括楼宇智能化视频监控及其集成系统、楼宇智能化防盗报警及其集成系统、楼宇智能化可视对讲及其集成系统、楼宇智能化设备监控及其集成系统、楼宇智能化火灾报警联动及其系统等。

本书可作为本科院校、职业院校、培训机构等智能建筑及相关专业教师的教学参考资料，也可作为相关专业学生的实践性教学指导书、智能楼宇管理师职业指导书、智能楼宇实验实训指导用书、企业培训用书。

图书在版编目（CIP）数据

智能楼宇管理师实训指导书/韩嘉鑫主编．—北京：中国电力出版社，2018.10（2022.11重印）

ISBN 978-7-5198-2036-7

Ⅰ.①智… Ⅱ.①韩… Ⅲ.①智能化建筑—管理 Ⅳ.①TU18

中国版本图书馆 CIP 数据核字（2018）第 093956 号

出版发行：中国电力出版社
地　　址：北京市东城区北京站西街 19 号（邮政编码 100005）
网　　址：http://www.cepp.sgcc.com.cn
责任编辑：庞俊秀
责任校对：黄　蓓　太兴华
装帧设计：郝晓燕
责任印制：吴　迪

印　　刷：北京九州迅驰传媒文化有限公司
版　　次：2018 年10月第一版
印　　次：2022 年11月北京第三次印刷
开　　本：787 毫米×1092 毫米　16 开本
印　　张：13.25
字　　数：319 千字
定　　价：45.00 元

前言

智能楼宇的核心是5A系统，智能楼宇就是通过通信网络将各系统进行有机的综合，集结构、系统、服务、管理及它们之间的最优化组合，使建筑物具有安全、便利、高效、节能的特点。智能楼宇是一个边沿性交叉性的学科，涉及计算机技术、自动控制、通信技术、建筑技术等，并且有越来越多的新技术在智能楼宇中应用。

通过楼宇自动控制系统，采用先进的计算机控制技术、管理软件和节能系统程序，可使建筑物机电或建筑群内的设备有条不紊、综合协调、科学地运行，从而达到有效地保证建筑物内有舒适的工作环境，实现节能和节省维护管理工作量、运行费用的目的。

本书以能力培养为根本出发点，采用模块化方式根据《国家职业标准·智能楼宇管理师（试行）》进行编写，以综合职业能力培养为本，融知识、技能为一体，培养楼宇智能化系统设计、安装、调试、维护和改造的高技能人才，突出了设计、安装、调试等技能概念。本书既可作为高等院校及培训机构等智能建筑及相关专业教师的教学参考资料，也可作为专业学生的实践性教学指导书和企业培训用书。

本教材由韩嘉鑫任主编，参加编写的人员有寿大云、赵会霞、徐菁、裴涛、张自忠、杨英锐、胡群等。同时，在此特别鸣谢浙江亚龙教育装备股份有限公司提供实验实训设备。

由于编写时间仓促，且本书所涉及领域的技术发展十分迅速，书中难免有疏漏之处，恳切希望广大读者对本书提出宝贵意见和建议。

编者

2018年7月

目　　录

第1章　楼宇智能化视频监控及其集成系统

第1节　系统拓扑结构

楼宇智能化视频监控及其集成系统拓扑结构如图1-1所示。

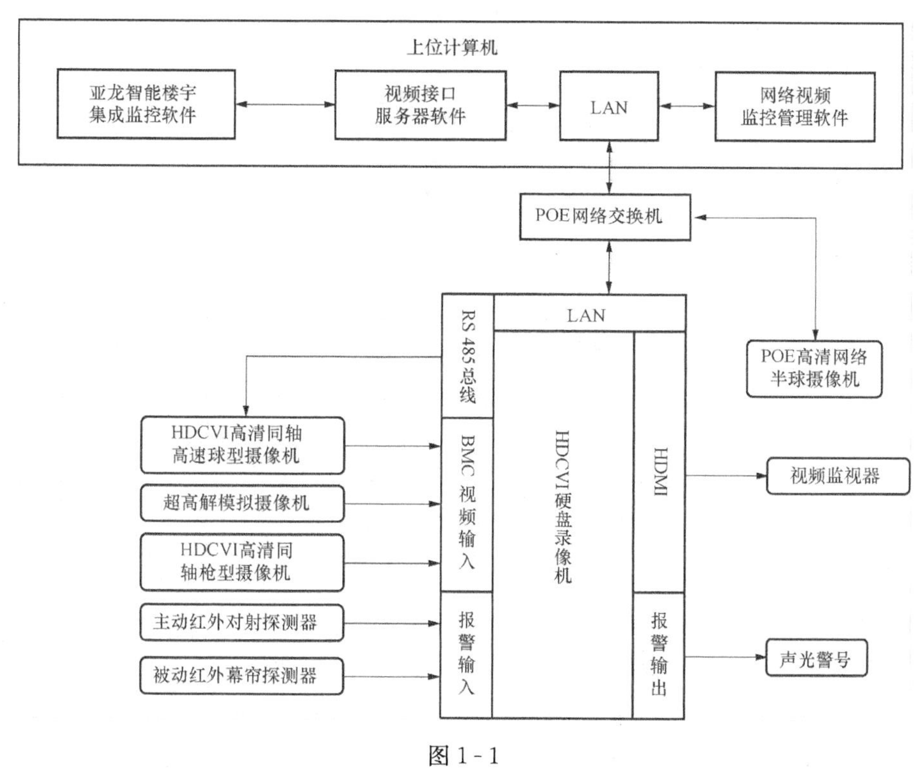

图1-1

第2节　器　材　准　备

楼宇智能化视频监控及其集成系统器材准备清单见表1-1。

表 1 - 1　　楼宇智能化视频监控及其集成系统器材准备清单

序号	器材名称	数量	单位
1	HDCVI 硬盘录像机	1	台
2	SATA 硬盘	1	个
3	HDCVI 高清同轴高速球型摄像机	1	台
4	HDCVI 高清同轴枪型摄像机	1	台
5	超高解模拟摄像机	1	台
6	自动光圈镜头	1	个
7	POE 高清网络半球型摄像机	1	台
8	球型摄像机壁装支架	1	个
9	轻型枪型摄像机壁装支架	2	个
10	视频监视器	1	台
11	HDMI 高清数据线	1	条
12	POE 网络交换机	1	台
13	主动红外对射探测器	1	对
14	被动红外幕帘探测器	1	个
15	声光警号	1	个
16	网络视频监控管理软件	1	套
17	视频接口服务器软件	1	套
18	亚龙智能楼宇集成监控软件	1	套
19	上位计算机	1	台
20	BNC 视频头	6	个
21	DC 电源线	3	条
22	超五类 RJ 45 网络跳线	3	条
23	三类 2 对非屏蔽电缆	1	批
24	视频线缆	1	批
25	弱电线缆	1	批
26	膨胀紧固件	1	批
27	自攻螺钉	1	批

第 3 节　功　能　需　求

楼宇智能化视频监控及其集成系统功能需求（评分标准）见表 1 - 2。

表 1 - 2　　楼宇智能化视频监控及其集成系统功能需求（评分标准）表

序号	功能需求（评分标准）	分值
1	视频监视器的画面 1 显示 HDCVI 高清同轴高速球型摄像机的监视图像	4
2	视频监视器的画面 2 显示超高解模拟摄像机的监视图像	4
3	视频监视器的画面 3 显示 HDCVI 高清同轴枪型摄像机的监视图像	4

续表

序号	功能需求（评分标准）	分值
4	视频监视器的画面 4 显示 POE 高清网络半球摄像机的监视图像	4
5	通过 HDCVI 硬盘录像机手动启动声光报警信号	4
6	通过 HDCVI 硬盘录像机手动控制 HDCVI 高清同轴高速球型摄像机的云台的向左运动	1
7	通过 HDCVI 硬盘录像机手动控制 HDCVI 高清同轴高速球型摄像机的云台的向右运动	1
8	通过 HDCVI 硬盘录像机手动控制 HDCVI 高清同轴高速球型摄像机的云台的向上运动	1
9	通过 HDCVI 硬盘录像机手动控制 HDCVI 高清同轴高速球型摄像机的云台的向下运动	1
10	通过 HDCVI 硬盘录像机自动控制 HDCVI 高清同轴高速球型摄像机的云台的水平旋转运动	1
11	通过 HDCVI 硬盘录像机手动控制 HDCVI 高清同轴高速球型摄像机的镜头的变倍进出	1
12	当断开 HDCVI 高清同轴高速球型摄像机的视频信号连接时，视频监视器的屏幕自动提示“视频丢失”信息	6
13	当检测到被动红外幕帘探测器动作时，HDCVI 高清同轴高速球型摄像机的监视图像自动显示为 9 号网孔板的背面	6
14	当检测到主动红外对射探测器动作时，HDCVI 高清同轴高速球型摄像机的监视图像自动显示为 10 号网孔板的背面	6
15	当人为遮挡超高解模拟摄像机的镜头使其监视图像成单一颜色画面时，HDCVI 硬盘录像机自动发出蜂鸣警报声	6
16	当检测到 HDCVI 高清同轴枪型摄像机的监视图像有动态变化时，HDCVI 硬盘录像机自动对其所在的通道进行录像	6
17	当断开 POE 高清网络半球摄像机的网络信号连接时，视频监视器的屏幕自动轮巡“HDCVI 高清同轴高速球型摄像机”“超高解模拟摄像机”及“HDCVI 高清同轴枪型摄像机”的监视图像	6
18	当断开 POE 高清网络半球摄像机的网络信号连接时，HDCVI 硬盘录像机自动启动声光警号	6
19	网络视频监控管理软件的界面显示 HDCVI 高清同轴高速球型摄像机的监视图像	4
20	网络视频监控管理软件的界面显示超高解模拟摄像机的监视图像	4
21	网络视频监控管理软件的界面显示 HDCVI 高清同轴枪型摄像机的监视图像	4
22	网络视频监控管理软件的界面显示 POE 高清网络半球摄像机的监视图像	4
23	集成监控软件的界面显示 HDCVI 高清同轴高速球型摄像机的监视图像	4
24	集成监控软件的界面显示超高解模拟摄像机的监视图像	4
25	集成监控软件的界面显示 HDCVI 高清同轴枪型摄像机的监视图像	4
26	集成监控软件的界面显示 POE 高清网络半球摄像机的监视图像	4

第 4 节　线　路　连　接

视频监控及其集成系统的线路连接见图 1-2。

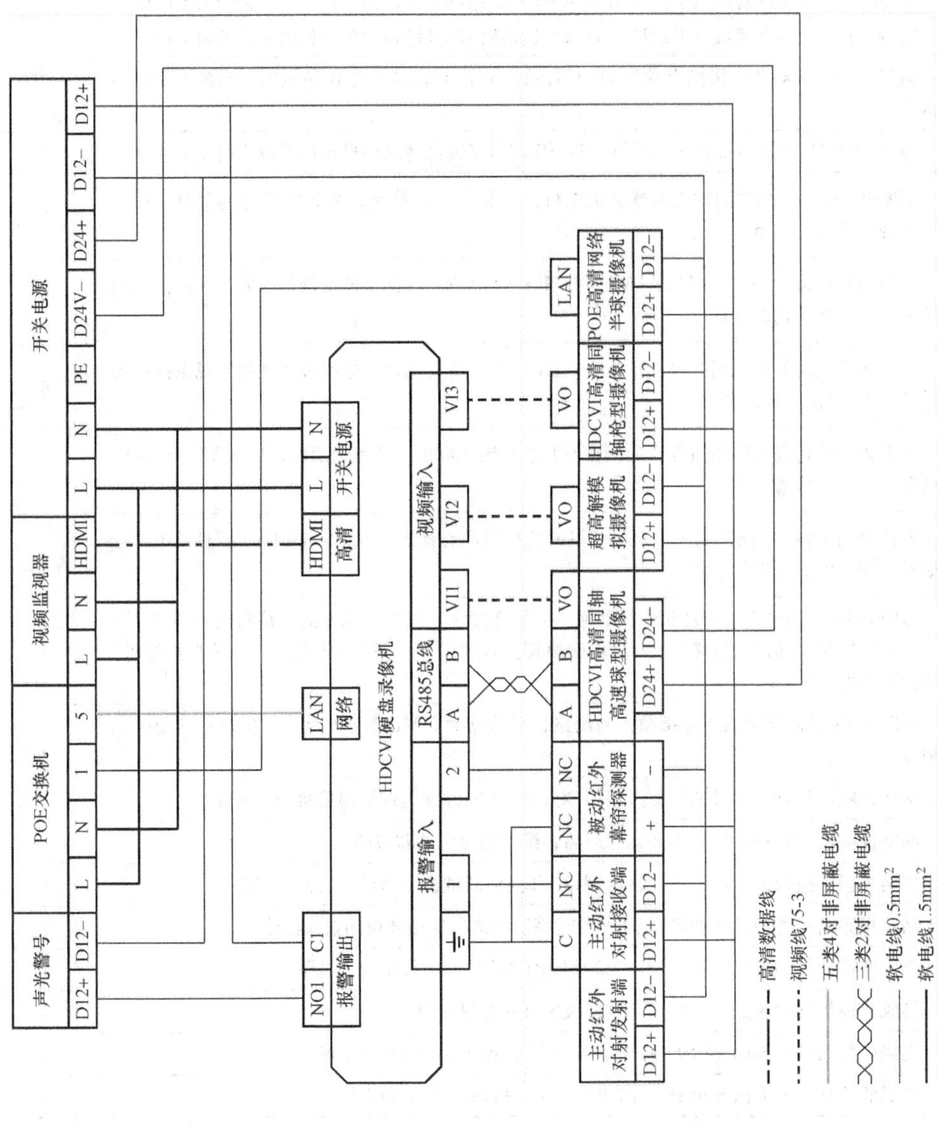

声光警号
D12+
D12−
POE交换机
L
N
1
5
视频监视器
L
N
HDMI
开关电源
L
N
PE
D24V−
D24+
D12−
D12+
NO1
C1
报警输出
LAN
网络
HDMI
高清
L
N
开关电源
HDCVI硬盘录像机
报警输入
1
2
RS485总线
A
B
视频输入
VI1
VI2
VI3
主动红外对射发射端
D12+
D12−
C
NC
主动红外对射接收端
D12+
D12−
NC
NC
被动红外幕帘探测器
+
−
A
B
VO
HDCVI高清同轴高速球型摄像机
D24+
D24−
VO
超高解模拟摄像机
D12+
D12−
VO
HDCVI高清同轴枪型摄像机
D12+
D12−
LAN
POE高清网络半球摄像机
D12+
D12−
高清数据线
视频线75-3
五类4对非屏蔽电缆
三类2对非屏蔽电缆
软电线0.5mm²
软电线1.5mm²

图 1-2

第 5 节　硬件设备配置

5.1　设备通电

（1）合上位于 HDCVI 硬盘录像机后面右上角的电源开关，HDCVI 硬盘录像机指示灯亮。

（2）合上位于视频监视器背面左边的电源开关，电源指示灯点亮为绿色，最后显示 HDCVI 硬盘录像机的画面。

5.2　监视器通道切换

按视频监视器的键，然后按键或键，切换到“HDMI”项，再按键确定，如图 1-3 所示。

5.3　系统登录

（1）系统开机后，弹出“开机向导”界面，单击“取消”按钮，如图 1-4 所示。

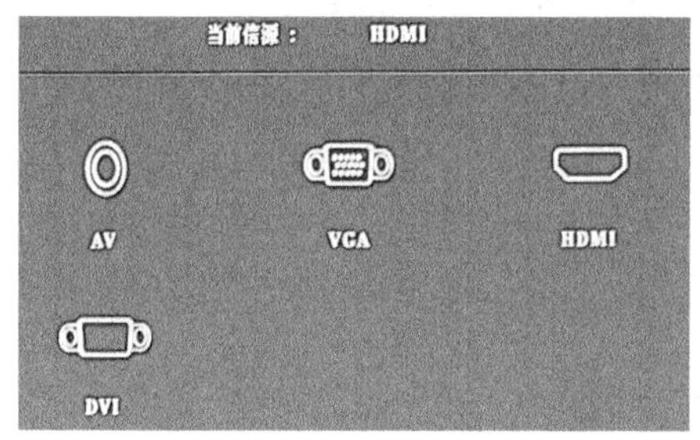

图 1-3

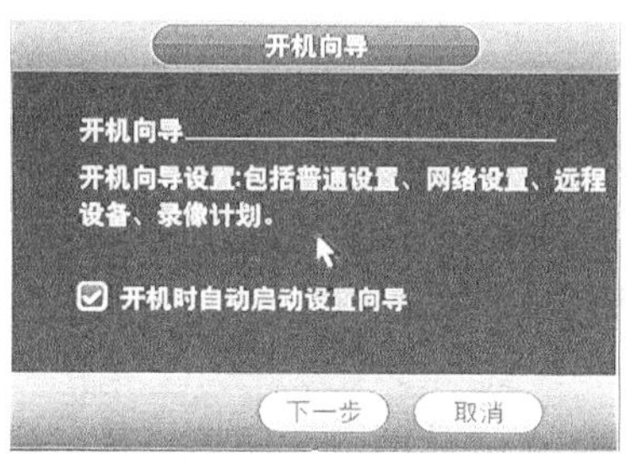

图 1-4

（2）单击“确定”按钮，如图 1-5 所示。

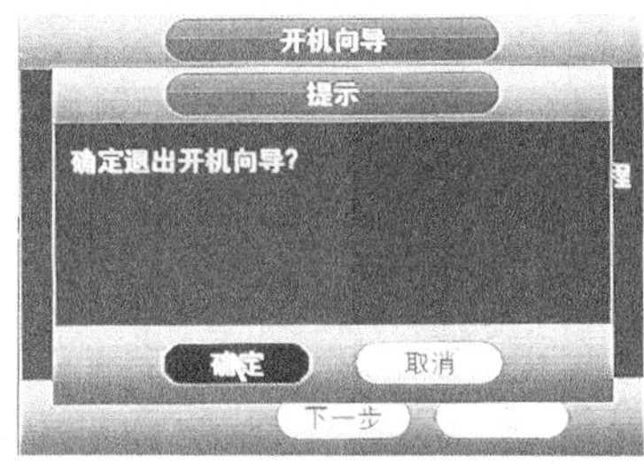

图 1-5

(3) 右击鼠标，选择“主菜单”选项，如图 1 - 6 所示。

(4) 选择用户“888888”，在“密码”输入框中填写“888888”，单击“Enter”，如图 1 - 7 所示。

图 1 - 6　　　　图 1 - 7

(5) 单击“确定”按钮，登录系统，如图 1 - 8 所示。

图 1 - 8

5.4　摄像机设置

(1) 在预览画面里，右击选择“主菜单”，如图 1 - 9 所示。

(2) 弹出“主菜单”框，选择“设置”栏中的“摄像头”，如图 1 - 10 所示。

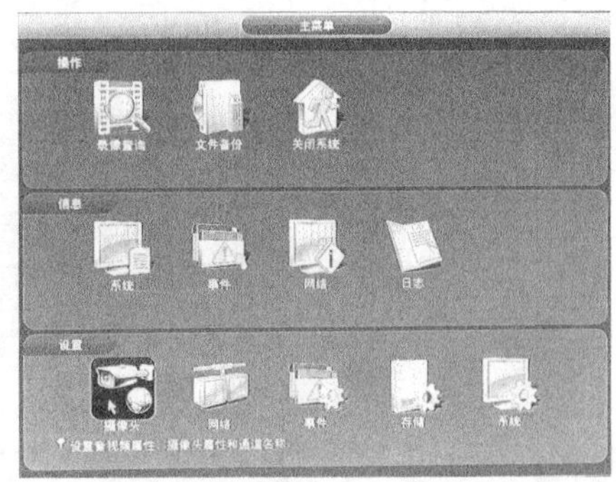

图 1 - 9　　　　图 1 - 10

(3) 弹出“设置”对话框，选择“摄像头”栏中的“通道类型”，设置前三个通道为同轴线，通道四为 IP，单击“保存”按钮保存。再右击返回到预览画面，如图 1－11 所示。

5.5　远程设备设置

(1) 在预览画面里，右击选择“远程设备”选项，如图 1－12 所示。

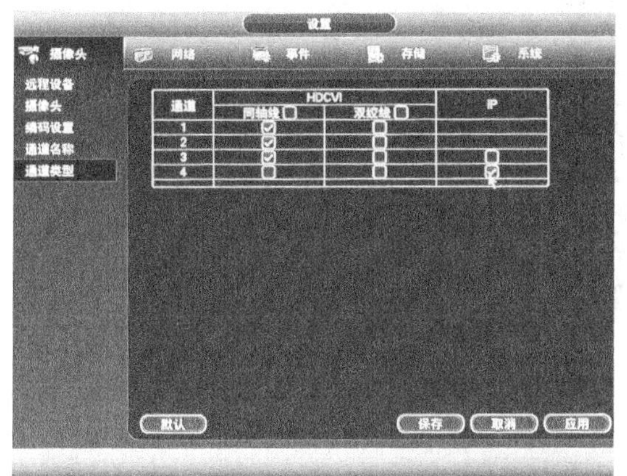

图 1－11

图 1－12

(2) 弹出“远程设备”框，单击“设备搜索”按钮，如图 1－13 所示。

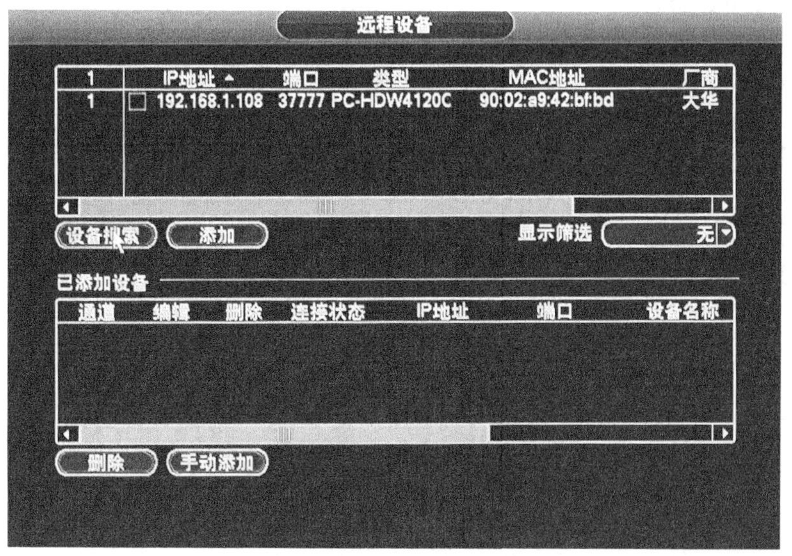

图 1－13

(3) 选择对应的摄像机，单击“添加”按钮，查看连接状态为绿色说明连上，单击“确定”按钮。再右击返回到预览画面，如图 1-14 所示。

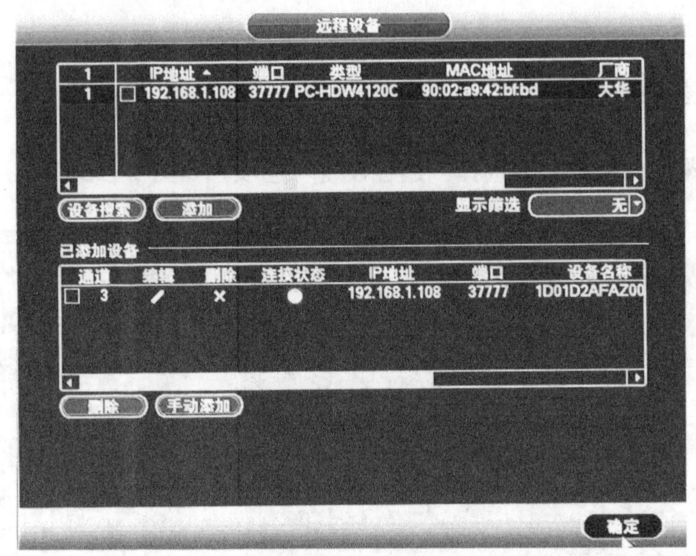

图 1-14

5.6 预置点设置

(1) 右击 HDCVI 高清同轴高速球型摄像机所在的画面，选择“云台控制”选项，如图 1-15 所示。

图 1-15

(2) 单击“云台控制”中右边的三角形箭头，弹出设置框，如图 1-16 所示。

(3) 单击右下角“辅助键设置”，弹出“云台设置”框，如图 1-17 所示。

(4) 选择“预置点”选项，移动云台到指定画面 9 号网孔板的背面，单击预置点右边的框，弹出数字键盘，输入“1”，再单击“设置”按钮，如图 1-18 所示。

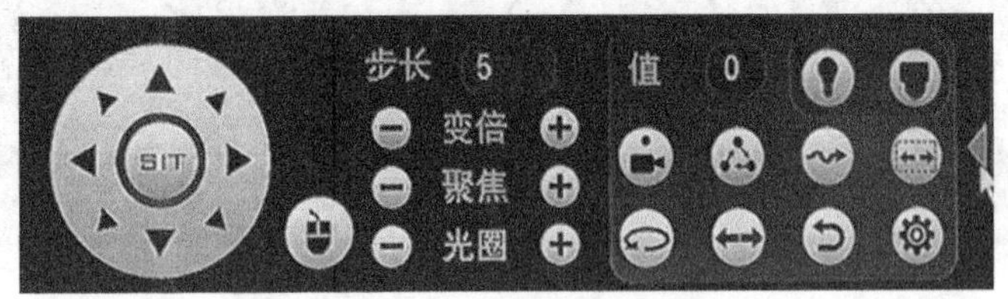

图 1-16

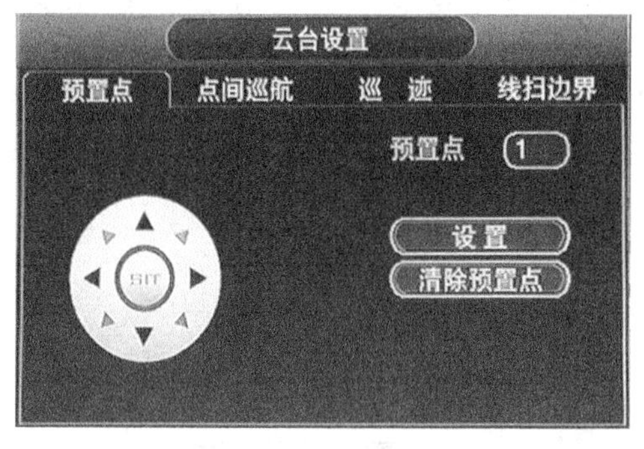

图 1-17

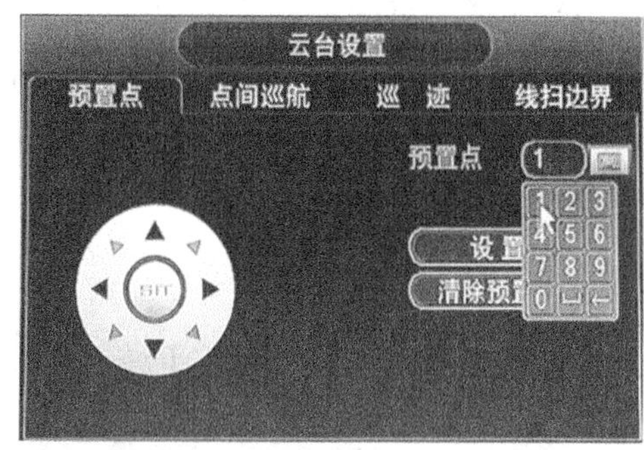

图 1-18

（5）同理，按上面步骤设置预置点 2，移动云台到指定画面 10 号网孔板的背面，单击预置点右边的框，弹出数字键盘，输入“2”，再单击“设置”按钮。

5.7　点间巡航设置

（1）单击“云台控制”中右边的三角形箭头，弹出设置框，如图 1-19 所示。

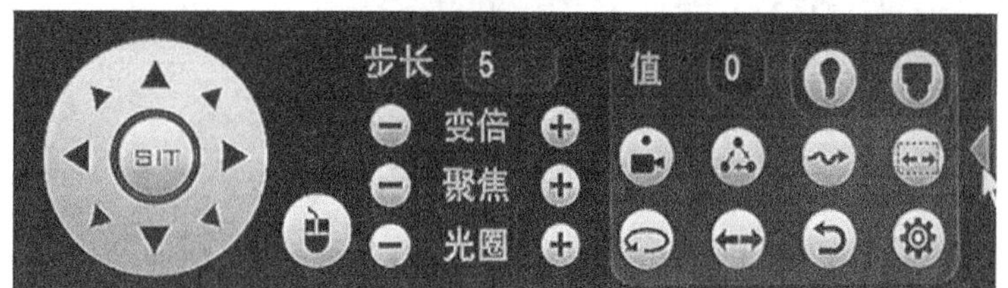

图 1-19

（2）单击右下角“辅助键设置”，弹出“云台设置”框，如图 1-20 所示。

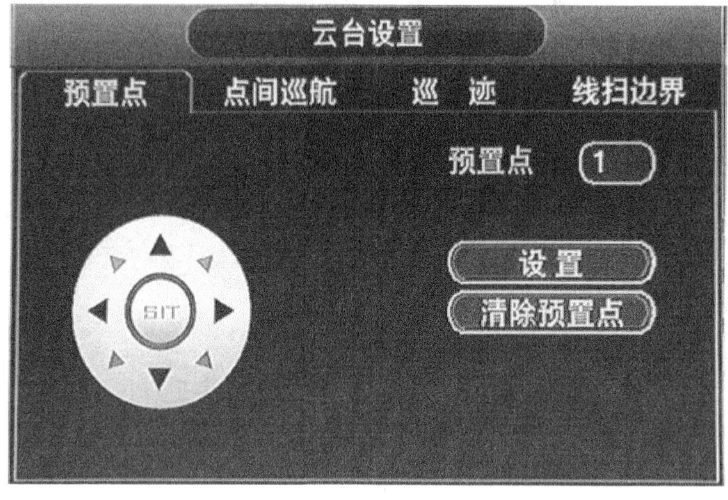

图 1-20

（3）选择“点间巡航”选项，在预置点中选择预置点“1”，选择巡航线路为“1”，单击增加预置点，同理增加 2 个预置点，巡航线路都为“1”（增加的预置点为前面设置的预置点，这里只是增加）。再右击返回到预览画面，如图 1 - 21 所示。

5.8 动态检测设置

（1）在预览画面里，右击选择“主菜单”，如图 1 - 22 所示。

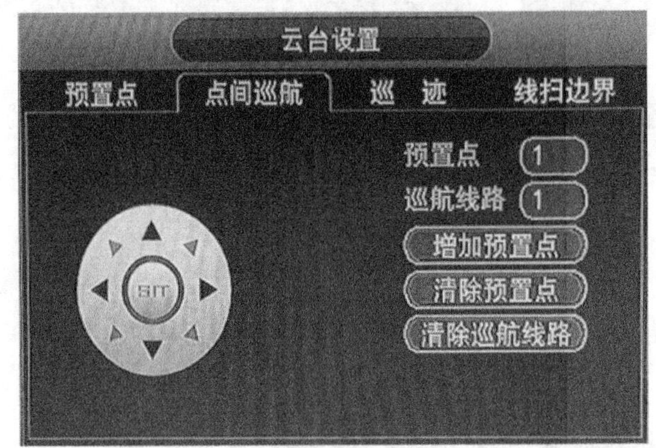

图 1 - 21

图 1 - 22

（2）弹出“主菜单”框，选择“设置”栏中的“事件”，如图 1 - 23 所示。

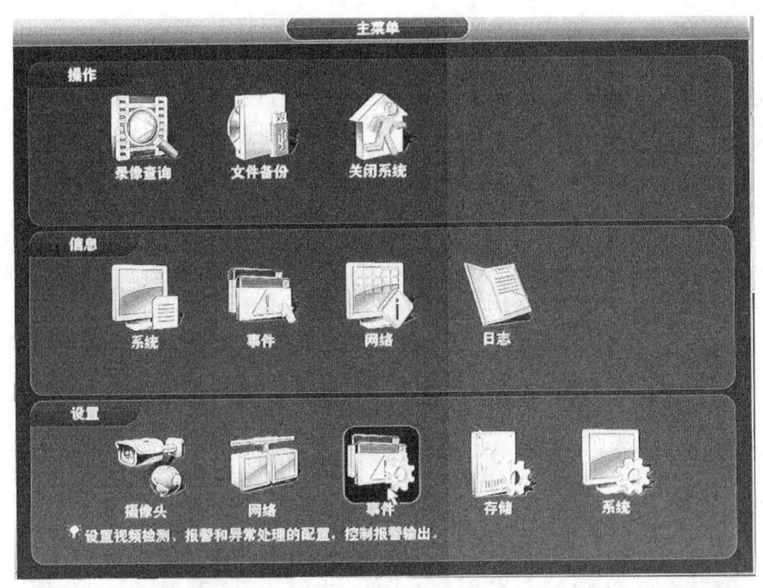

图 1 - 23

(3) 弹出“设置”中的“事件”框，单击“视频检测”，显示“动态检测”设置画面，如图 1 - 24 所示。

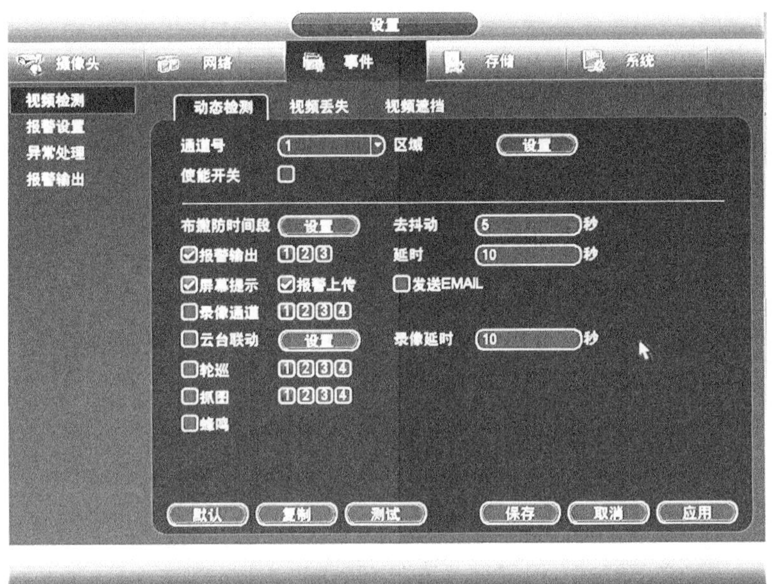

图 1 - 24

(4) 选择通道号 3，选择“使能开关”和“录像通道”复选框，并选择录像 3 通道，如图 1 - 25 所示。

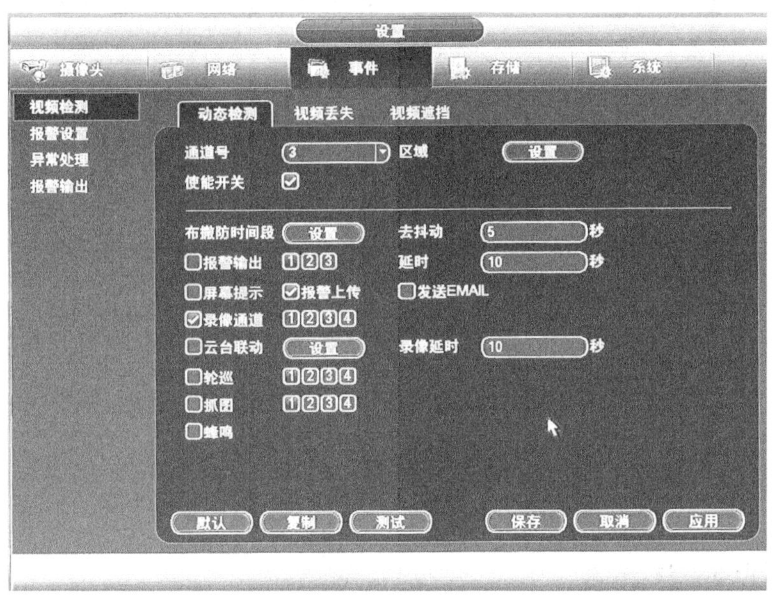

图 1 - 25

(5) 设置完成，单击“保存”按钮，然后单击“存储”选项，选择“录像设置”中的通道 3，如图 1 - 26 所示。

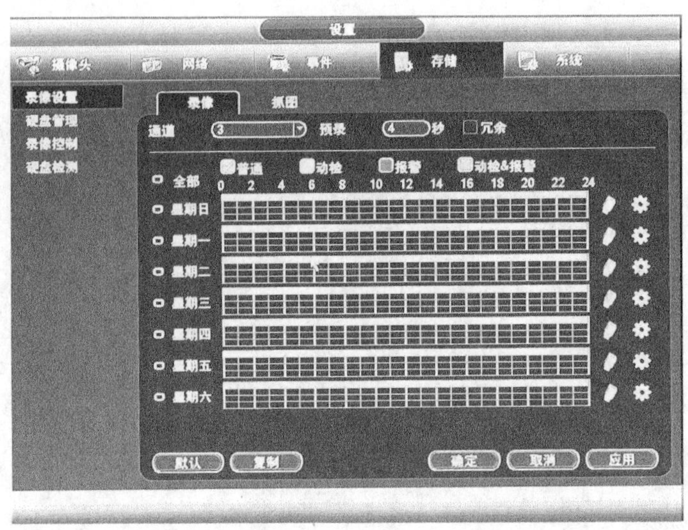

图 1 - 26

(6) 单击右边设置按钮，弹出“时间段”框，选择“时间段 1”中的“动检”复选框，然后选择下面星期的“全部”，单击“确定”按钮，如图 1 - 27 所示。

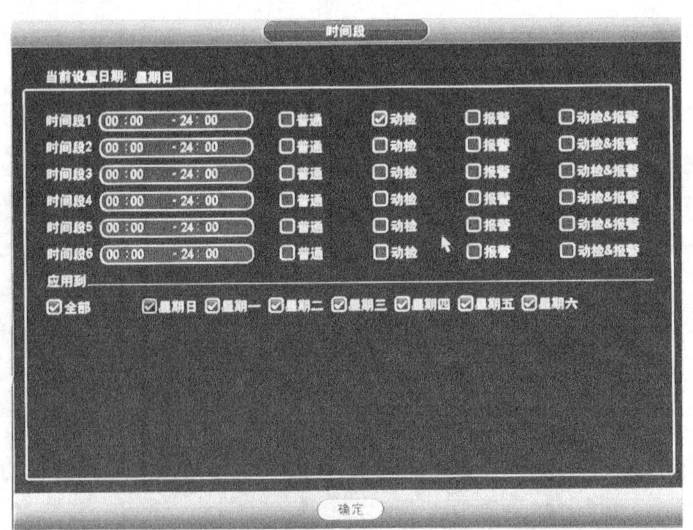

图 1 - 27

5.9 视频丢失设置

事件类型选择“视频丢失”，通道号选择“1”，选择“使能开关”和“屏幕提示”，其他保持默认值即可，单击“保存”按钮，如图 1-28 所示。

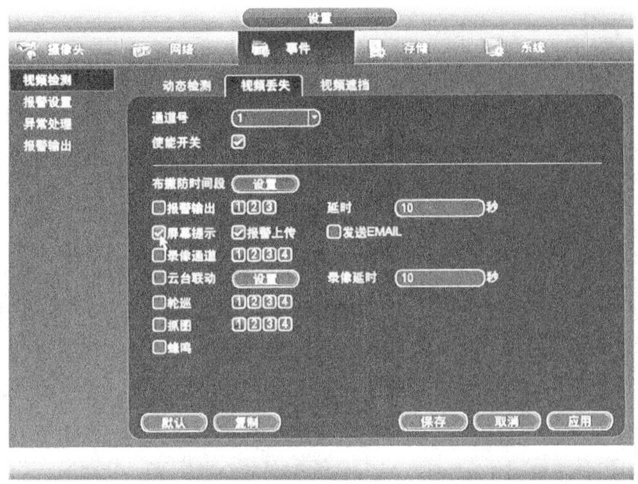

图 1-28

5.10　视频遮挡设置

事件类型选择“遮挡检测”，通道号选择“2”，选择“使能开关”和“蜂鸣”。其他保持默认值即可，单击“保存”按钮，如图 1-29 所示。

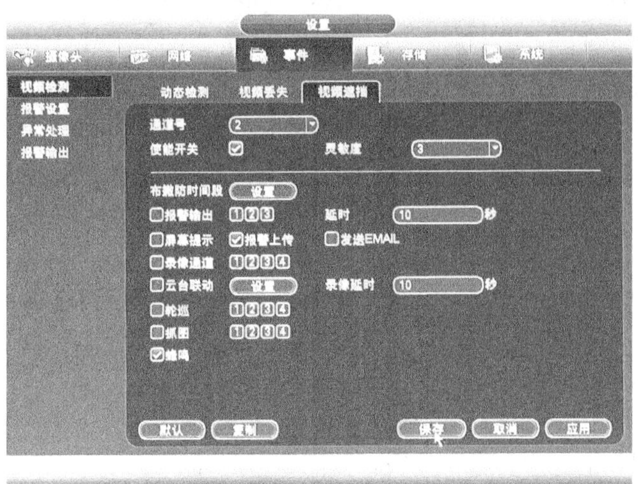

图 1-29

5.11　本地报警设置

(1) 选择“报警设置”中的“本地报警”选项，选择“报警输入 1”(对射)，勾

选“使能开关”，设备类型选择“常闭型”，选择“云台联动”，如图 1 - 30 所示。

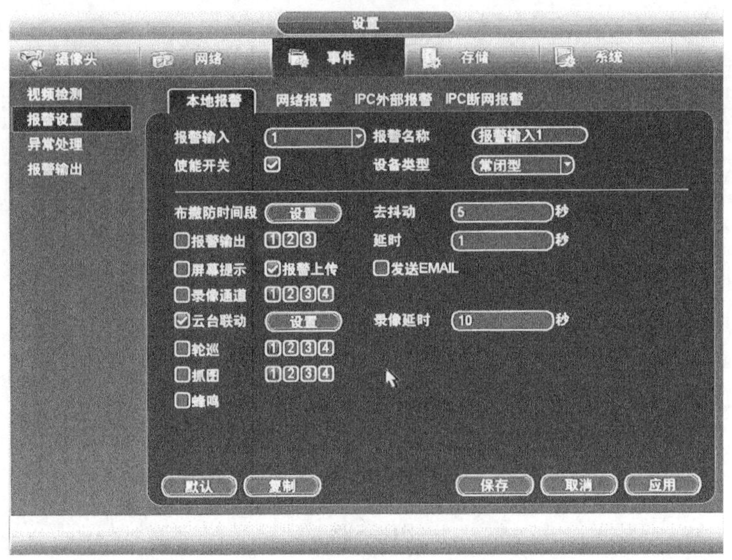

图 1 - 30

(2) 单击云台联动边上的“设置”，弹出“云台联动”框，在通道一中选择“预置点”，值选择“1”，单击“确定”按钮，如图 1 - 31 所示。

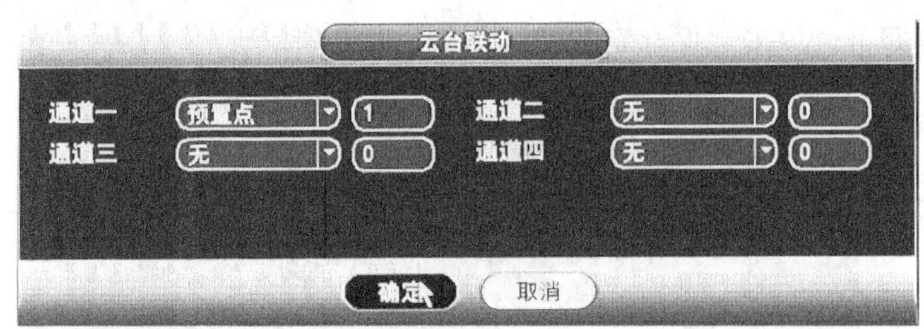

图 1 - 31

(3) 选择“报警设置”中的“本地报警”选项，选择“报警输入 2”（幕帘），选择“使能开关”，设备类型选择“常闭型”，选择“云台联动”，如图 1 - 32 所示。

(4) 单击云台联动边上的“设置”，弹出“云台联动”框，在通道一中选择“预置点”，值选择“2”，单击“确定”按钮，如图 1 - 33 所示。

5.12 IPC 断网报警设置

选择“IPC 断网报警”选项，“通道号”选择“4”，选择“使能开关”和“报警输出”选中“1”，“轮巡”选择“123”，单击“确定”按钮。右击返回到预览画面，如图 1 - 34 所示。

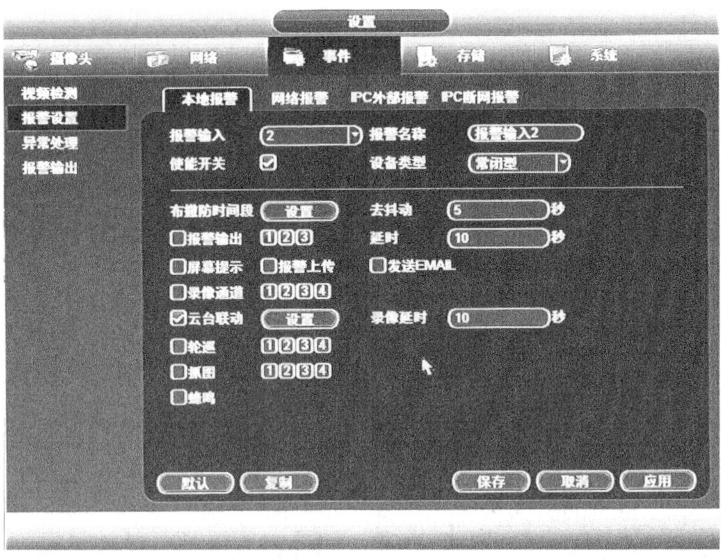

图 1 - 32

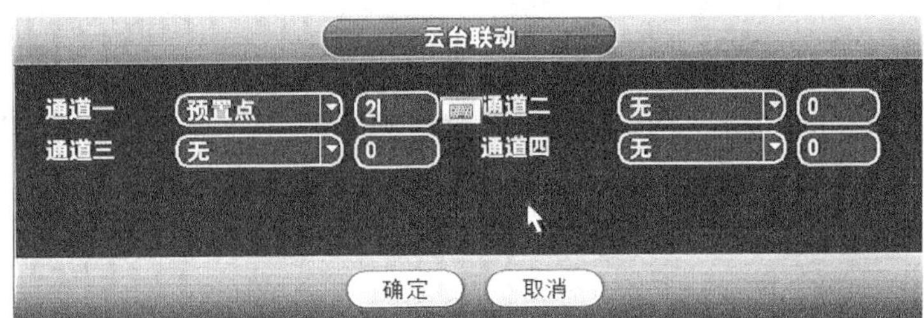

图 1 - 33

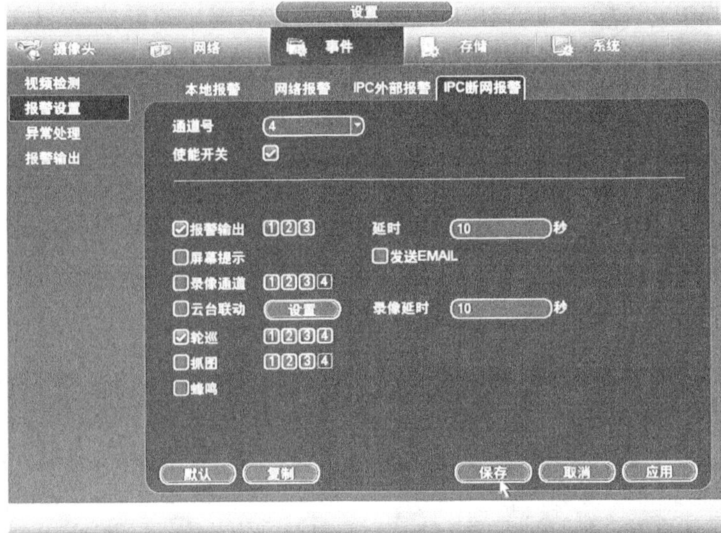

图 1 - 34

第6节　硬件设备运行

（1）HDCVI 硬盘录像机手动报警。

1）在预览画面界面，右击选择“手动控制”→“报警输出”选项，如图 1－35 所示。

2）弹出“报警输出”界面，选择“手动”，单击“确定”按钮，如图 1－36 所示。

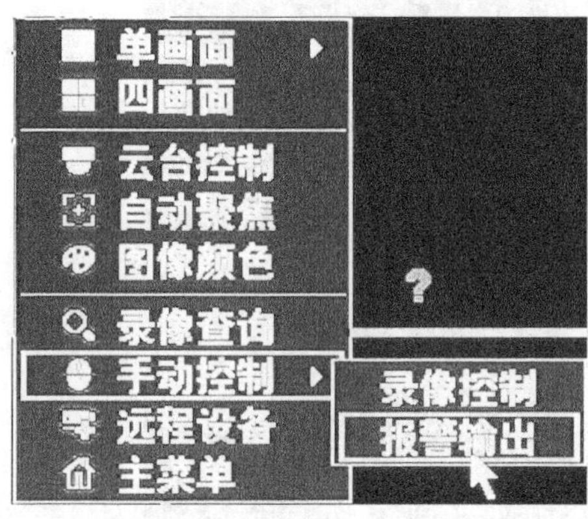

图 1－35

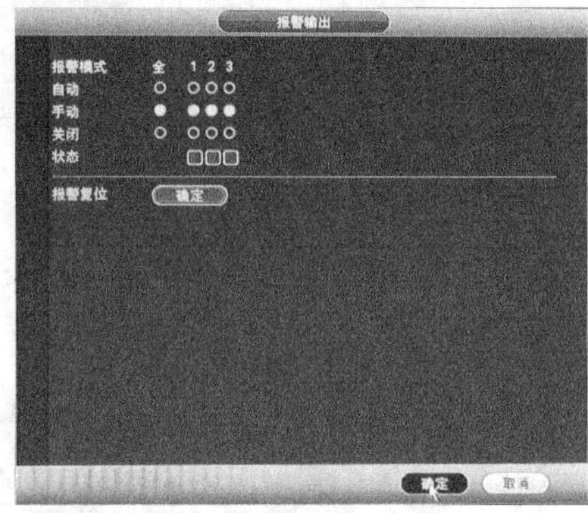

图 1－36

（2）HDCVI 高清同轴高速球型摄像机的转动与变倍。

1）在预览画面里，把鼠标移到通道 1，右击，选择“云台控制”，如图 1－37 所示。

2）单击要转动的方向键，即可控制 HDCVI 高清同轴高速球型摄像机转动，如图 1－38 所示。

3）单击变倍两边的“＋”或“－”，即可实现 HDCVI 高清同轴高速球型摄像机变倍，如图 1－39 所示。

（3）视频丢失，视频遮挡，动态检测。

1）把 HDCVI 高清同轴高速球型摄像机的视频线拔掉，视频监视器的屏幕自动提示“视频丢失”信息；

图 1－37

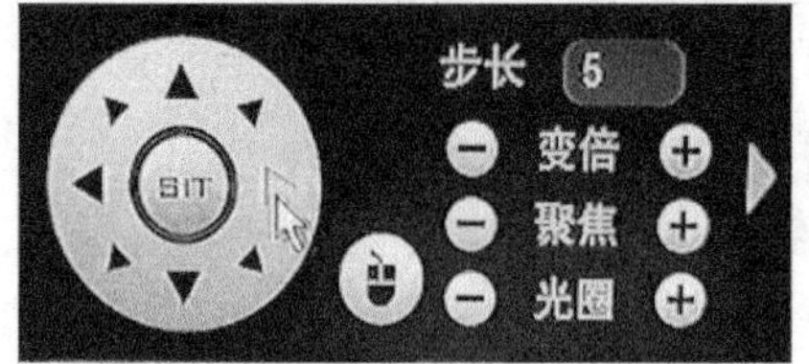

图 1－38

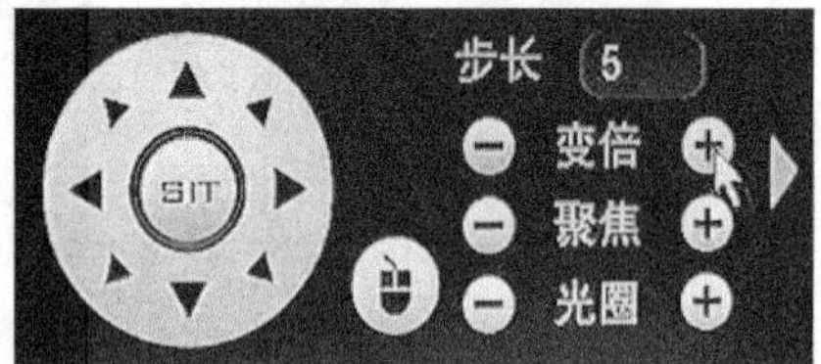

图 1－39

2）把超高解模拟摄像机的镜头挡住，HDCVI 硬盘录像机自动发出蜂鸣警报声；

3）在 HDCVI 高清同轴枪型摄像机镜头前用手晃动，HDCVI 硬盘录像机自动对其所在的通道进行录像。

（4）报警设置。

1）被动红外幕帘探测器动作时，HDCVI 高清同轴高速球型摄像机的监视图像自动显示为 9 号网孔板的背面；

2）主动红外对射探测器动作时，HDCVI 高清同轴高速球型摄像机的监视图像自动显示为 10 号网孔板的背面。

（5）IPC 断网报警；断开 POE 高清网络半球摄像机的网络信号连接时，视频监视器的屏幕自动轮巡“HDCVI 高清同轴高速球型摄像机”“超高解模拟摄像机”及“HDCVI 高清同轴枪型摄像机”的监视图像，HDCVI 硬盘录像机自动启动声光警号。

第 7 节　管理软件配置运行

7.1　软件登录

双击打开“SmartPSS”视频软件，在“密码”输入框输入“admin”，选中“记住密码”，单击“登录”按钮，如图 1-40 所示。

图 1-40

7.2　添加设备

（1）单击“设备管理”，如图 1-41 所示。

图 1 - 41

（2）单击“刷新”按钮，如图 1 - 42 所示。

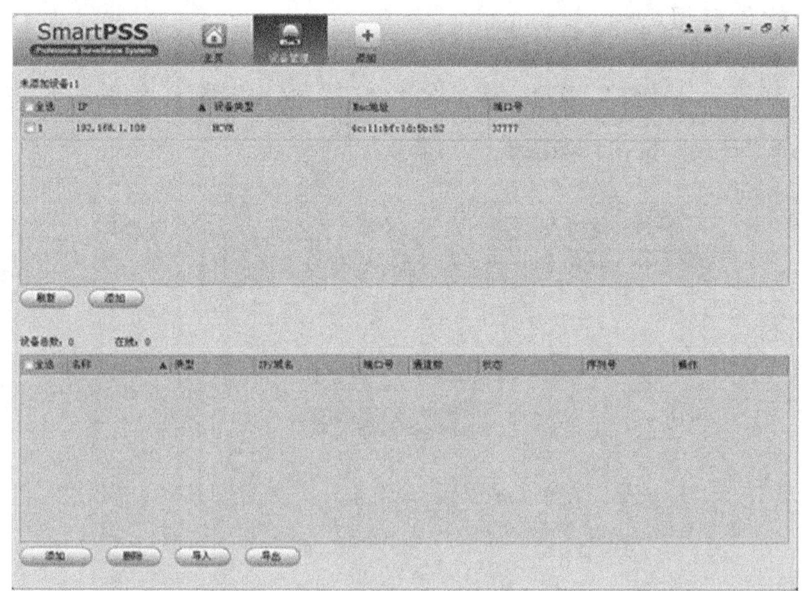

图 1 - 42

（3）选择“HCVR”，单击“添加”按钮，如图 1 - 43 所示。

（4）单击“确定”按钮，如图 1 - 44 所示。

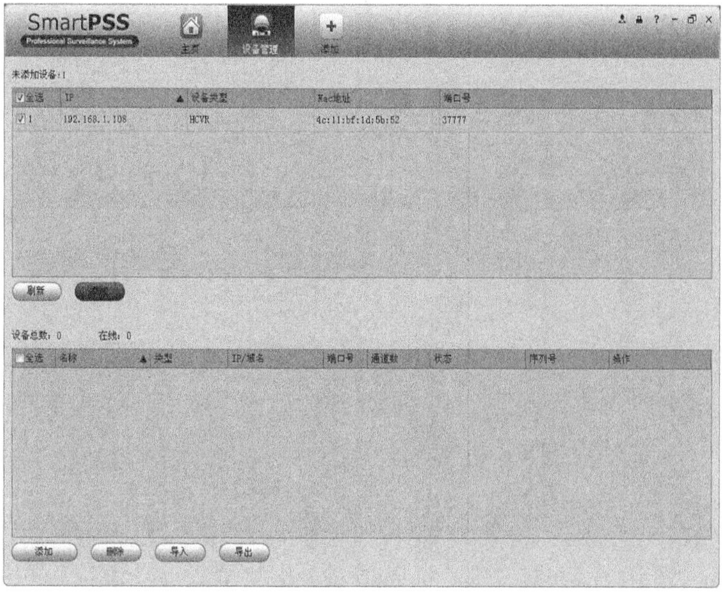

SmartPSS
Professional Surveillance System
主页
设备管理
添加
未添加设备：1
全选
IP
设备类型
Mac地址
端口号
1
192.168.1.108
HCVR
4c:11:bf:1d:5b:52
37777
刷新
设备总数：0
在线：0
名称
类型
IP/域名
端口号
通道数
状态
序列号
操作
添加
删除
导入
导出

图 1 - 43

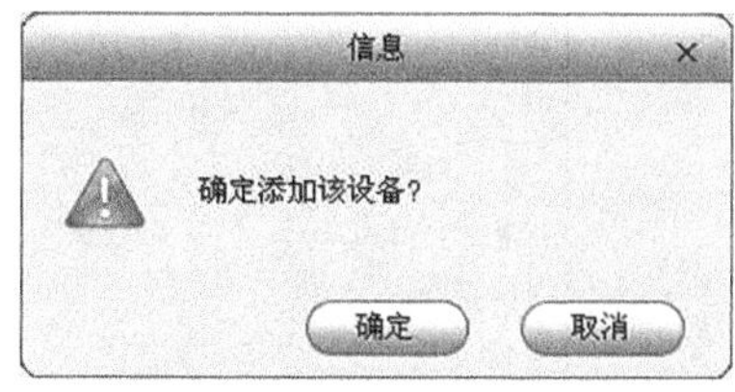

信息
确定添加该设备？
确定
取消

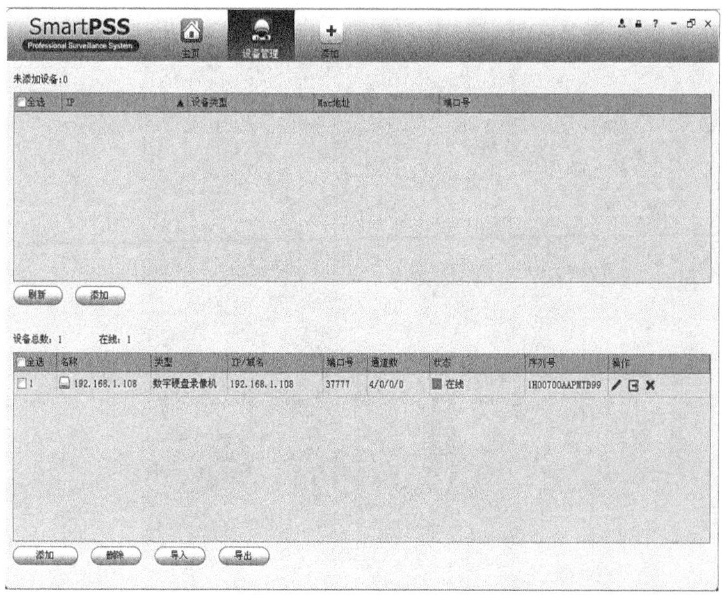

SmartPSS
Professional Surveillance System
主页
设备管理
添加
未添加设备：0
全选
IP
设备类型
Mac地址
端口号
刷新
添加
设备总数：1
在线：1
名称
类型
IP/域名
端口号
通道数
状态
序列号
操作
1
192.168.1.108
数字硬盘录像机
192.168.1.108
37777
4/0/0/0
在线
1H00700AAPMTB99
添加
删除
导入
导出

图 1 - 44

7.3 实时监控

(1) 单击“主页”项，如图 1-45 所示。

图 1-45

(2) 单击“预览”，如图 1-46 所示。

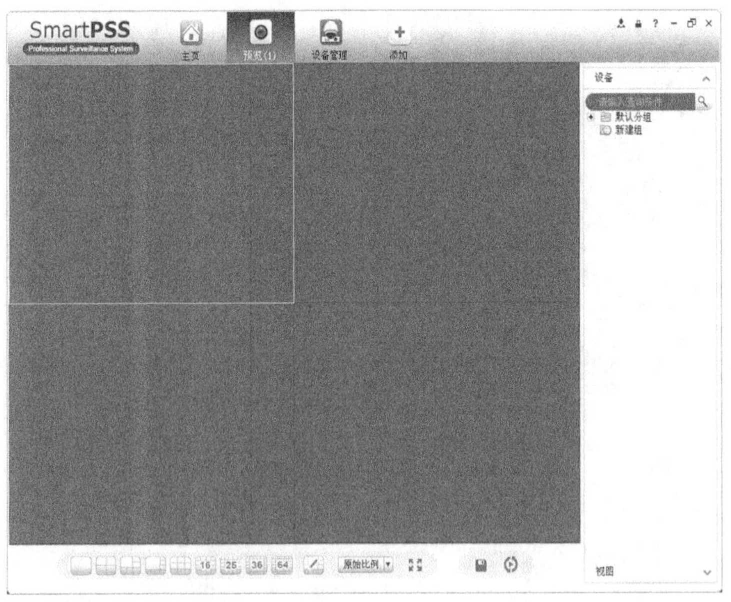

图 1-46

（3）选中 HCVR 的 IP，如图 1-47 所示。

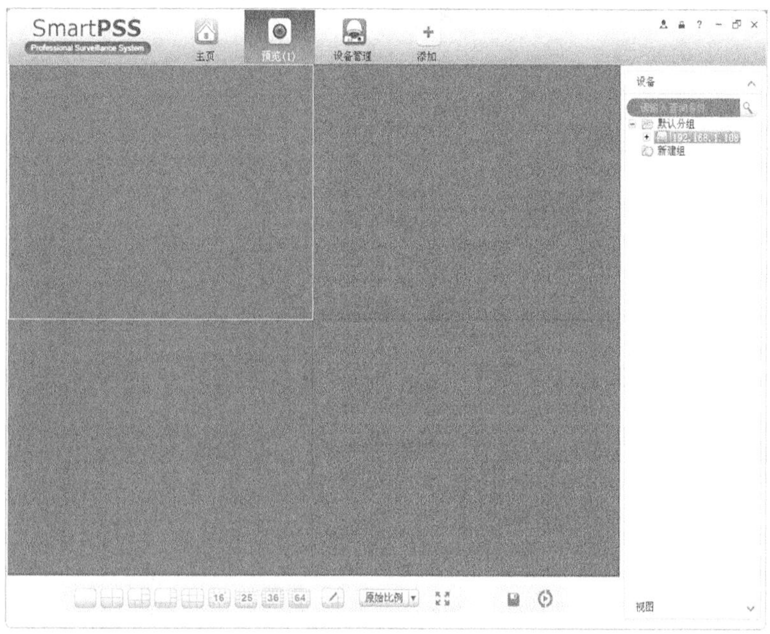

图 1-47

（4）拖动到画面空白处，释放鼠标，显示摄像机画面，如图 1-48 所示。

图 1-48

第8节　集成软件配置运行

8.1　注册视频控件

（1）双击打开“大华视频控件”文件夹。

（2）双击打开“注册 NetDVRocx MS - DOS 批处理文件”，如图 1 - 49 所示。

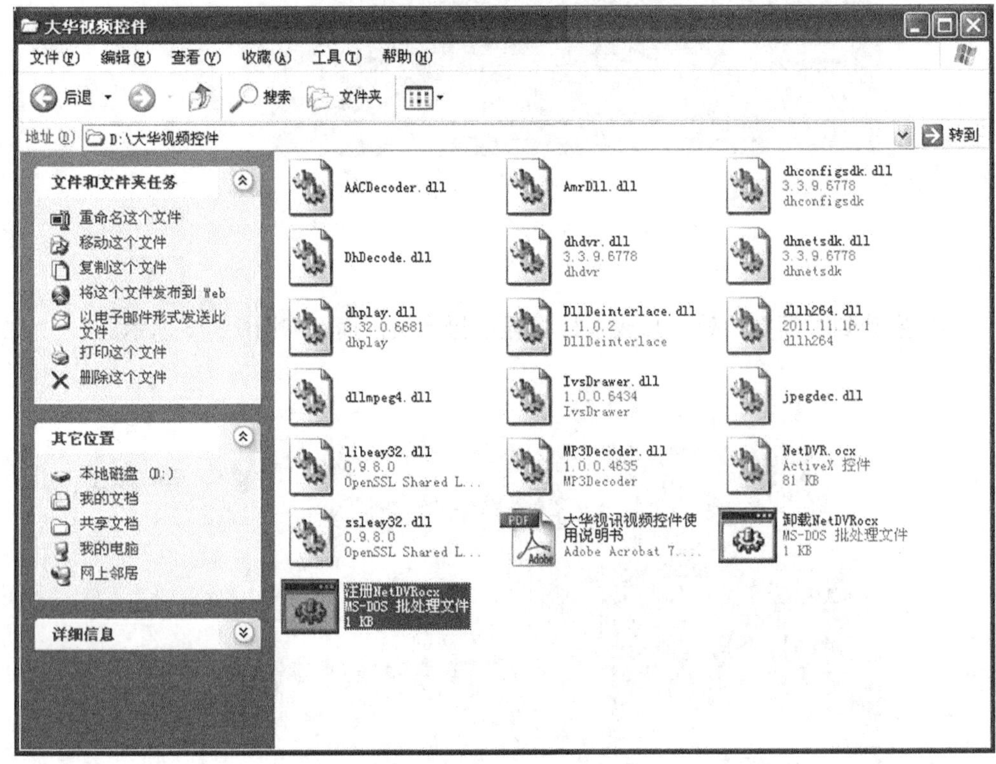

图 1 - 49

（3）单击“确定”按钮，注册完毕，如图 1 - 50 所示。

8.2　新建工程

（1）打开组态王软件，单击“新建”按钮，再单击“下一步”按钮，如图 1 - 51 所示。

图 1 - 50

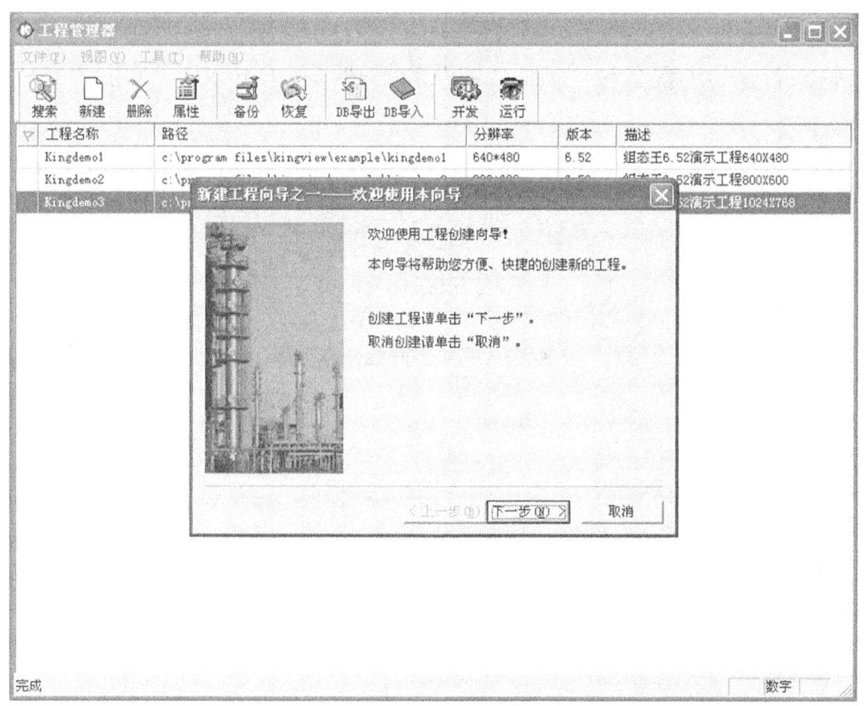

图 1 - 51

(2) 输入新建的工程所在的目录（可自定义），单击“下一步”按钮，如图 1 - 52 所示。

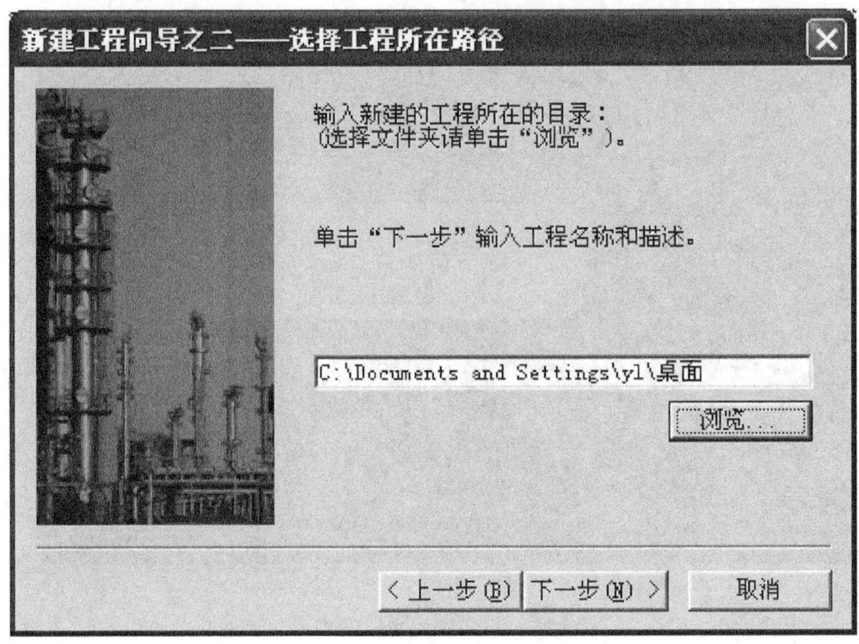

图 1-52

(3) 输入新建的工程名称“YL-295”和描述（可自定义），单击“完成”按钮，如图 1-53 所示。

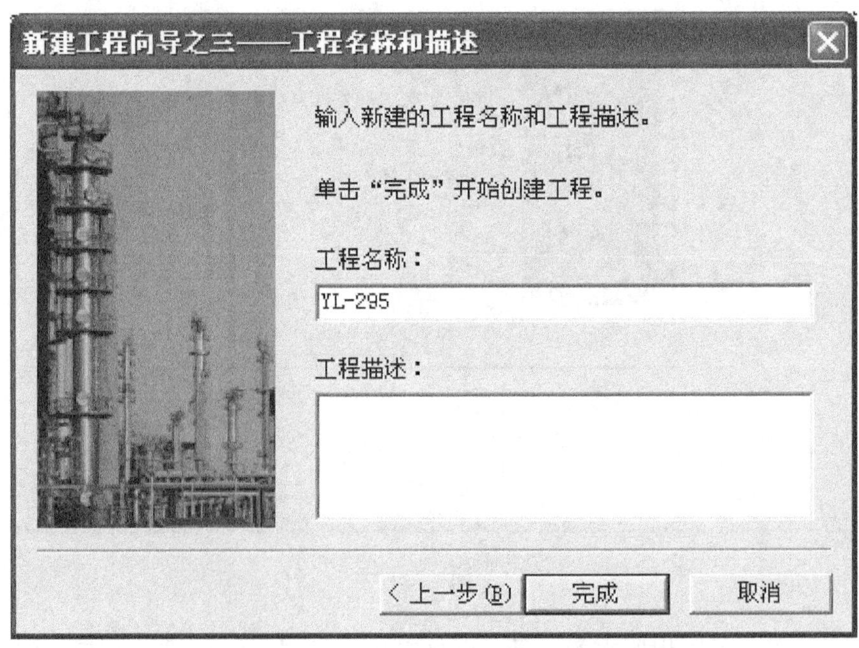

图 1-53

(4) 建立当前工程，单击“是”按钮，如图 1 - 54 所示。

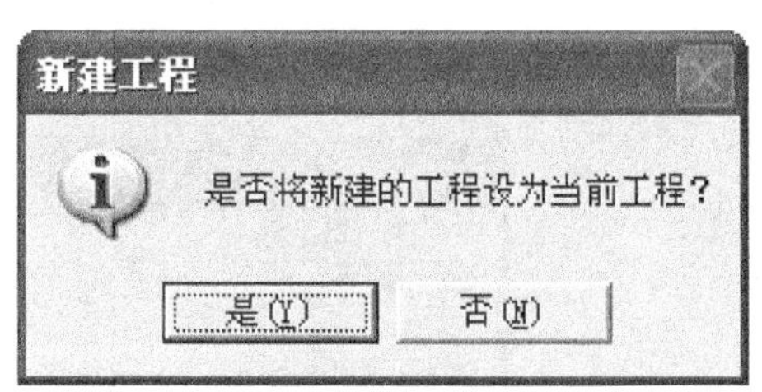

图 1 - 54

8.3　打开工程

(1) 选择“YL - 295”工程，单击“开发”，如图 1 - 55 所示。

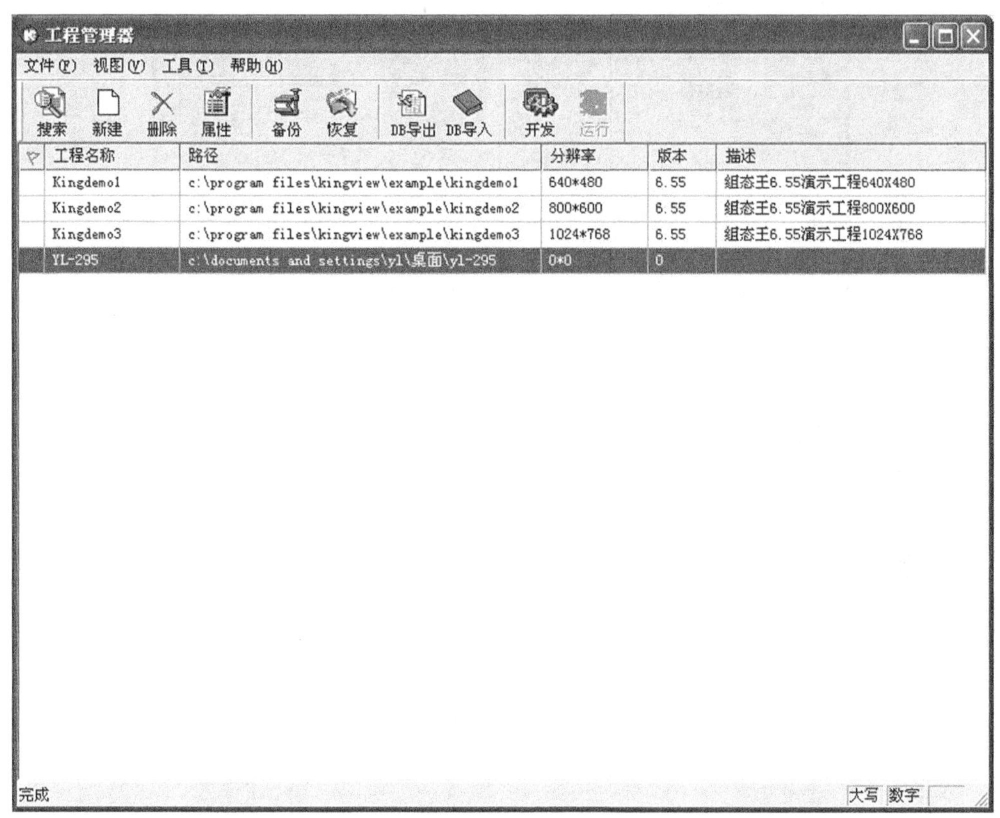

图 1 - 55

(2) 单击“忽略”按钮，如图 1 - 56 所示。

(3) 单击“确定”按钮，如图 1 - 57 所示。

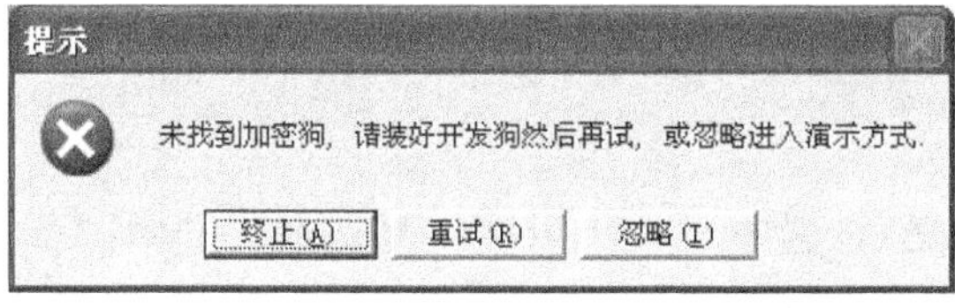

图 1 - 56

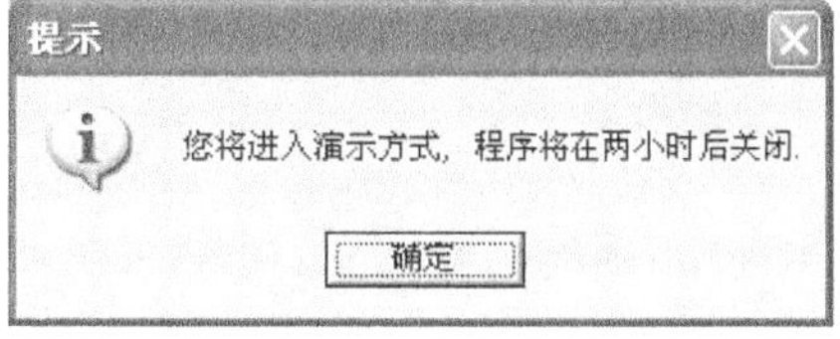

图 1 - 57

（4）单击“关闭”按钮，如图1-58所示。

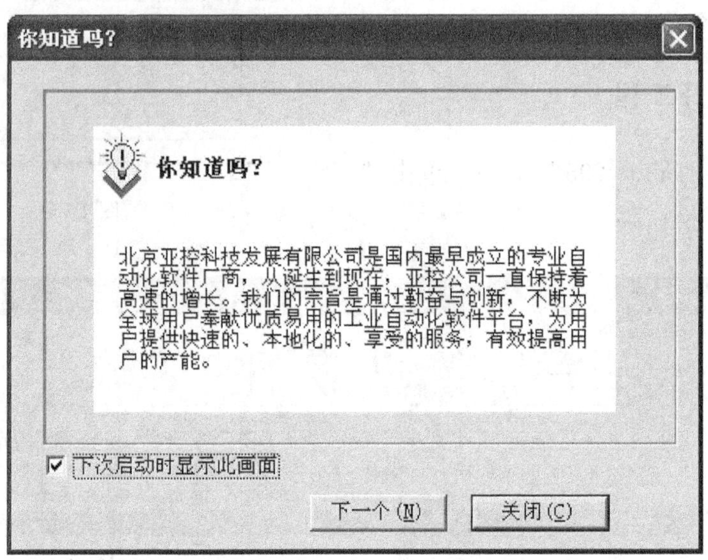

图1-58

8.4 新建画面

（1）新建组态画面，单击“画面”，然后双击“新建”，如图1-59所示。

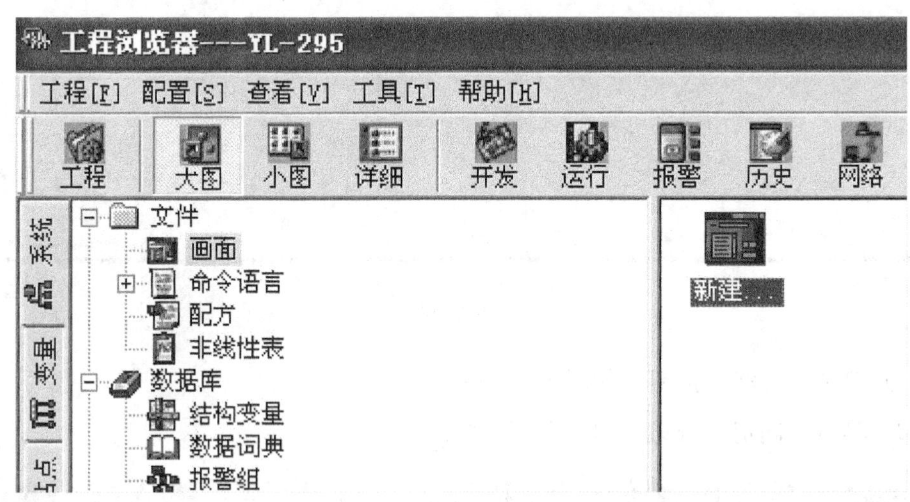

图1-59

（2）画面名称“YL-295”（可自定义），选中“大小可变”复选框，选中“覆盖式”单选按钮，单击“确定”按钮，如图1-60所示。

（3）在工具箱中单击插入通用控件图标，如图1-61所示。

（4）选择“NetDVR Control”控件，单击“确定”按钮，如图 1 - 62 所示。

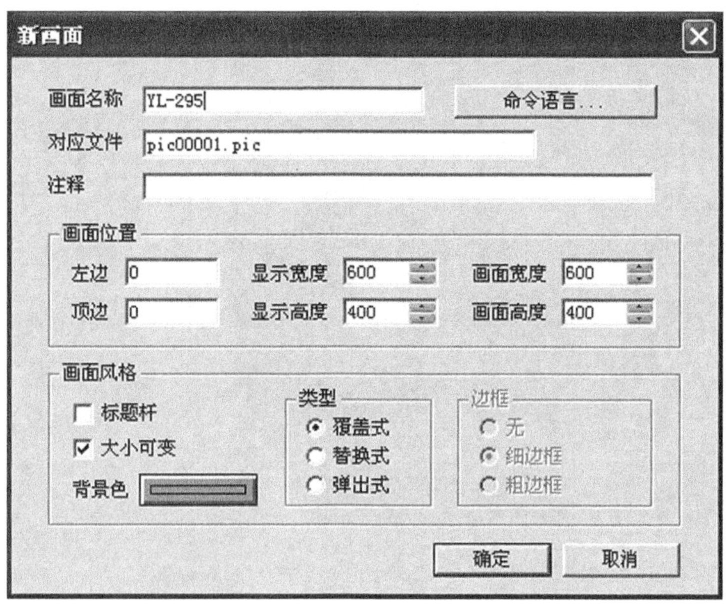

图 1 - 60

图 1 - 61

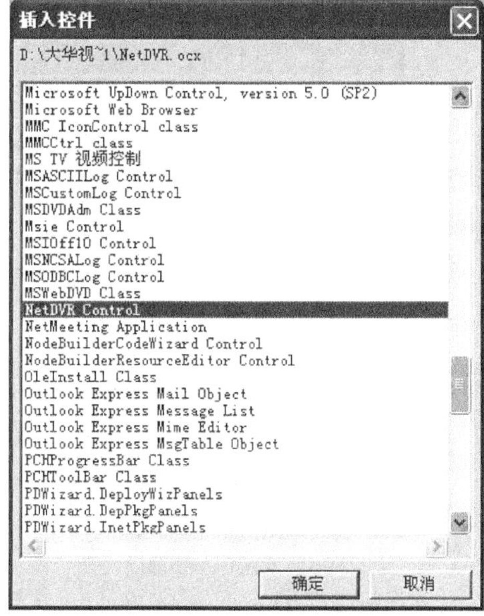

图 1 - 62

（5）在画面中画一个方框，如图 1 - 63 所示。

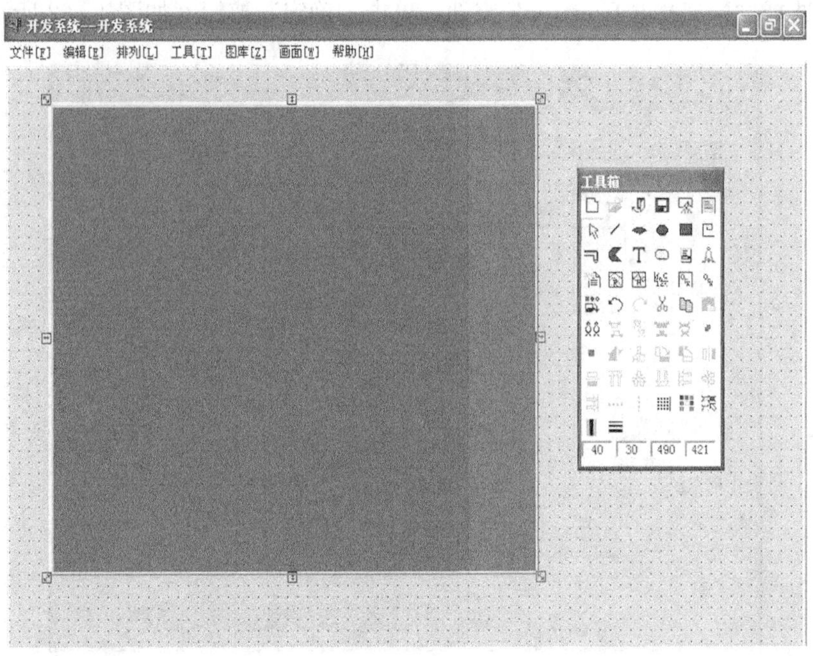

图 1 - 63

(6) 右击控件画面，选择“控件属性”选项，如图 1 - 64 所示。

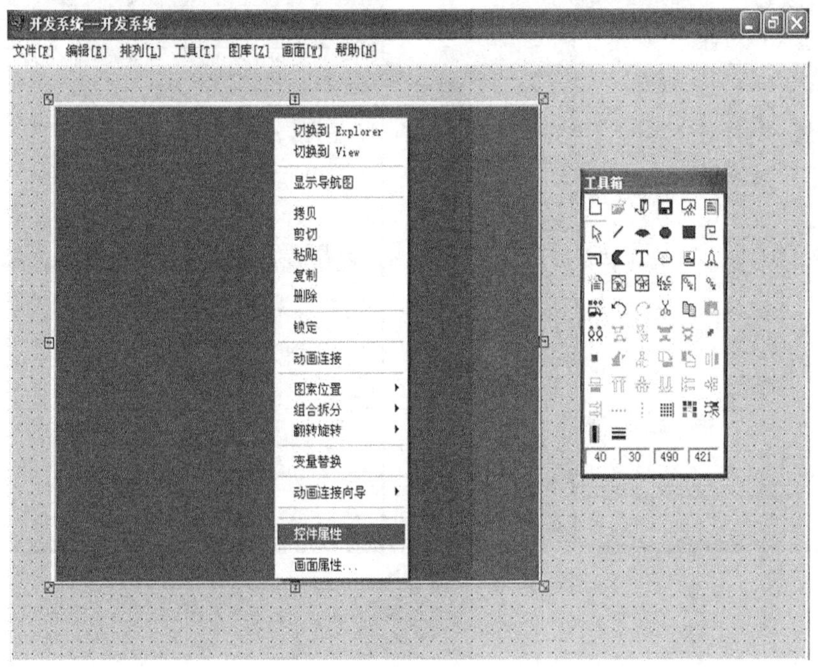

图 1 - 64

（7）弹出“Ctrl0 属性”对话框，输入硬盘录像机 IP 地址，画面数改为“4”，单击“确定”按钮，如图 1-65 所示。

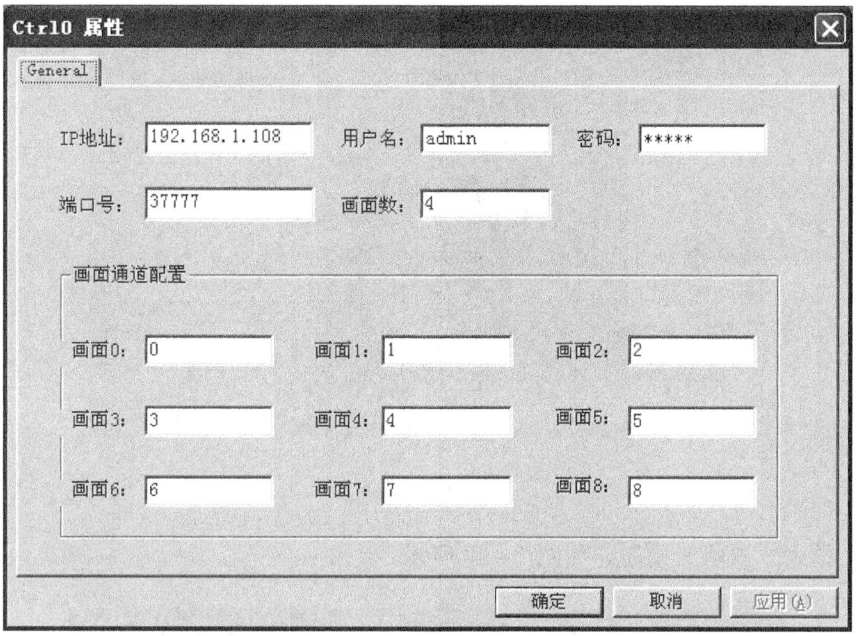

Ctrl0 属性

General

IP地址：192.168.1.108　用户名：admin　密码：*****

端口号：37777　画面数：4

画面通道配置

画面0：0　画面1：1　画面2：2

画面3：3　画面4：4　画面5：5

画面6：6　画面7：7　画面8：8

确定　取消　应用(A)

图 1-65

8.5　实时监控

（1）在工具栏中点击“文件［F］”菜单，选择“全部存”项，如图 1-66 所示。

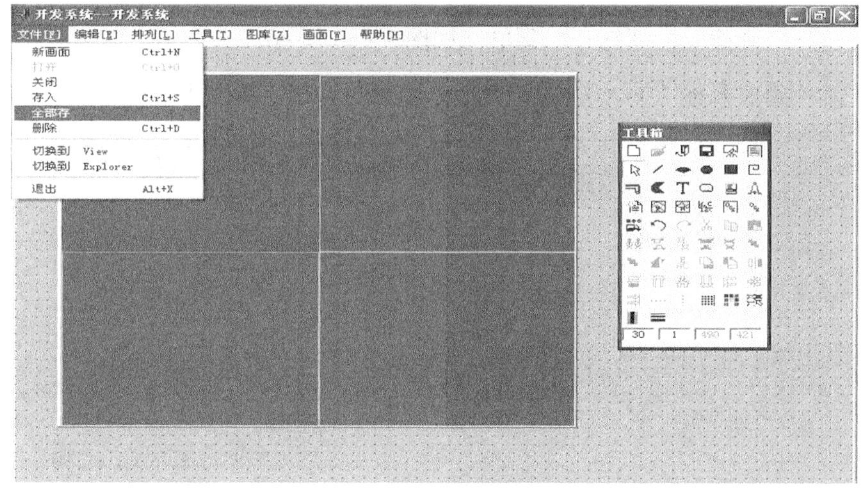

图 1-66

在画面中右击，选择“切换到 View”选项，如图 1 - 67 所示。

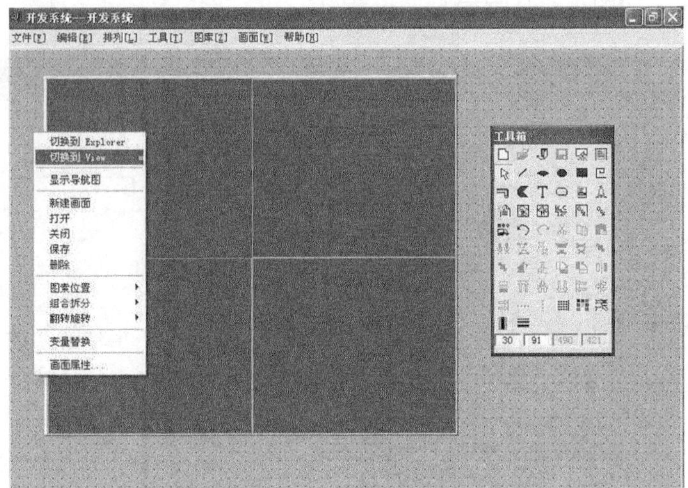

图 1 - 67

(2) 单击“忽略”按钮，如图 1 - 68 所示。

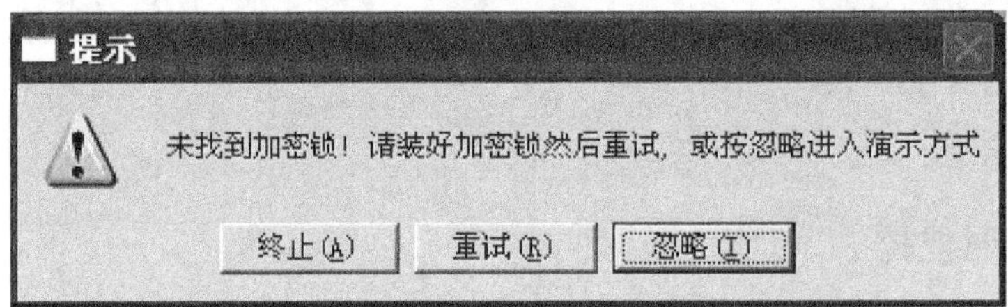

图 1 - 68

(3) 选择“画面”→“打开”菜单，如图 1 - 69 所示。

(4) 选择画面名称“YL - 295”，单击“确定”按钮，如图 1 - 70 所示。

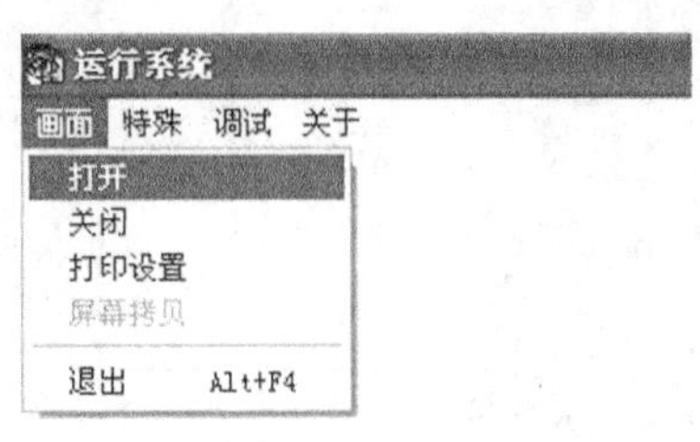

图 1 - 69

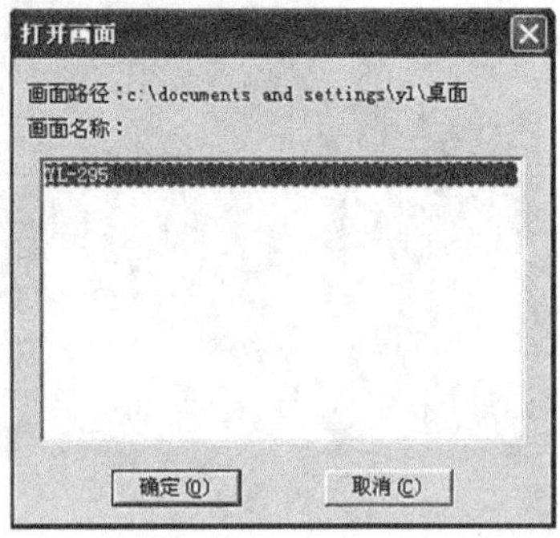

图 1 - 70

（5）运行视频监控画面，如图 1 - 71 所示。

图 1 - 71

（6）右击运行视频监控画面，可以全屏显示和云台联动，如图 1 - 72 所示。

图 1 - 72

(7) 全屏显示画面如图 1 - 73 所示。

图 1 - 73

(8) 右击第一个画面选择云台联动控制 HDCVI 高清同轴高速球型摄像机，如图 1 - 74 所示。

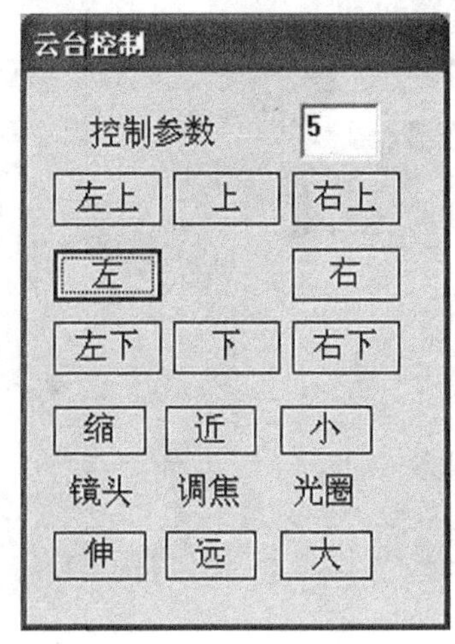

图 1 - 74

第2章　楼宇智能化防盗报警及其集成系统

第1节　系统拓扑结构

楼宇智能化防盗报警及其集成系统拓扑结构如图 2-1 所示。

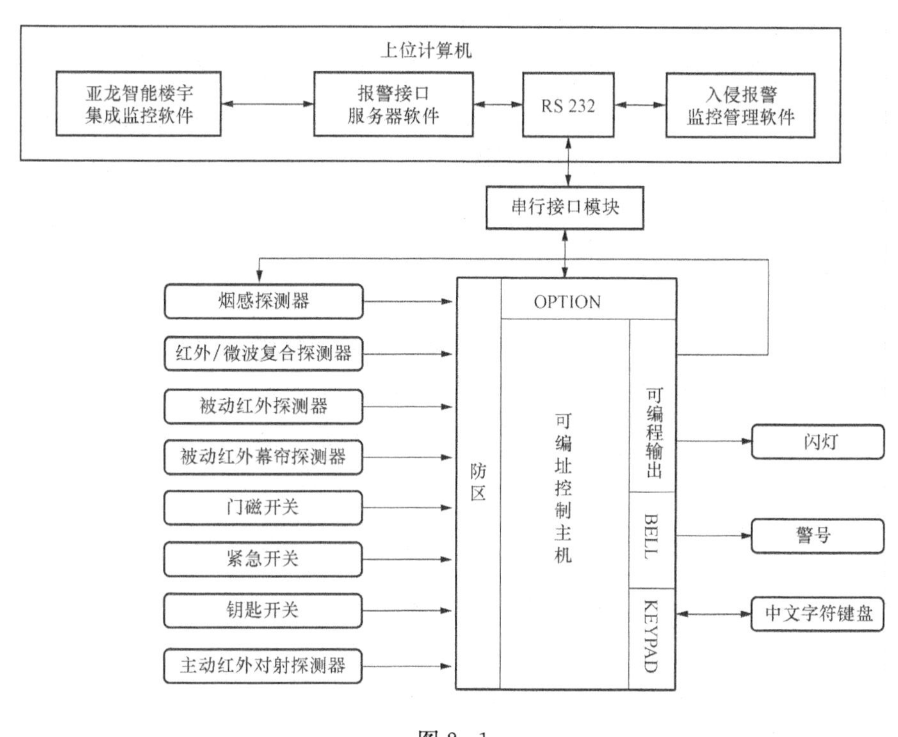

图 2-1

第2节　器材准备

楼宇智能化防盗报警及其集成系统器材准备清单见表 2-1。

表 2-1　　　　楼宇智能化防盗报警及其集成系统器材准备清单

序号	器材名称	数量	单位
1	可编址控制主机	1	台
2	蓄电池	1	个
3	中文字符键盘	1	个
4	串行接口模块	1	个
5	红外/微波复合探测器	1	个
6	被动红外幕帘探测器	1	个
7	主动红外对射探测器	1	对
8	被动红外探测器	1	个
9	烟感探测器	1	个
10	紧急开关	1	个
11	门磁开关	1	个
12	钥匙开关	1	个
13	警号	1	个
14	闪灯	1	个
15	入侵报警监控管理软件	1	套
16	报警接口服务器软件	1	套
17	亚龙智能楼宇集成监控软件	1	套
18	上位计算机	1	台
19	DB9 通信线缆	2	条
20	USB 通信线缆	1	条
21	UTP 超五类 4 对非屏蔽电缆	1	批
22	弱电线缆	1	批
23	膨胀紧固件	1	批
24	自攻螺钉	1	批

第3节　功　能　需　求

楼宇智能化防盗报警及其集成系统功能需求（评分标准）见表 2-2。

表 2-2　　　　楼宇智能化防盗报警及其集成系统功能需求（评分标准）表

序号	功能需求（评分标准）	分值
1	可编址控制主机在待机状态时，无故障、无报警	4
2	通过中文字符键盘手动启动警号	3
3	通过中文字符键盘手动启动闪灯	3
4	通过中文字符键盘手动复位烟感探测器	3
5	系统预布防 10s 后进入已布防状态	2
6	当系统已撤防并检测到烟感探测器动作时，中文字符键盘的“火警”指示灯闪亮且屏幕显示“第一个火警 001”	4
7	当系统已撤防并检测到烟感探测器动作时，警号静，闪灯闪	4
8	当系统已布防并检测到红外/微波复合探测器动作时，中文字符键盘的“布防”指示灯闪亮且屏幕显示“第一个报警 002”	4

续表

序号	功能需求（评分标准）	分值
9	当系统已布防并检测到红外/微波复合探测器动作时，警号响，闪灯灭	4
10	当系统已布防并检测到被动红外探测器动作时，延时 5s 后，中文字符键盘的“布防”指示灯闪亮且屏幕显示“第一个报警 003”	4
11	当系统已布防并检测到被动红外探测器动作时，延时 5s 后，警号响，闪灯灭	4
12	当系统已布防并检测到被动红外幕帘探测器动作时，延时 15s 后，中文字符键盘的“布防”指示灯闪亮且屏幕显示“第一个报警 004”	4
13	当系统已布防并检测到被动红外幕帘探测器动作时，延时 15s 后，警号响，闪灯灭	4
14	当系统已布防并检测到门磁开关动作时，中文字符键盘的“布防”指示灯闪亮且屏幕显示“第一个报警 005”	4
15	当系统已布防并检测到门磁开关动作时，警号响，闪灯灭	4
16	当系统已撤防并检测到紧急开关动作时，中文字符键盘的“布防”指示灯闪亮且屏幕显示“第一个报警 006”	4
17	当系统已撤防并检测到紧急开关动作时，警号响，闪灯灭	4
18	当系统已撤防并检测到钥匙开关动作时，系统开始预布防，中文字符键盘的“布防”指示灯闪亮且屏幕显示“布防”；当系统已布防并检测到钥匙开关动作时，系统立即撤防，中文字符键盘的“布防”指示灯熄灭且屏幕显示“准备布防”	4
19	当系统已布防并检测到主动红外对射探测器动作时，中文字符键盘的“布防”指示灯闪亮且屏幕显示“第一个报警 008”	4
20	当系统已布防并检测到主动红外对射探测器动作时，警号响，闪灯灭	4
21	入侵报警监控管理软件的界面监视烟感探测器所在防区的报警信息	1
22	入侵报警监控管理软件的界面监视红外/微波复合探测器所在防区的报警信息	1
23	入侵报警监控管理软件的界面监视被动红外探测器所在防区的报警信息	1
24	入侵报警监控管理软件的界面监视被动红外幕帘探测器所在防区的报警信息	1
25	入侵报警监控管理软件的界面监视门磁开关所在防区的报警信息	1
26	入侵报警监控管理软件的界面监视紧急开关所在防区的报警信息	1
27	入侵报警监控管理软件的界面监视主动红外对射探测器所在防区的报警信息	1
28	集成监控软件的界面监视烟感探测器所在防区的状态信息	2
29	集成监控软件的界面监视红外/微波复合探测器所在防区的状态信息	2
30	集成监控软件的界面监视被动红外探测器所在防区的状态信息	2
31	集成监控软件的界面监视被动红外幕帘探测器所在防区的状态信息	2
32	集成监控软件的界面监视门磁开关所在防区的状态信息	2
33	集成监控软件的界面监视紧急开关所在防区的状态信息	2
34	集成监控软件的界面监视钥匙开关所在防区的状态信息	2
35	集成监控软件的界面监视主动红外对射探测器所在防区的状态信息	2
36	集成监控软件的界面监视系统布撤防的状态信息	2

第 4 节　线　路　连　接

楼宇智能化防盗报警及其集成系统的线路连接如图 2-2 所示。

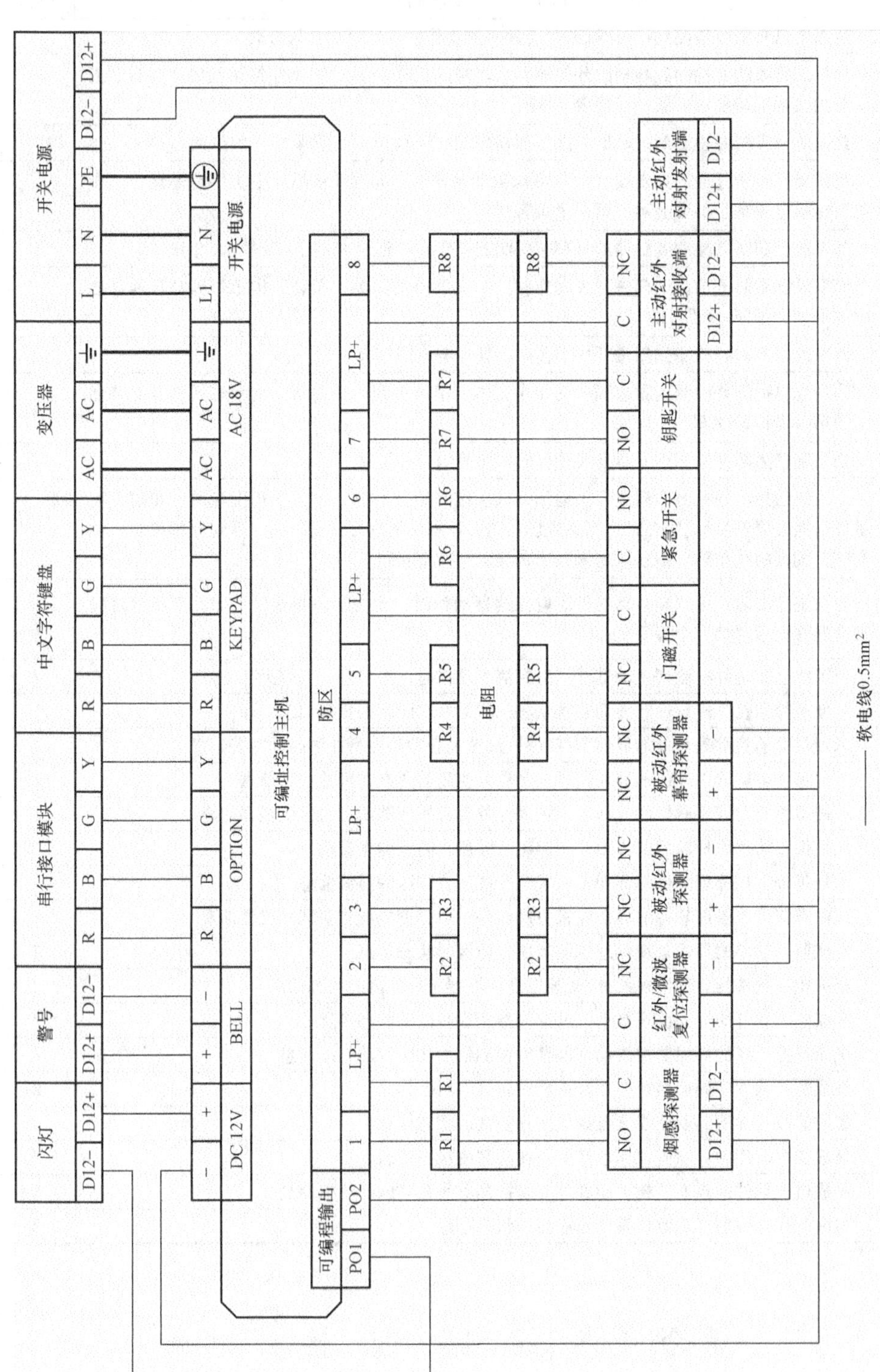

闪灯
D12−
D12+
警号
D12+
D12−
串行接口模块
R
B
G
Y
中文字符键盘
R
B
G
Y
变压器
AC
AC
开关电源
L
N
PE
D12−
D12+
DC 12V
BELL
OPTION
KEYPAD
AC 18V
开关电源
可编址控制主机
可编程输出
PO1
PO2
防区
1
LP+
2
3
LP+
4
5
LP+
6
7
LP+
8
R1
R2
R3
R4
R5
R6
R7
R8
电阻
NO
C
NC
烟感探测器
红外/微波复位探测器
被动红外探测器
被动红外幕帘探测器
门磁开关
紧急开关
钥匙开关
主动红外对射接收端
主动红外对射发射端
软电线0.5mm²
软电线1.5mm²

图2-2

第 5 节　硬件设备编程

5.1　防区功能编程

防区功能及含义见表 2-3。

表 2-3　　防区功能及含义

序号	防区功能	程序地址	数据	含　　义
1	1	0001	2＊1	2 表示连续报警输出，短路及断路报警； ＊1 表示无校验功能火警
2	2	0002	21	2 表示连续报警输出，短路及断路报警； 1 表示周界即时
3	3	0003	23	2 表示连续报警输出，短路及断路报警； 3 表示出/入口延时 1
4	4	0004	24	2 表示连续报警输出，短路及断路报警； 4 表示出/入口延时 2
5	5	0005	27	2 表示连续报警输出，短路及断路报警； 7 表示内部即时
6	6	0006	22	2 表示连续报警输出，短路及断路报警； 2 表示 24 小时
7	7	0007	39	3 表示所有分区可以强制布防； 9 表示布/撤防防区
8	8	0008	21	2 表示连续报警输出，短路及断路报警； 1 表示周界即时

5.2　防区编程

防区号码及含义见表 2-4。

表 2-4　　防区号码及含义

序号	防区号码	防区定义	程序地址	数据	含　　义
1	1	烟感探测器	0031	01	调用 1 号防区功能
2	2	红外/微波复合探测器	0032	02	调用 2 号防区功能
3	3	被动红外探测器	0033	03	调用 3 号防区功能
4	4	被动红外幕帘探测器	0034	04	调用 4 号防区功能
5	5	门磁开关	0035	05	调用 5 号防区功能
6	6	紧急开关	0036	06	调用 6 号防区功能
7	7	钥匙开关	0037	07	调用 7 号防区功能
8	8	主动红外对射探测器	0038	08	调用 8 号防区功能

5.3 输出编程

输出端口及含义见表 2-5。

表 2-5 **输出端口及含义**

序号	输出端口	输出定义	程序地址	数据	含义
1	报警输出	警号	2734	61	6 表示防区报警； 1 表示盗警
2	可编程输出 1	闪灯	2735	62	6 表示防区报警； 2 表示火警
3	可编程输出 2	烟感探测器	2736	22	2 表示按“System Reset”后接通 10s； 2 表示火警

5.4 紧急编程

紧急键端口及含义见表 2-6。

表 2-6 **紧急键端口及含义**

序号	紧急键	程序地址	数据	含义
1	火警键 A	3147	30	3 表示脉冲报警； 0 表示取消功能
2	紧急键 C	3148	20	2 表示连续报警； 0 表示取消功能

5.5 延时编程

延时端口及含义见表 2-7。

表 2-7 **延时端口及含义**

序号	延时定义	程序地址	数据	含义
1	进入延时 1	4028	01	表示 5s
2	进入延时 2	4029	03	表示 15s
3	退出延时	4030	02	表示 10s

5.6　总线输出编程

总线输出端口及含义见表 2-8。

表 2-8　　**总线输出端口及含义**

序号	总线输出	程序地址	数据	含　　义
1	发送事件	4019	18	1 表示使用串行接口模块； 8 表示与 CMS7000 软件通信
2	数据流特性	4020	25	2 表示数据输出速率为 2400； 5 表示数据位为 8，停止为 1，奇数校验，硬件

5.7　接地故障检测

接地故障端口及含义见表 2-9。

表 2-9　　**接地故障端口及含义**

接地故障	程序地址	数据	含　　义
屏蔽接地故障	2732	00	0 表示不能强制布防； 0 表示不检测地

5.8　恢复出厂设置

恢复出厂端口及含义见表 2-10。

表 2-10　　**恢复出厂端口及含义**

恢复出厂	程序地址	数据	含　　义
恢复出厂设置	4058	01	将所有数据恢复至出厂设置

第 6 节　硬件设备配置

进入编程模式：在中文字符键盘上输入进入编程密码【9】【8】【7】【6】【#】【0】，进入编程模式后这时中文字符键盘会显示如下界面：

编程模式 4.05 地址＝

6.1 恢复出厂设置

输入地址【4】【0】【5】【8】接着输入数据【0】【1】【#】，则显示顺序为：

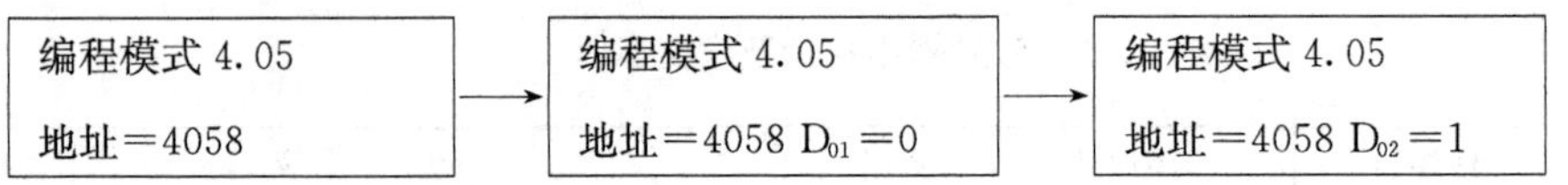

6.2 防区功能设置

（1）防区功能 1。自动会跳转到 4059 地址，按两次“*”键清除，输入地址【0】【0】【0】【1】，接着输入数据【2】【*】【1】【#】，则显示顺序为：

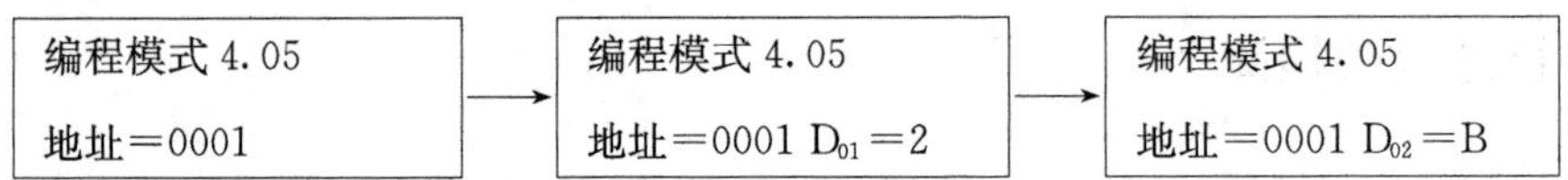

（2）防区功能 2。自动会跳转到 0002 地址，直接输入数据【2】【1】【#】，则显示顺序为：

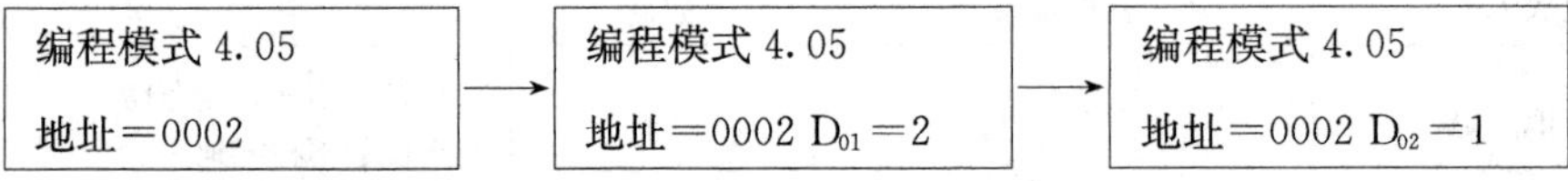

（3）防区功能 3。自动会跳转到 0003 地址，直接输入数据【2】【3】【#】，则显示顺序为：

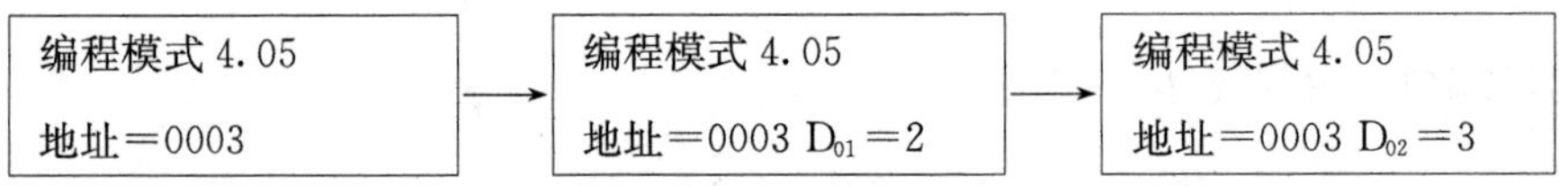

（4）防区功能 4。自动会跳转到 0004 地址，直接输入数据【2】【4】【#】，则显示顺序为：

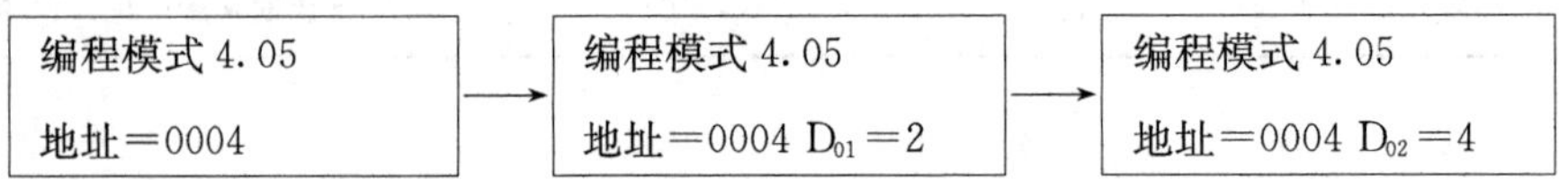

（5）防区功能 5。自动会跳转到 0005 地址，直接输入数据【2】【7】【#】，则显示顺序为：

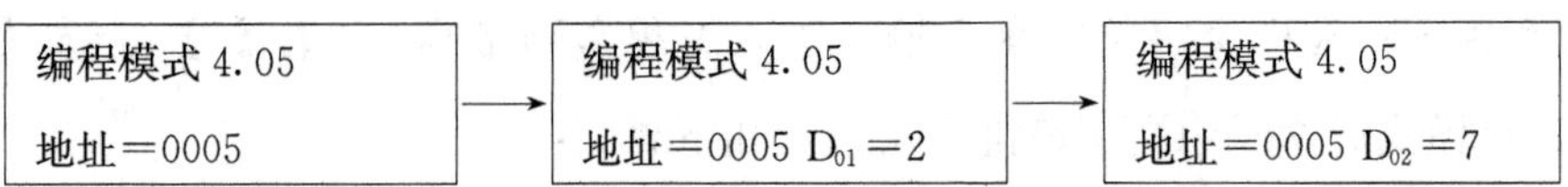

（6）防区功能 6。自动会跳转到 0006 地址，直接输入数据【2】【2】【#】，则显示顺序为：

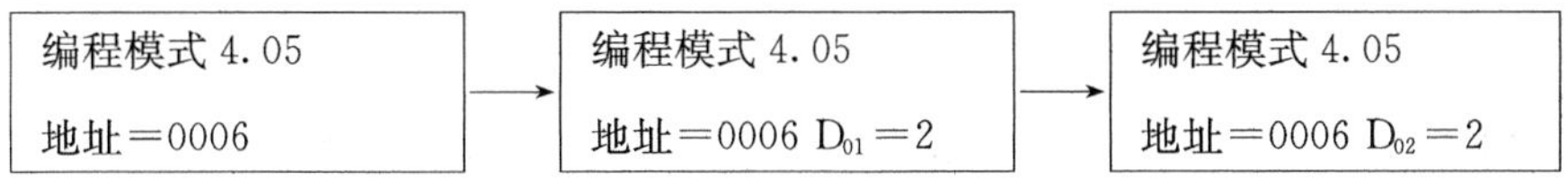

(7) 防区功能 7。自动会跳转到 0007 地址，直接输入数据【3】【9】【＃】，则显示顺序为：

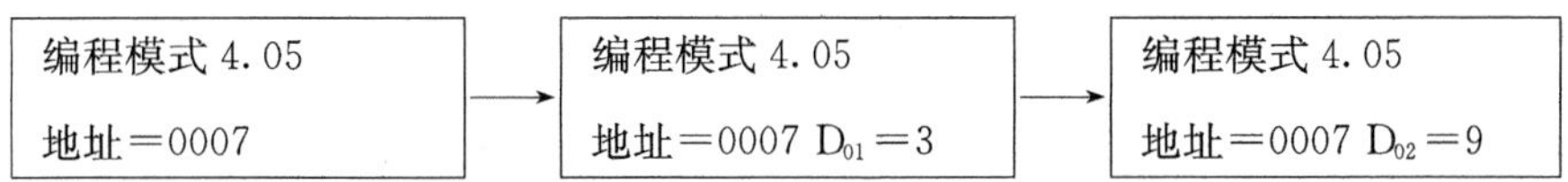

(8) 防区功能 8。自动会跳转到 0008 地址，直接输入数据【2】【1】【＃】，则显示顺序为：

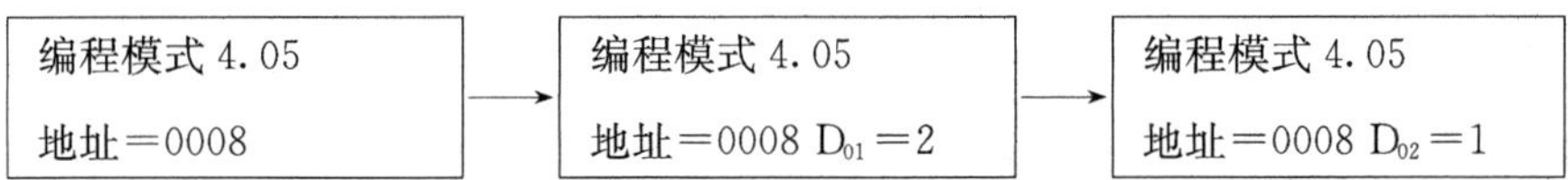

6.3 防区设置

(1) 防区 1（烟感探测器）。自动会跳转到 0009 地址，按两次“＊”键清除，输入地址【0】【0】【3】【1】，接着输入数据【0】【1】【＃】，则显示顺序为：

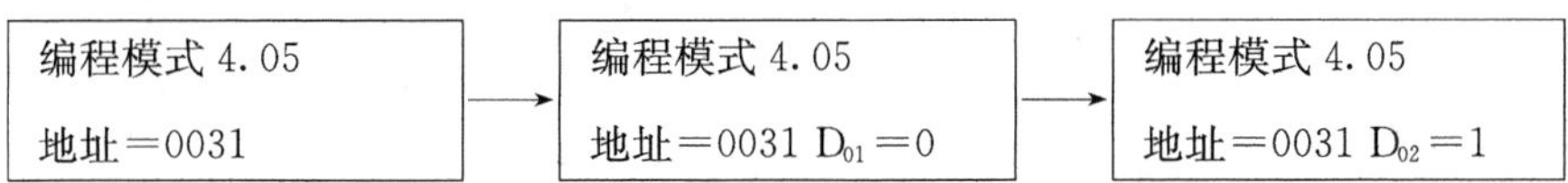

(2) 防区 2（红外/微波复合探测器）。自动会跳转到 0032 地址，直接输入数据【0】【2】【＃】，则显示顺序为：

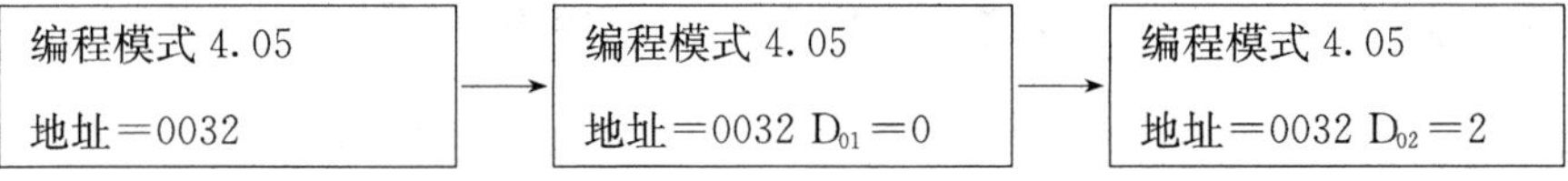

(3) 防区 3（被动红外探测器）。自动会跳转到 0033 地址，直接输入数据【0】【3】【＃】，则显示顺序为：

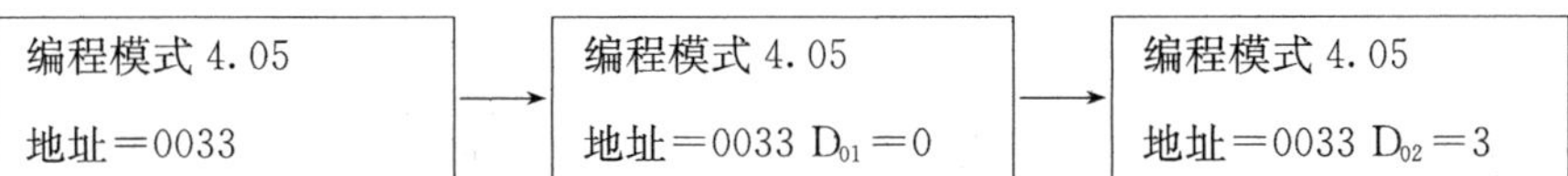

(4) 防区 4（被动红外幕帘探测器）。自动会跳转到 0034 地址，直接输入数据【0】【4】【＃】，则显示顺序为：

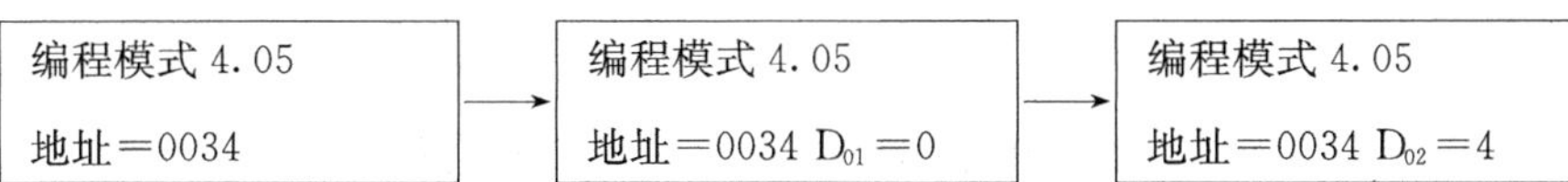

(5) 防区 5（门磁开关）。自动会跳转到 0035 地址，直接输入数据【0】【5】【＃】，

则显示顺序为：

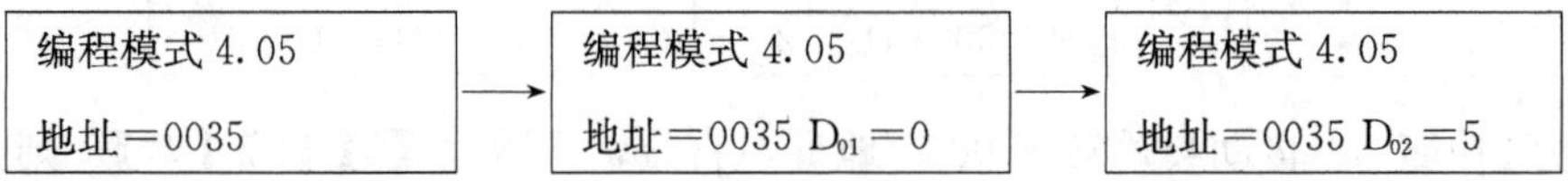

（6）防区 6（紧急开关）。自动会跳转到 0036 地址，直接输入数据【0】【6】【#】，则显示顺序为：

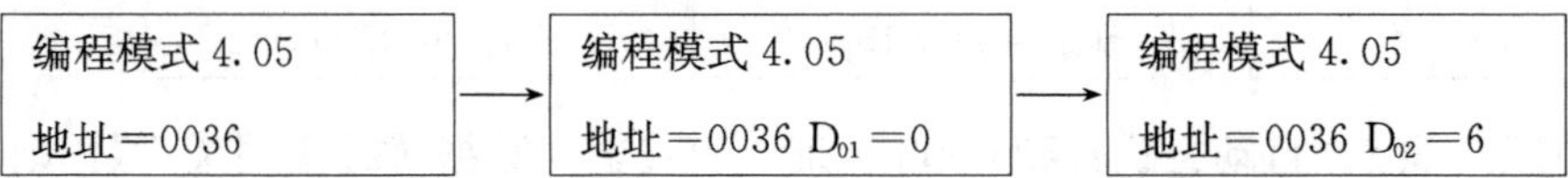

（7）防区 7（钥匙开关）。自动会跳转到 0037 地址，直接输入数据【0】【7】【#】，则显示顺序为：

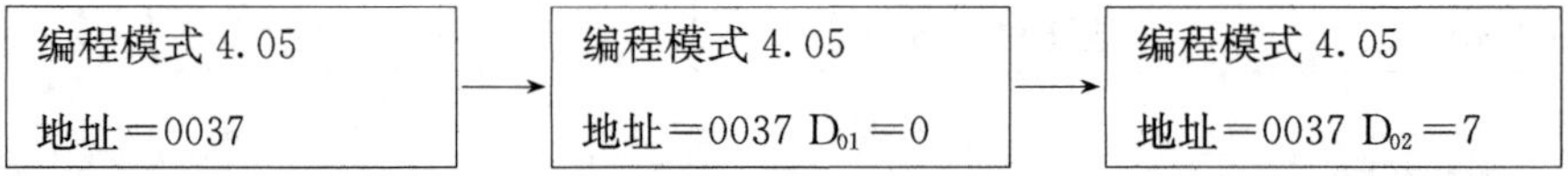

（8）防区 8（主动红外对射探测器）。自动会跳转到 0038 地址，直接输入数据【0】【8】【#】，则显示顺序为：

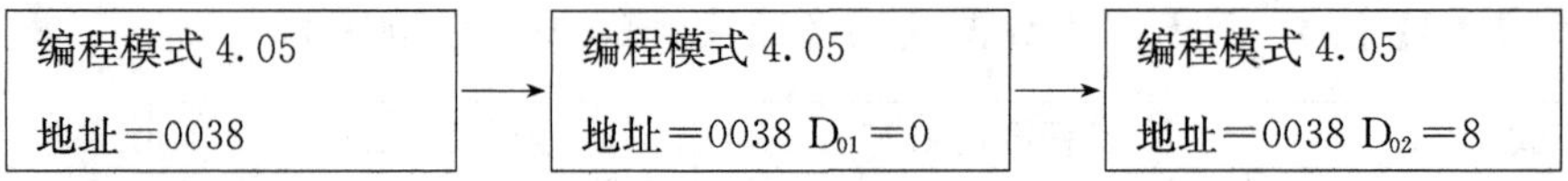

6.4 延时设置

（1）进入延时时间 1。自动会跳转到 0039 地址，按两次“*”键清除，输入地址【4】【0】【2】【8】，接着输入【0】【1】【#】，则显示顺序为：

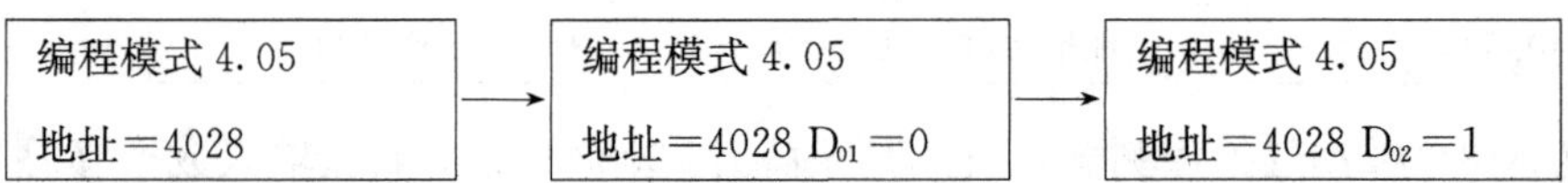

（2）进入延时时间 2。自动会跳转到 4029 地址，直接输入数据【0】【3】【#】，则显示顺序为：

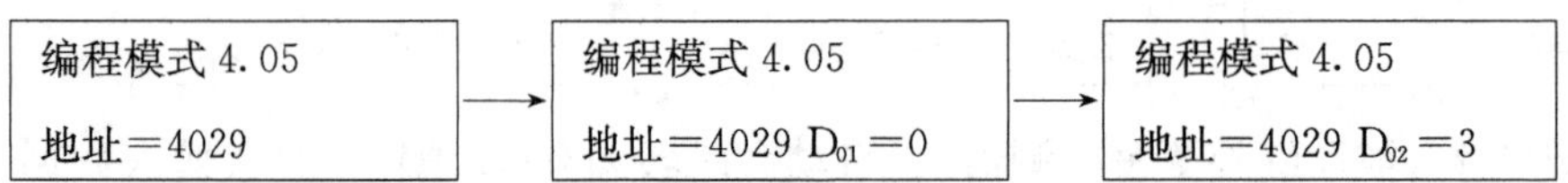

（3）退出延时时间。自动会跳转到 4030 地址，直接输入数据【0】【2】【#】，则显示顺序为：

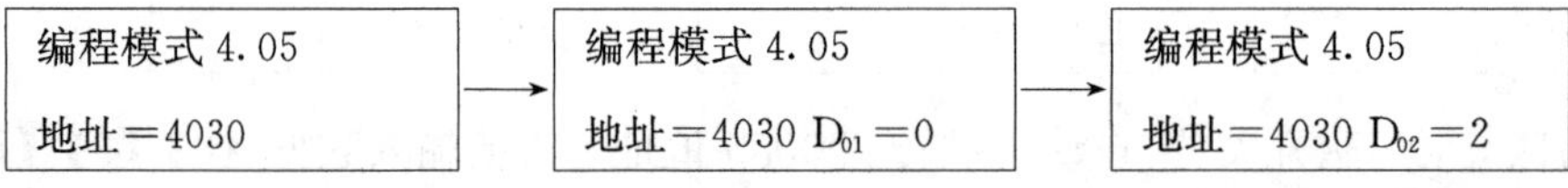

6.5　总线输出设置

（1）自动会跳转到 4031 地址，按两次“*”键清除，输入地址【4】【0】【1】【9】，接着输入【1】【8】【#】则显示顺序为：

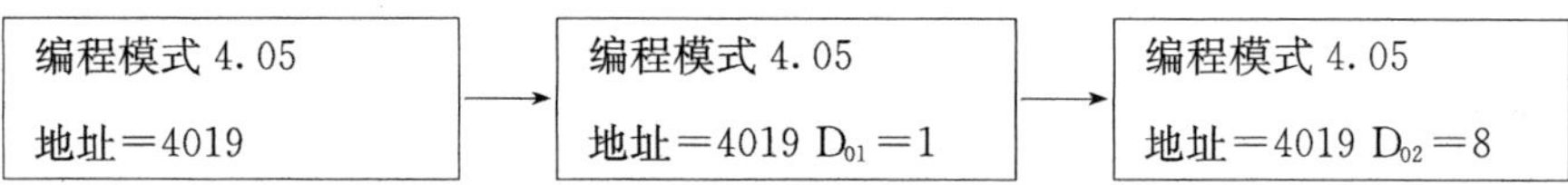

（2）自动会跳转到 4020 地址，直接输入数据【2】【5】【#】，则显示顺序为：

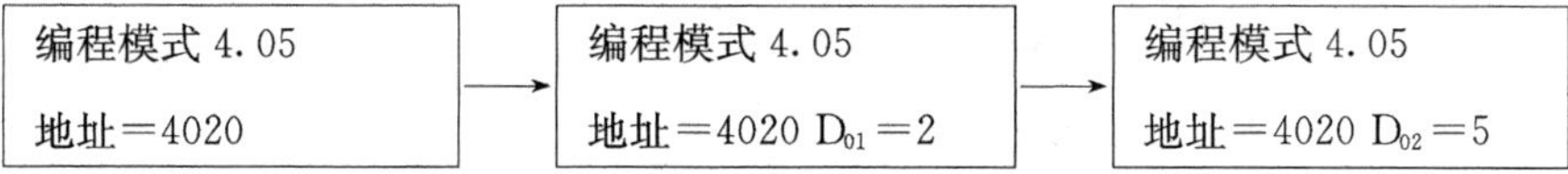

6.6　输出设置

（1）报警输出（警号）。自动会跳转到 4021 地址，按两次“*”键清除，输入地址【2】【7】【3】【4】，接着输入【6】【1】【#】，则显示顺序为：

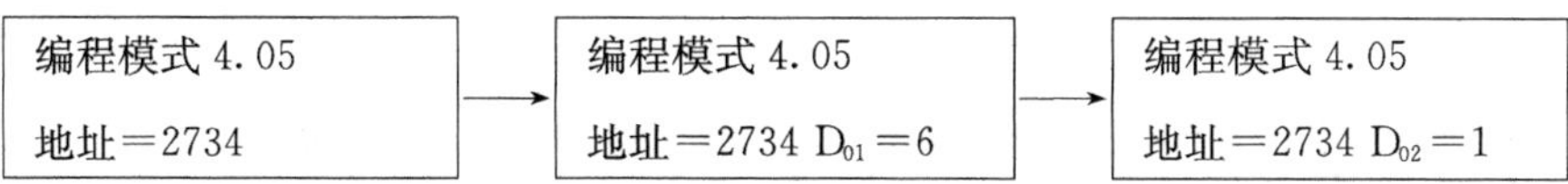

（2）可编程输出 1（闪灯）。自动会跳转到 2735 地址，直接输入数据【6】【2】【#】，则显示顺序为：

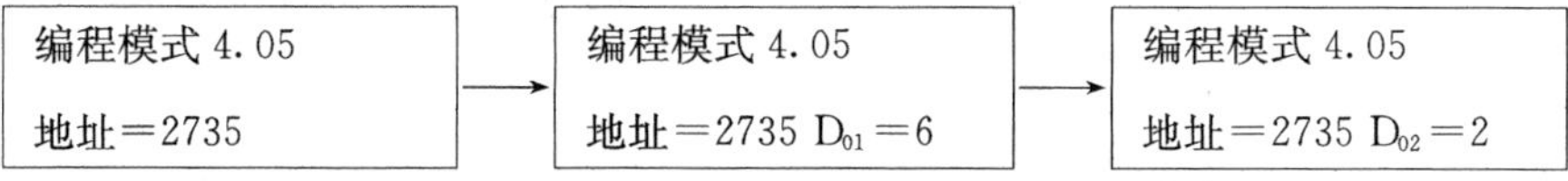

（3）可编程输出 2（烟感探测器）。自动会跳转到 2736 地址，直接输入数据【2】【2】【#】，则显示顺序为：

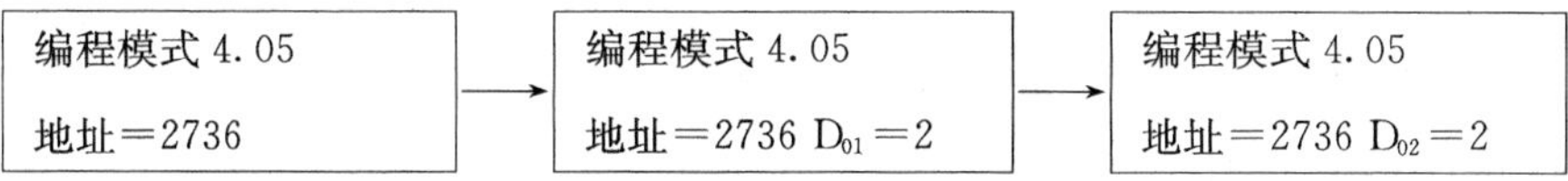

6.7　紧急设置

（1）火警键 A。自动会跳转到 2737 地址，按两次“*”键清除，输入地址【3】【1】【4】【7】，接着输入【3】【0】【#】则显示顺序为：

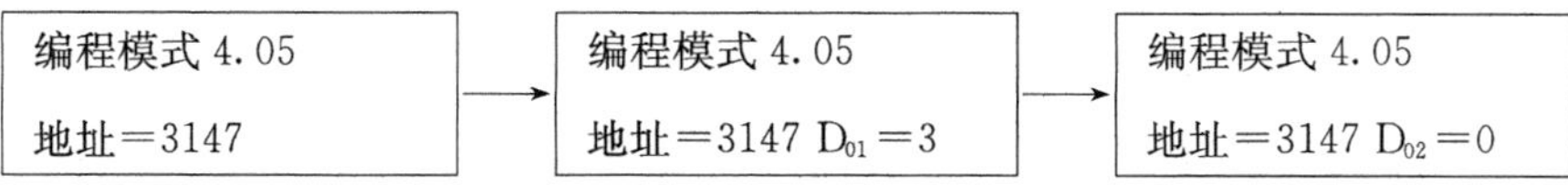

（2）紧急键 C 设置。自动会跳转到 3148 地址，直接输入数据【2】【0】【#】，则显示顺序为：

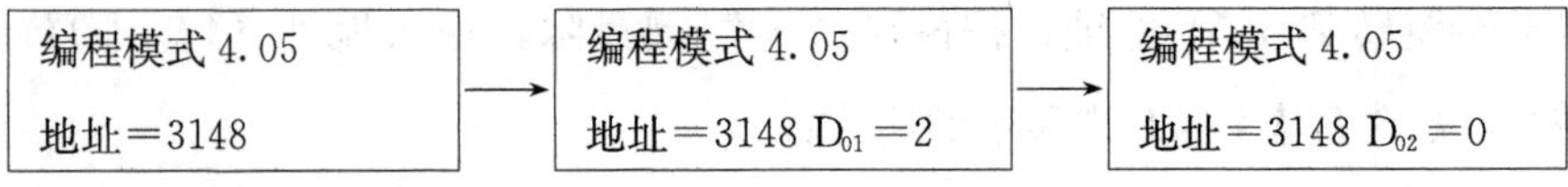

6.8　接地故障设置

屏蔽接地故障。自动会跳转到 3149 地址，按两次“*”键清除，输入地址【2】【7】【3】【2】，接着输入【0】【0】【#】，则显示顺序为：

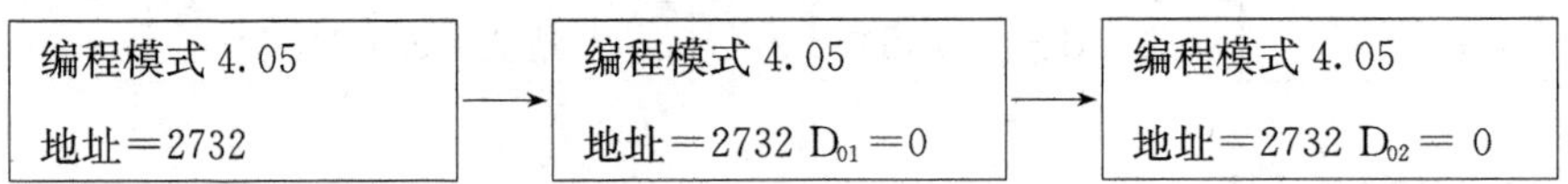

然后长按“*”键 4s 退出编程状态。

第 7 节　硬件设备运行

（1）可编址控制主机在待机状态时，无故障、无报警、防区无动作。

（2）按住中文字符键盘 A 键 2s 左右手动启动闪灯。

（3）按住中文字符键盘 C 键 2s 左右手动启动警号。

（4）当系统已撤防并检测到烟感探测器动作时，中文字符键盘的“火警”指示灯闪亮且屏幕显示“第一个火警 001”，警号静，闪灯闪。

（5）当系统已撤防并检测到紧急开关动作时，中文字符键盘的“布防”指示灯闪亮且屏幕显示“第一个报警 006”，警号响，闪灯灭。

（6）当系统已撤防并检测到钥匙开关动作时，系统开始预布防，中文字符键盘的“布防”指示灯闪亮且屏幕显示“布防”；当系统已布防并检测到钥匙开关动作时，系统立即撤防，中文字符键盘的“布防”指示灯熄灭且屏幕显示“准备布防”。

（7）系统预布防 10s 内防区触发（24h 防区和火警防区除外），系统不报警，10s 后防区触发立即报警。

（8）当系统已布防并检测到红外/微波复合探测器动作时，中文字符键盘的“布防”指示灯闪亮且屏幕显示“第一个报警 002”，警号响，闪灯灭。

（9）当系统已布防并检测到被动红外探测器动作，延时 5s 后，中文字符键盘的“布防”指示灯闪亮且屏幕显示“第一个报警 003”，警号响，闪灯灭；如果 5s 内撤防则不报警。

(10) 当系统已布防并检测到被动红外幕帘探测器动作，延时 15s 后，中文字符键盘的“布防”指示灯闪亮且屏幕显示“第一个报警 004”，警号响，闪灯灭；如果 15s 内撤防则不报警。

(11) 当系统已布防并检测到门磁开关动作时，中文字符键盘的“布防”指示灯闪亮且屏幕显示“第一个报警 005”，警号响，闪灯灭。

(12) 当系统已布防并检测到主动红外对射探测器动作时，中文字符键盘的“布防”指示灯闪亮且屏幕显示“第一个报警 008”，警号响，闪灯灭。

第 8 节　管理软件配置运行

8.1　串口设置

串口设置如图 2 - 3 所示。

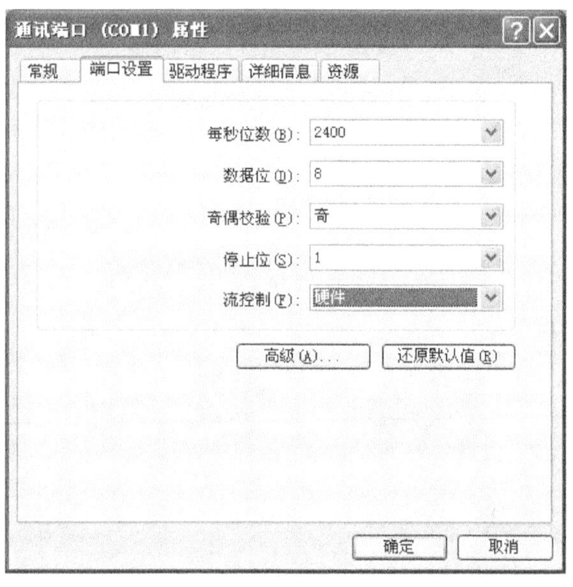

图 2 - 3

8.2　系统登录

(1) 双击打开“CMS7000 软件”，单击“Yes”按钮，全体恢复为撤防状态，如图 2 - 4 所示。

图 2-4

（2）不需要输入口令，直接单击“登录”按钮，如图 2-5 所示。

图 2-5

（3）点击“关闭”，完成登录，如图 2-6 所示。

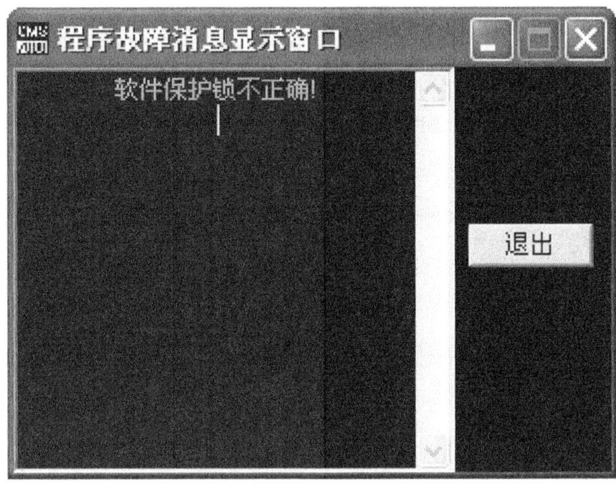

图 2-6

8.3　登录口令

(1) 单击打开“系统菜单”，选择“参数设置”→“系统参数设置”选项，如图 2-7 所示。

图 2-7

(2) 单击“确定”按钮，如图 2-8 所示。

(3) 选中“登录后不再检查口令”复选框，单击“确定保存”按钮，再单击“退出”按钮返回到主界面，如图 2-9 所示。

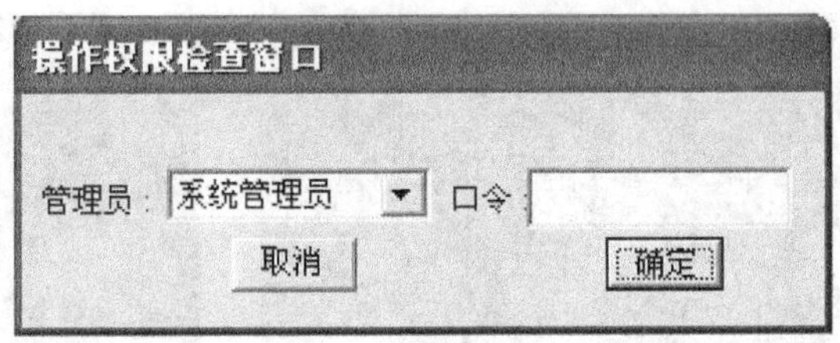

图 2-8

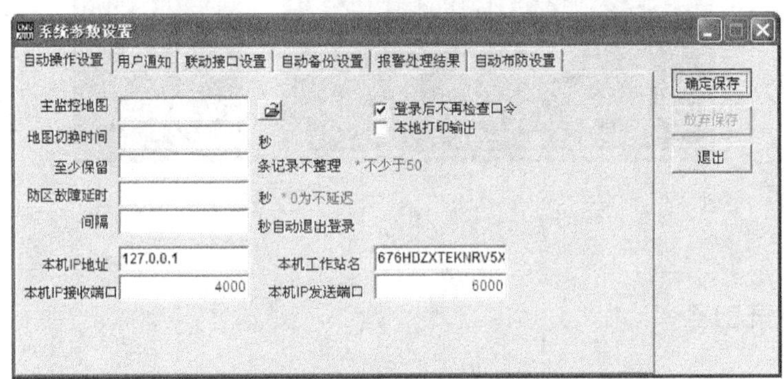

图 2-9

8.4 主机参数设置

（1）单击打开“系统菜单”，选择“报警主机管理”→“报警主机参数设置”选项，如图 2-10 所示。

图 2-10

（2）单击“增加主机”按钮，再单击“开始修改”按钮，如图 2-11 所示。

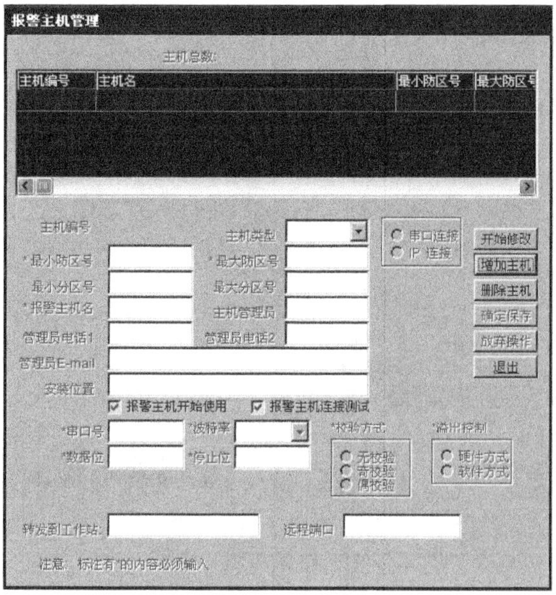

图 2-11

（3）选择“串口连接”单选按钮，主机类型选择“DS7400XI”，报警主机名为“7400”（自定义），串口号为“1”，波特率为“2400”，其余参数默认即可。单击“确定保存”按钮，再单击“结束修改”按钮进行参数保存，如图 2-12 所示。

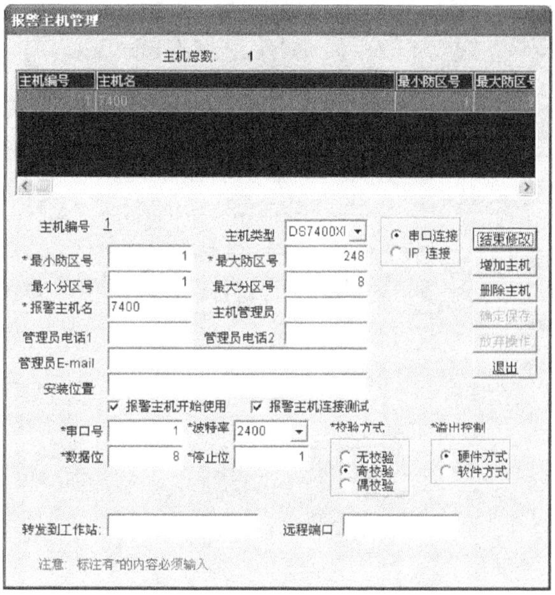

图 2-12

（4）单击“退出”按钮返回到主界面。

8.5 防区类型定义

（1）单击打开“系统菜单”，选择“参数设置”→“防区类型定义”选项，如图2-13所示。

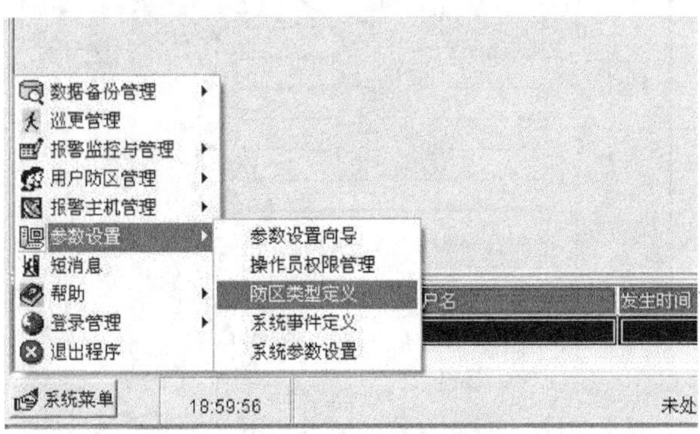

图2-13

（2）单击“增加类型”按钮，如图2-14所示。

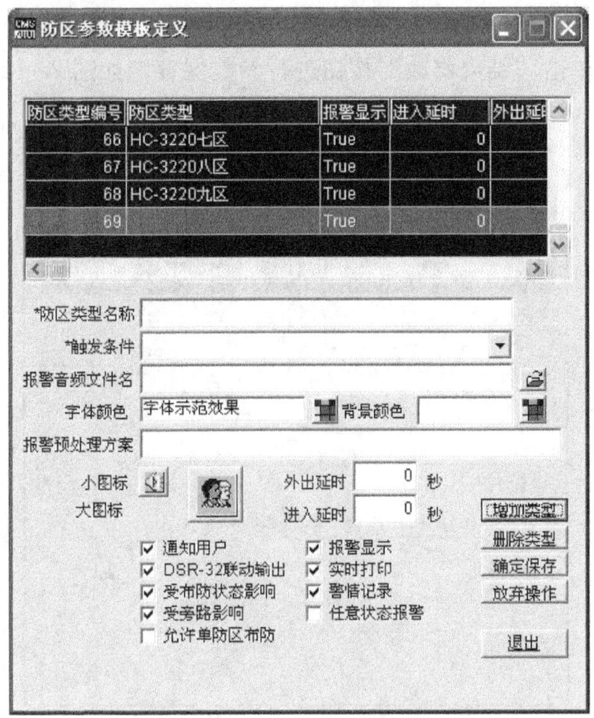

图2-14

（3）在防区类型名称中输入“火警防区”，触发条件选择“FIRE _ DS7400”，单击“确定保存”按钮，如图 2 - 15 所示。

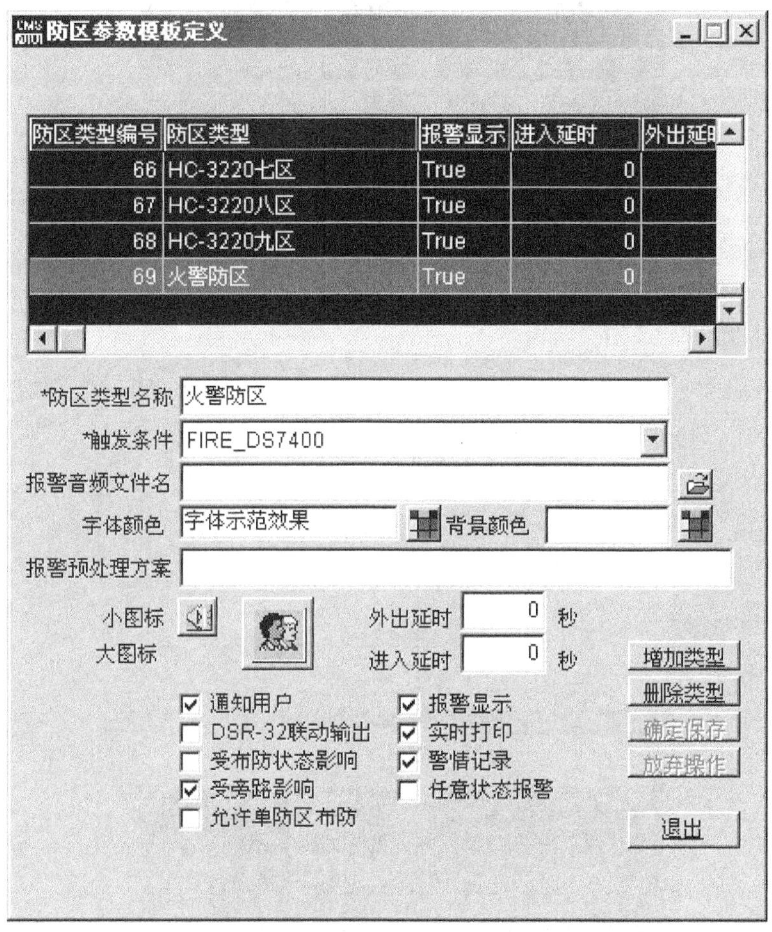

图 2 - 15

（4）在防区类型名称中输入“布/撤防盗警”，触发条件选择“BURGLAR _ ZONE _ ALARM _ DS7400”，单击“确定保存”按钮，如图 2 - 16 所示。

（5）在防区类型名称中输入“24 小时盗警”，触发条件选择“BURGLAR _ ZONE _ ALARM _ DS7400”，单击“确定保存”按钮，再单击“退出”按钮，如图 2 - 17 所示。

8.6　用户组管理

（1）单击打开“系统菜单”，选择“用户防区管理”→“用户组管理”选项，如图 2 - 18 所示。

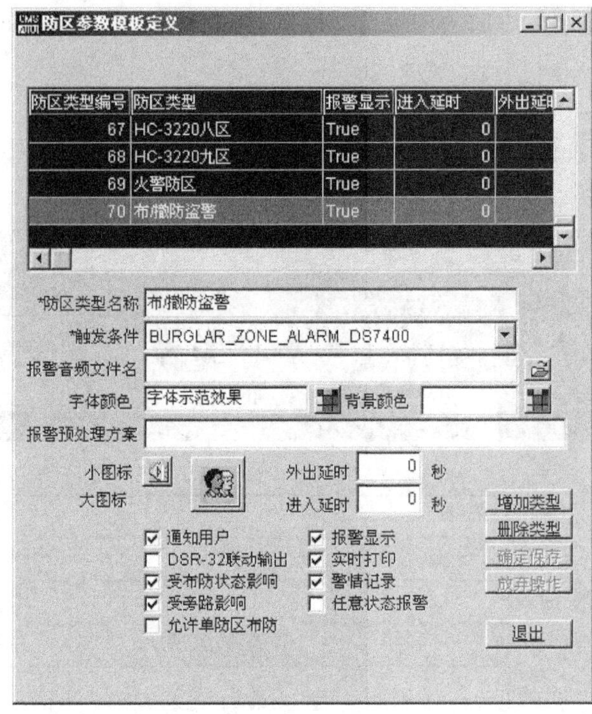
防区参数模板定义
防区类型编号
防区类型
报警显示
进入延时
外出延时
67 HC-3220八区 True 0
68 HC-3220九区 True 0
69 火警防区 True 0
70 布/撤防盗警 True 0
*防区类型名称
布/撤防盗警
*触发条件
BURGLAR_ZONE_ALARM_DS7400
报警音频文件名
字体颜色
字体示范效果
背景颜色
报警预处理方案
小图标
大图标
外出延时 0 秒
进入延时 0 秒
增加类型
删除类型
确定保存
放弃操作
通知用户
DSR-32联动输出
受布防状态影响
受旁路影响
允许单防区布防
报警显示
实时打印
警情记录
任意状态报警
退出

图 2-16

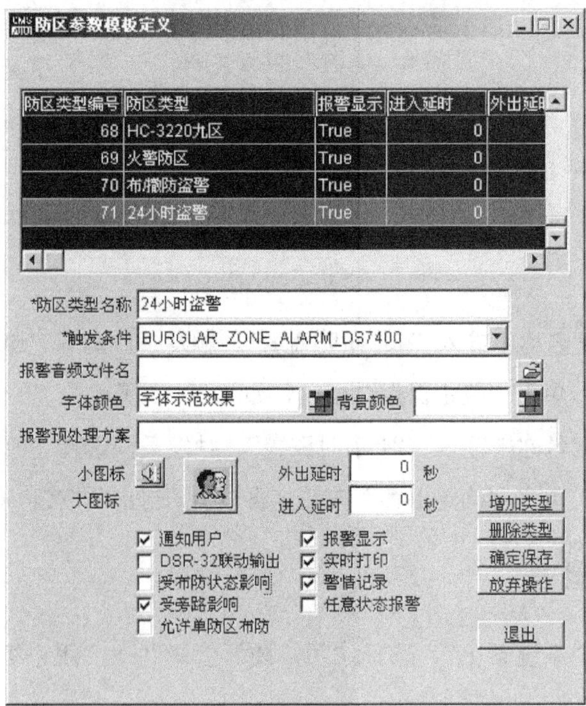
防区参数模板定义
防区类型编号
防区类型
报警显示
进入延时
外出延时
68 HC-3220九区 True 0
69 火警防区 True 0
70 布/撤防盗警 True 0
71 24小时盗警 True 0
*防区类型名称
24小时盗警
*触发条件
BURGLAR_ZONE_ALARM_DS7400
报警音频文件名
字体颜色
字体示范效果
背景颜色
报警预处理方案
小图标
大图标
外出延时 0 秒
进入延时 0 秒
增加类型
删除类型
确定保存
放弃操作
通知用户
DSR-32联动输出
受布防状态影响
受旁路影响
允许单防区布防
报警显示
实时打印
警情记录
任意状态报警
退出

图 2-17

图 2-18

(2) 单击“增加用户组”按钮，如图 2-19 所示。

(3) 在用户组名称栏输入“楼宇”（自定义），单击“确定保存”按钮保存，然后单击“退出”按钮返回主界面，如图 2-20 所示。

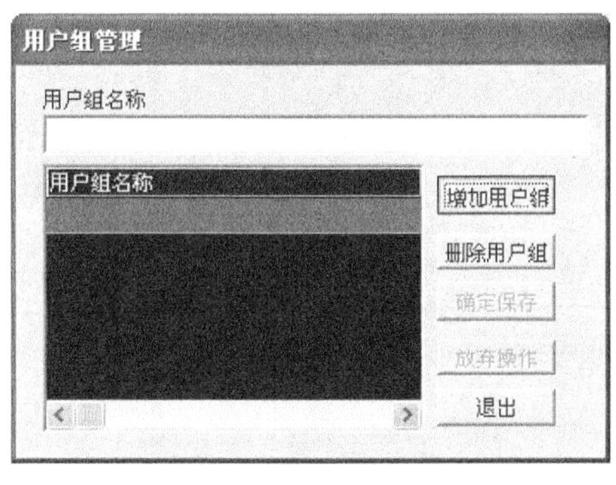

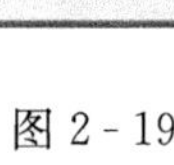

图 2-19

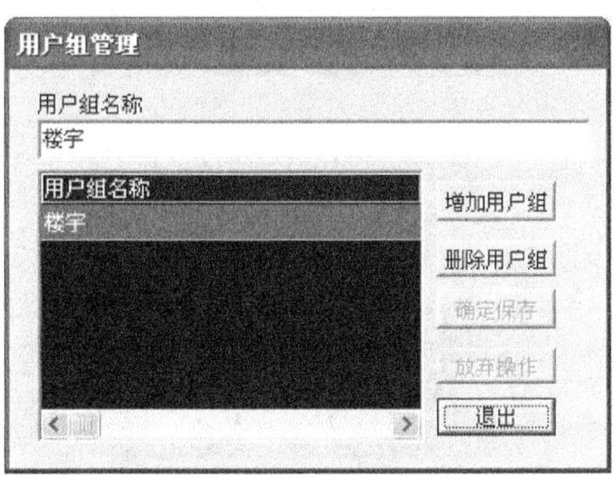

图 2-20

8.7　用户及防区管理

(1) 单击打开“系统菜单”，选择“用户防区管理”→“用户及防区管理”选项，如图 2-21 所示。

图 2-21

（2）弹出“用户及防区管理”窗口，如图 2-22 所示。

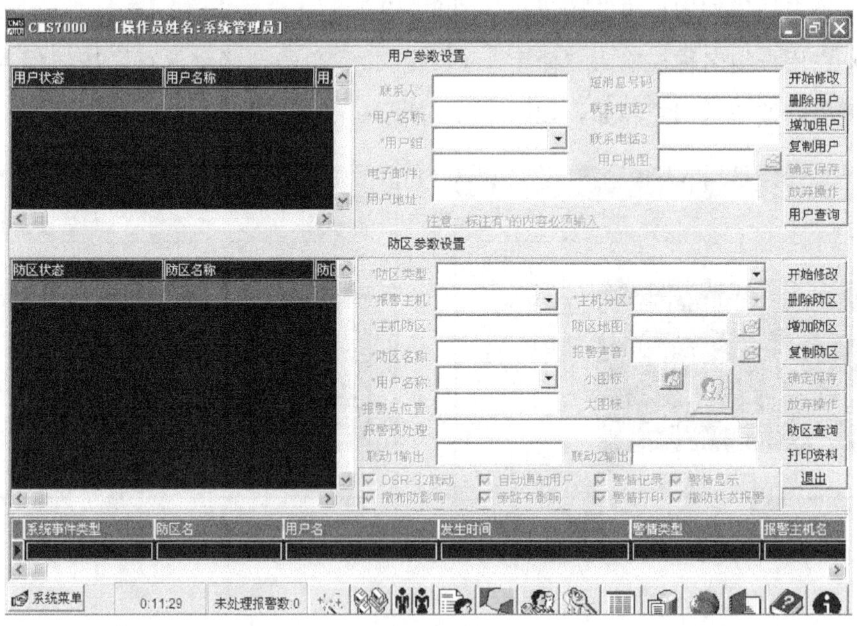

图 2-22

（3）单击“增加用户”按钮，再单击“开始修改”按钮，填写用户名称“安防”（自定义），用户组选“楼宇”，单击“确定保存”按钮，再单击“结束修改”按钮进行参数保存，如图 2-23 所示。

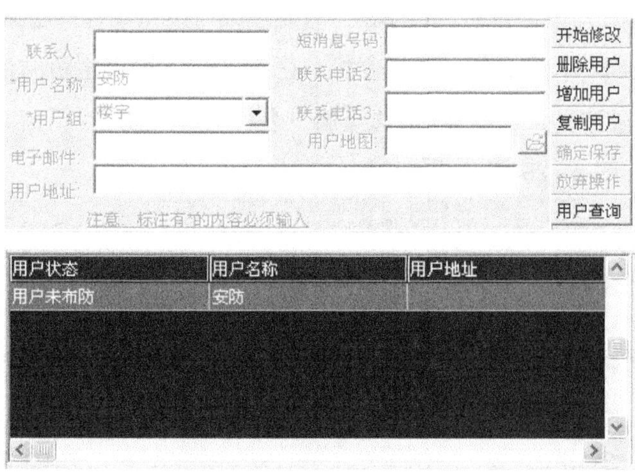

图 2-23

(4) 单击“增加防区”按钮，再单击“开始修改”按钮，选择防区类型为“火警防区”，选择报警主机为“7400”，选择主机分区为“1”，填写主机防区“1”，填写防区名称“烟感探测器”，选择用户名称“安防”，单击“确定保存”按钮进行参数保存，如图 2-24 所示。

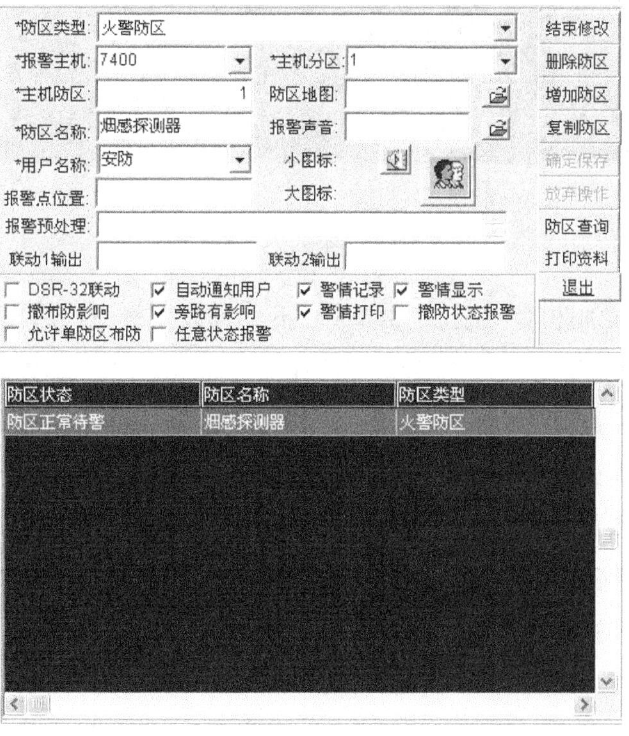

图 2-24

（5）单击“增加防区”按钮，再单击“开始修改”按钮，选择防区类型为“布/撤防盗警”，选择报警主机为“7400”，选择主机分区为“1”，填写主机防区为“2”，填写防区名称为“红外/微波复合探测器”，选择用户名称为“安防”，单击“确定保存”按钮进行参数保存，如图 2-25 所示。

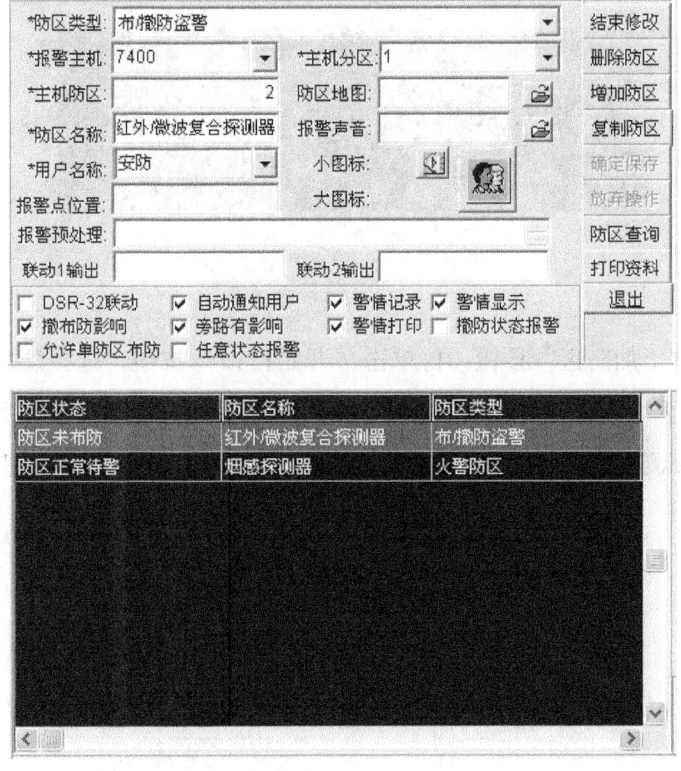

图 2-25

（6）单击“增加防区”按钮，再单击“开始修改”按钮，选择防区类型为“布/撤防盗警”，选择报警主机为“7400”，选择主机分区为“1”，填写主机防区为“3”，填写防区名称为“被动红外探测器”，选择用户名称为“安防”，单击“确定保存”按钮进行参数保存，如图 2-26 所示。

（7）单击“增加防区”按钮，再单击“开始修改”按钮，选择防区类型为“布/撤防盗警”，选择报警主机为“7400”，选择主机分区为“1”，填写主机防区为“4”，填写防区名称为“被动红外幕帘探测器”，选择用户名称为“安防”，单击“确定保存”按钮进行参数保存，如图 2-27 所示。

（8）单击“增加防区”按钮，再单击“开始修改”按钮，选择防区类型为“布/撤防盗警”，选择报警主机为“7400”，选择主机分区为“1”，填写主机防区为“5”，

填写防区名称为“门磁开关”，选择用户名称为“安防”，单击“确定保存”按钮进行参数保存，如图 2－28 所示。

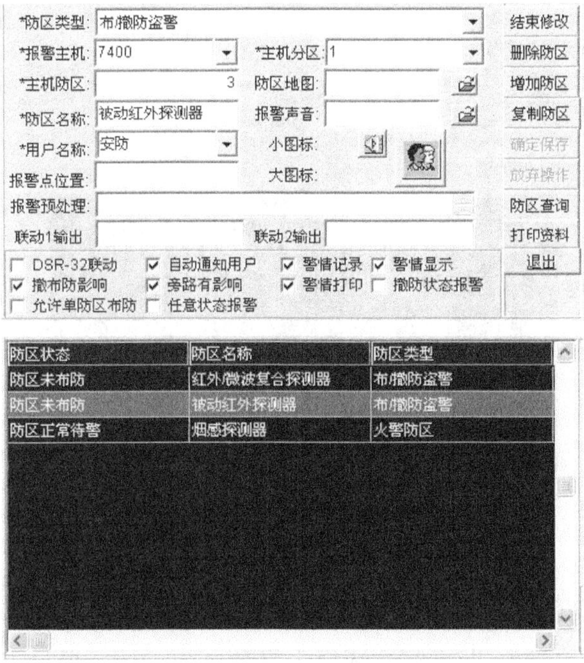

图 2－26

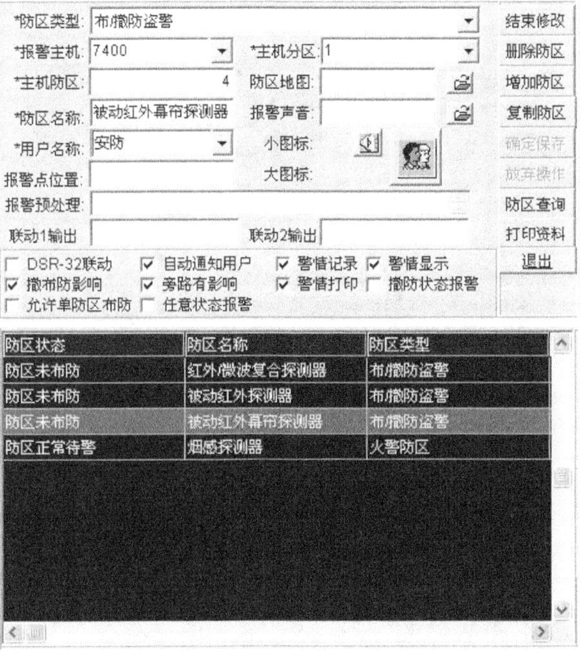

图 2－27

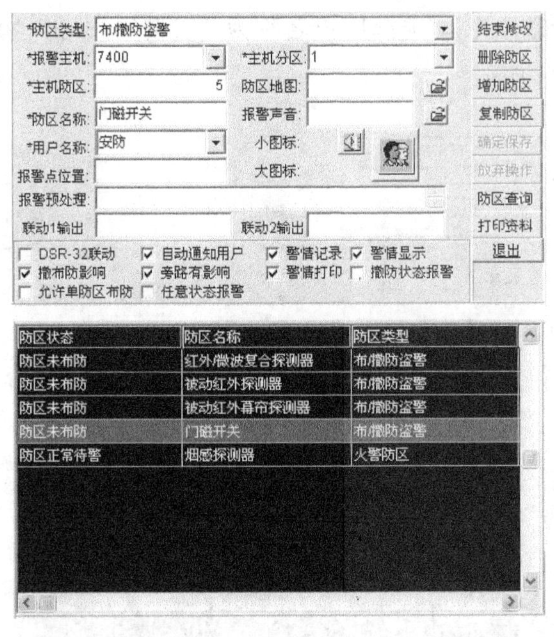

图 2-28

(9) 单击“增加防区”按钮，再单击“开始修改”按钮，选择防区类型为“24 小时盗警”，选择报警主机为“7400”，选择主机分区为“1”，填写主机防区为“6”，填写防区名称为“紧急开关”，选择用户名称为“安防”，单击“确定保存”按钮进行参数保存，如图 2-29 所示。

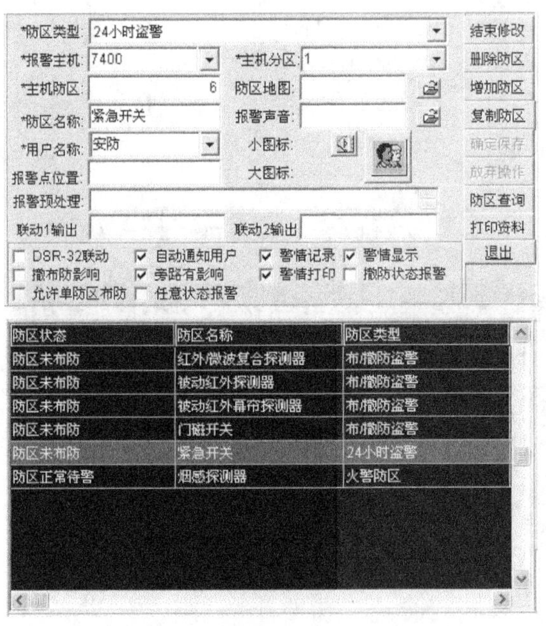

图 2-29

(10) 单击“增加防区”按钮，再单击“开始修改”按钮，选择防区类型为“布/撤防盗警”，选择报警主机为“7400”，选择主机分区为“1”，填写主机防区为“7”，填写防区名称为“钥匙开关”，选择用户名称为“安防”，单击“确定保存”按钮进行参数保存，如图 2-30 所示。

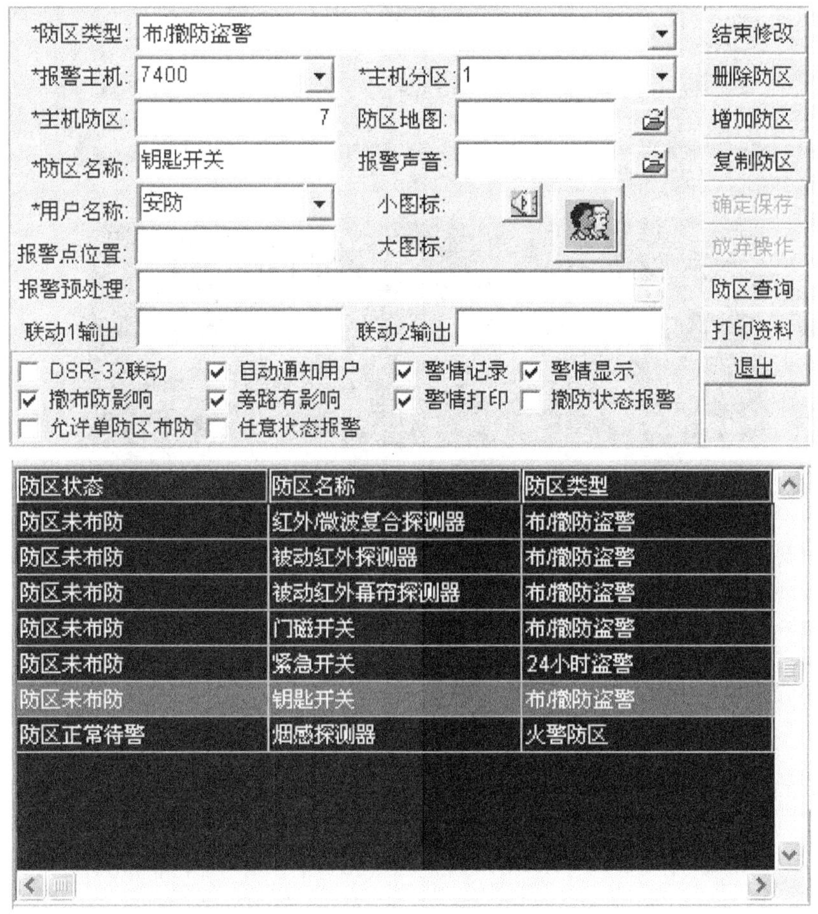

图 2-30

(11) 单击“增加防区”按钮，单击“开始修改”按钮，选择防区类型为“布/撤防盗警”，选择报警主机为“7400”，选择主机分区为“1”，填写主机防区为“8”，填写防区名称为“主动红外对射探测器”，选择用户名称为“安防”，单击“确定保存”按钮进行参数保存，如图 2-31 所示。

(12) 单击“退出”按钮返回到主界面。再单击打开右上角的“所有用户”→“楼宇”→“安防”可以查看到当前各防区的运行状态，如图 2-32 所示。

(13) 可以在信息栏查看当前报警信息，如图 2-33 所示。

*防区类型: 布/撤防盗警

*报警主机: 7400　*主机分区: 1

*主机防区: 8　防区地图:

*防区名称: 主动红外对射探测器　报警声音:

*用户名称: 安防　小图标:

报警点位置:　大图标:

报警预处理:

联动1输出　联动2输出

结束修改　删除防区　增加防区　复制防区　确定保存　放弃操作　防区查询　打印资料　退出

☐ DSR-32联动　☑ 自动通知用户　☑ 警情记录　☑ 警情显示

☑ 撤布防影响　☑ 旁路有影响　☑ 警情打印　☐ 撤防状态报警

☐ 允许单防区布防　☐ 任意状态报警

防区状态	防区名称	防区类型
防区未布防	红外/微波复合探测器	布/撤防盗警
防区未布防	被动红外探测器	布/撤防盗警
防区未布防	被动红外幕帘探测器	布/撤防盗警
防区未布防	门磁开关	布/撤防盗警
防区未布防	紧急开关	24小时盗警
防区未布防	钥匙开关	布/撤防盗警
防区未布防	主动红外对射探测器	布/撤防盗警
防区正常待警	烟感探测器	火警防区

图 2-31

图 2-32

图 2 - 33

第 9 节　集成软件配置运行

9.1　新建工程

(1) 打开组态王软件，单击“新建”按钮，再单击“下一步”按钮，如图 2 - 34 所示。

图 2 - 34

（2）输入新建的工程所在的目录“入侵报警”（可自定义），单击“下一步”按钮，如图 2-35 所示。

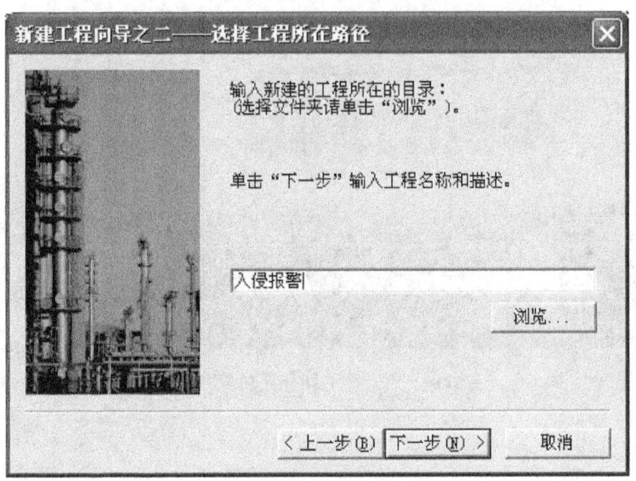

图 2-35

（3）单击“确定”按钮，如图 2-36 所示。

图 2-36

（4）输入新建的工程名称和描述“入侵报警”（可自定义），单击“完成”按钮，如图 2-37 所示。

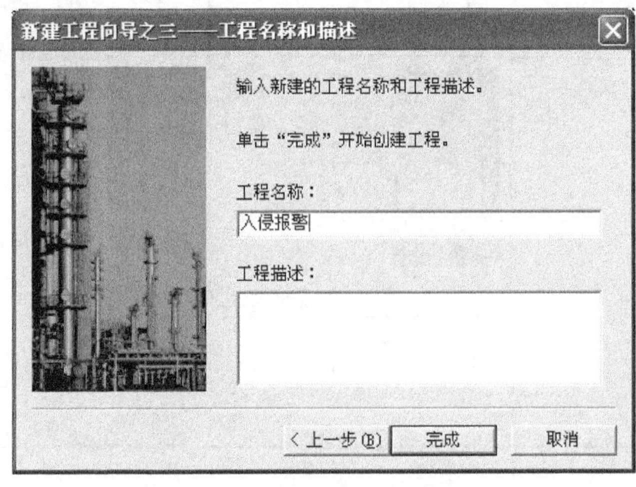

图 2-37

（5）建立当前工程，单击“是”按钮，如图 2-38 所示。

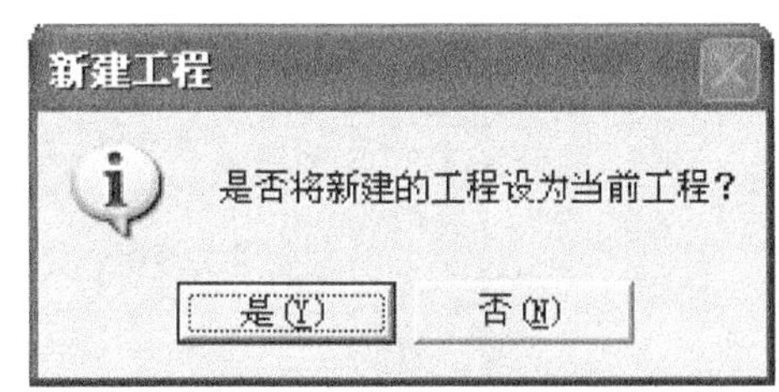

图 2-38

9.2　打开工程

（1）选择“入侵报警”工程，单击“开发”按钮，如图 2-39 所示。

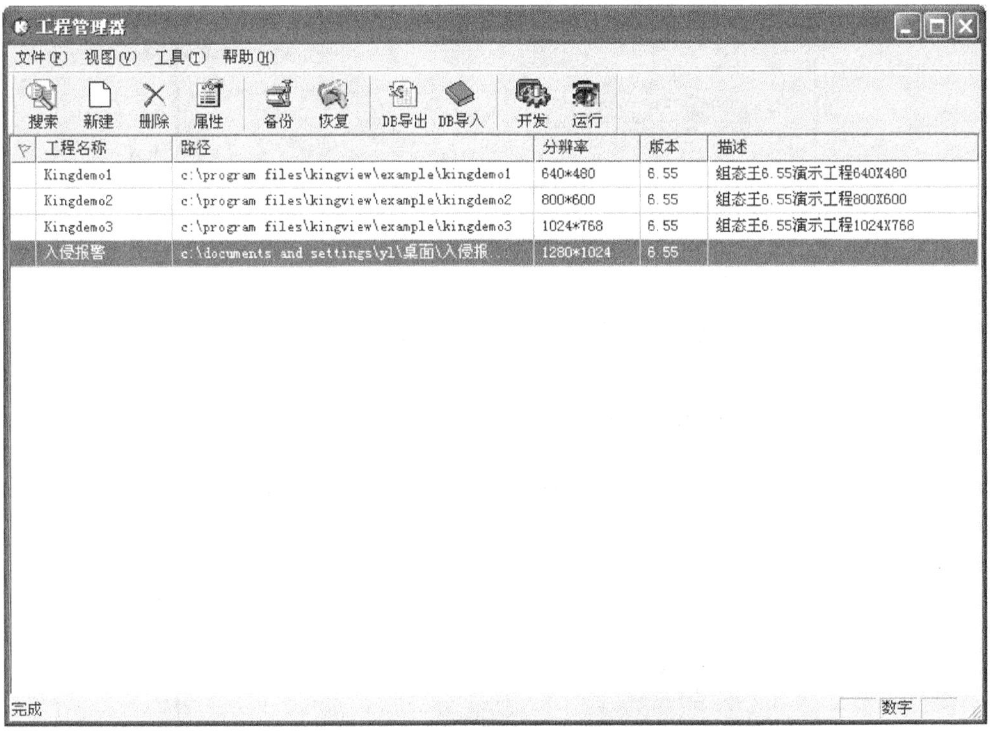

图 2-39

（2）单击“忽略”按钮，如图 2-40 所示。

（3）单击“确定”按钮，如图 2-41 所示。

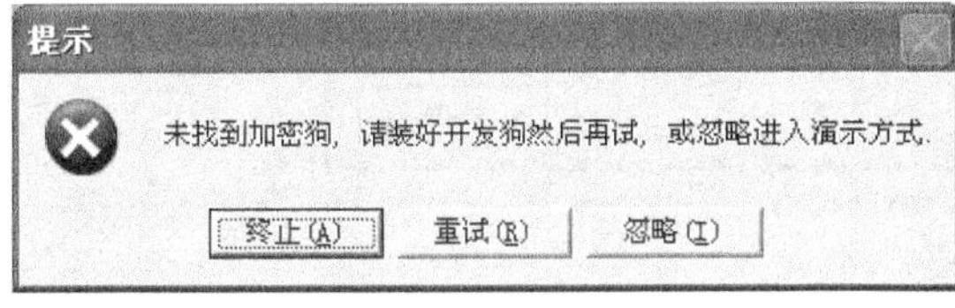

图 2-40

图 2-41

（4）单击“关闭”按钮，如图 2-42 所示。

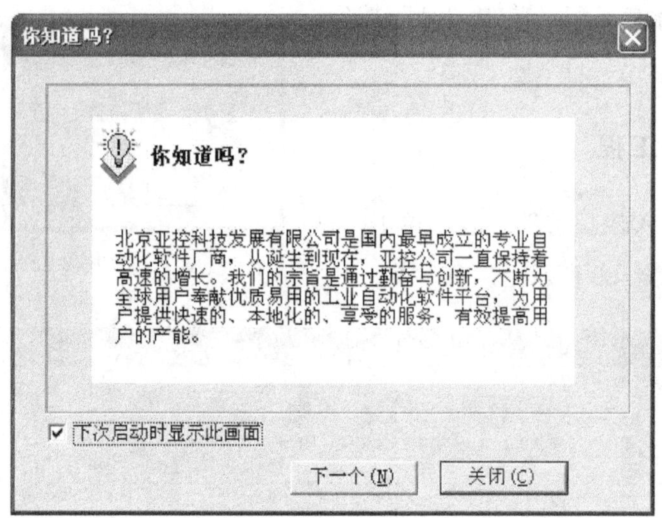

图 2-42

9.3 建立通讯

(1) 单击“设备”，双击“新建”按钮，如图 2-43 所示。

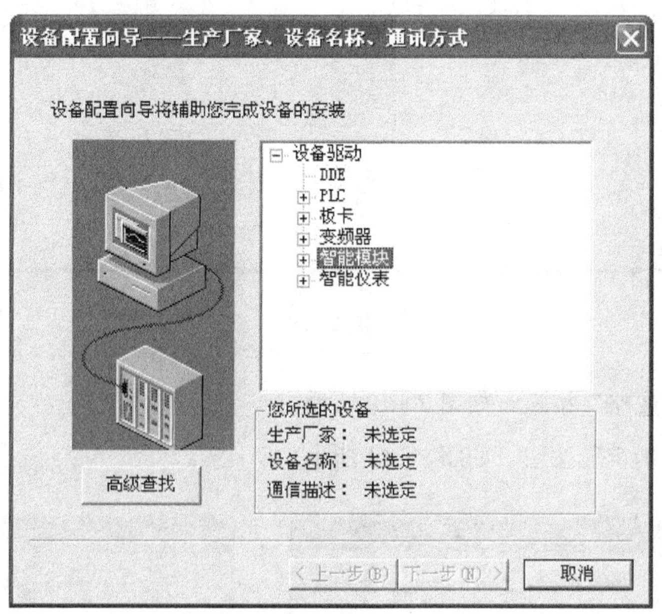

图 2-43

(2) 选择设备驱动中的智能模块，选择博世安保下的 DS7400X1 的 COM，单击“下一步”按钮，如图 2-44 所示。

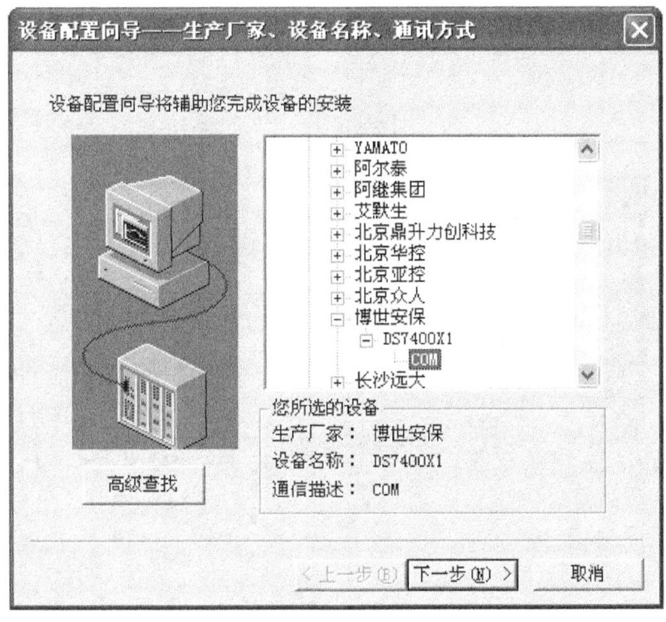

图 2-44

(3) 输入逻辑名称，单击“下一步”按钮，如图 2-45 所示。

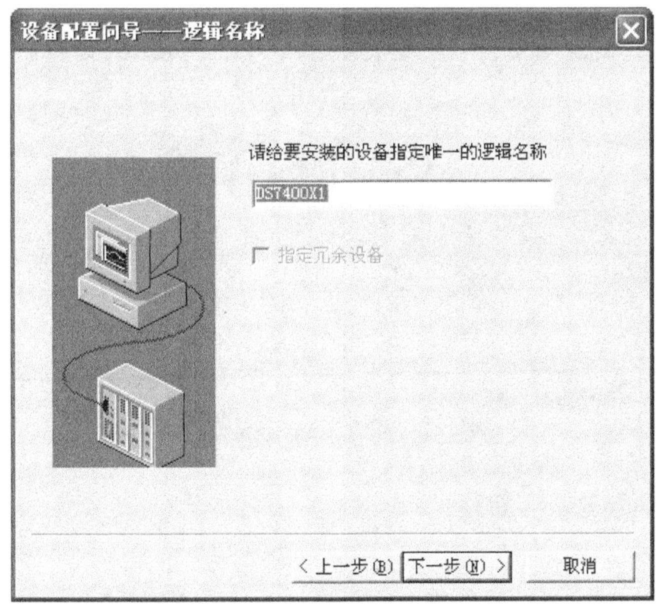

图 2-45

(4) 选择设备所连接的串口号，单击“下一步”按钮，如图 2-46 所示。

(5) 输入设备的地址，单击“下一步”按钮，如图 2-47 所示。

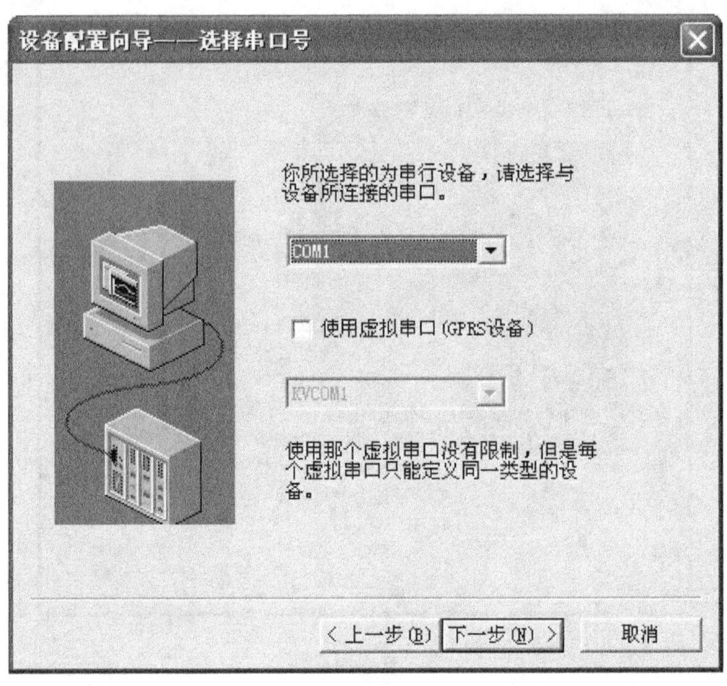

图 2-46

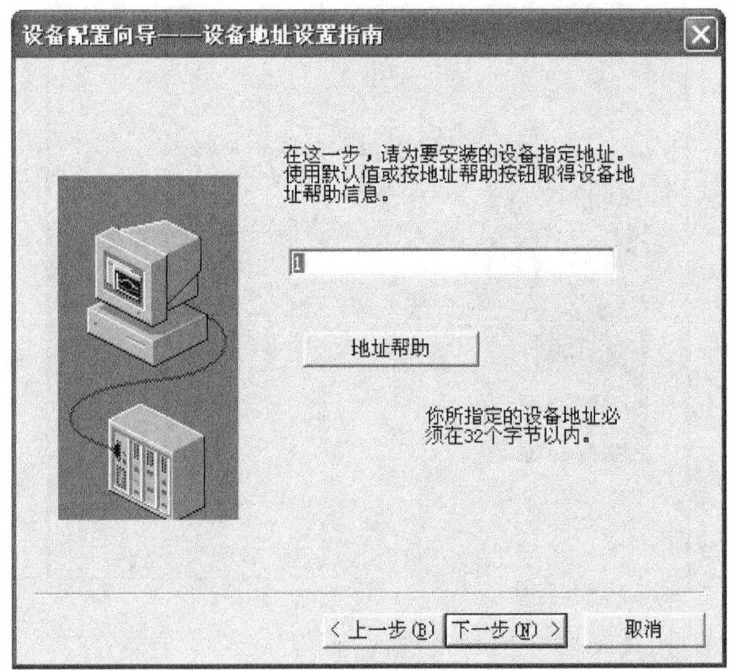

图 2-47

(6) 进入通信参数，单击“下一步”按钮，如图 2-48 所示。

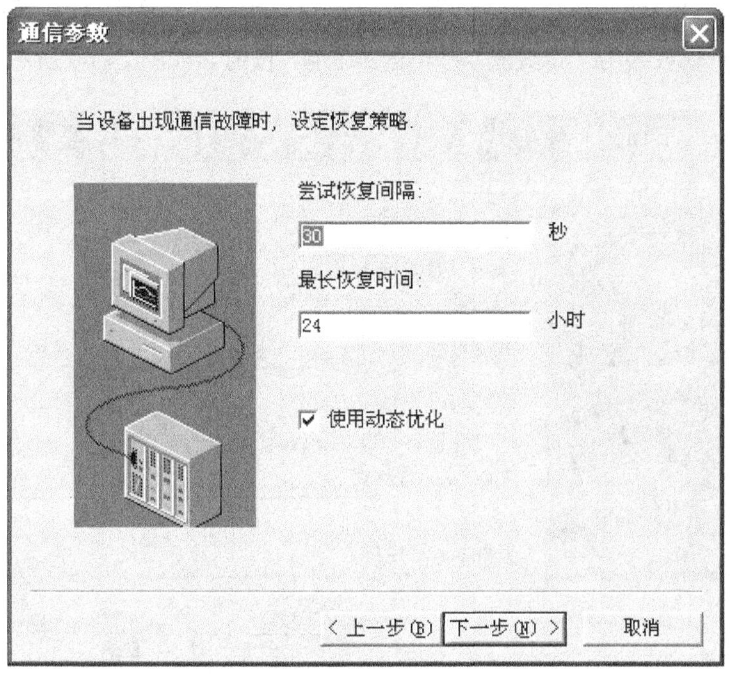

图 2-48

(7) 进入信息总结，单击“完成”按钮，如图 2-49 所示。

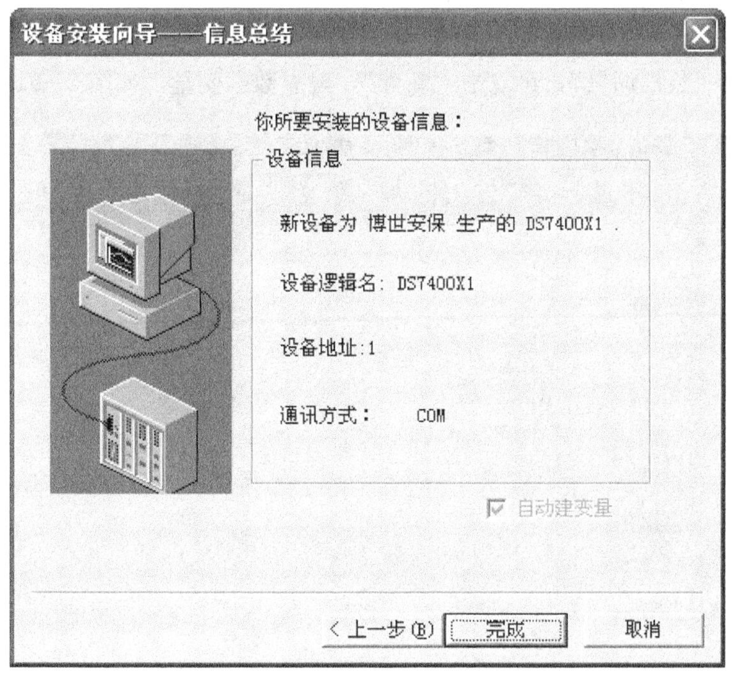

图 2-49

(8) 双击“设备”中的“COM1”，弹出“设置串口 COM1”对话框，设置波特率为“2400”，奇偶校验为“奇校验”，单击“确定”按钮，如图 2-50 所示。

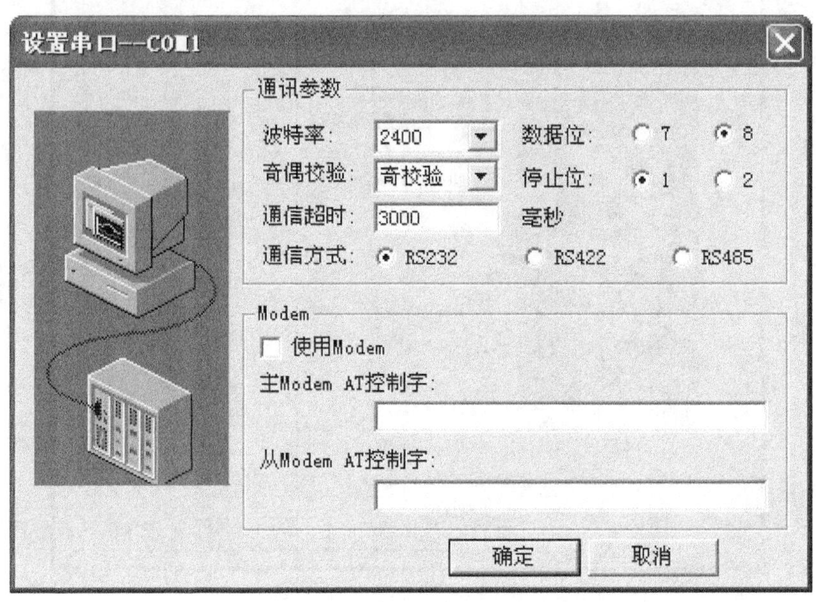

图 2-50

9.4 建立变量

(1) 单击“数据词典”，再双击“新建”，建立数据变量，如图 2-51 所示。

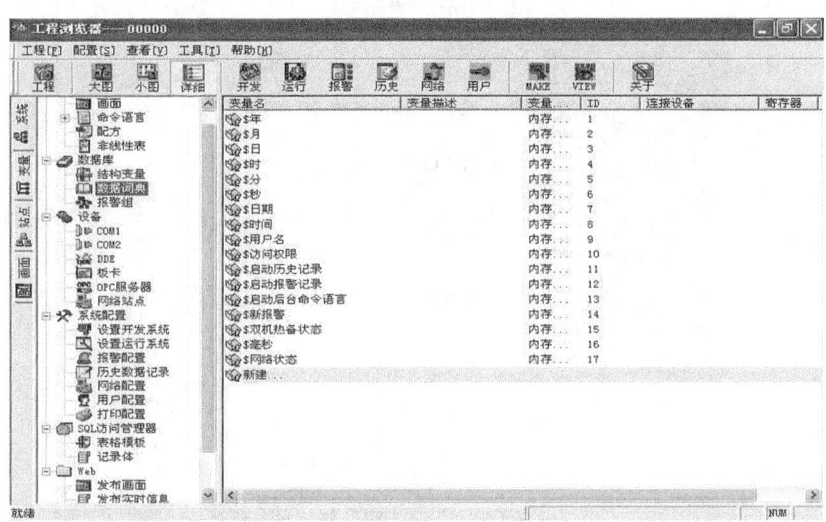

图 2-51

（2）烟感探测器。

1）设置：变量名为“D1”，变量类型为“I/O 整数”，连接设备为“DS7400X1”，寄存器为“DAInfo1”，数据类型为“BYTE”，读写属性为“只读”，如图 2 - 52 所示。

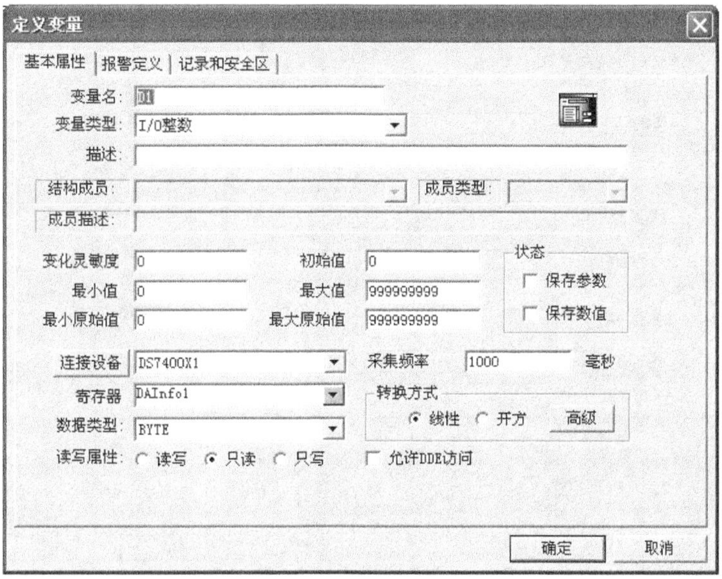

图 2 - 52

2）设置：变量名为“M1”，变量类型为“I/O 字符串”，连接设备为“DS7400X1”，寄存器为“AlmMsg1”，数据类型为“String”；读写属性为“只读”，如图 2 - 53 所示。

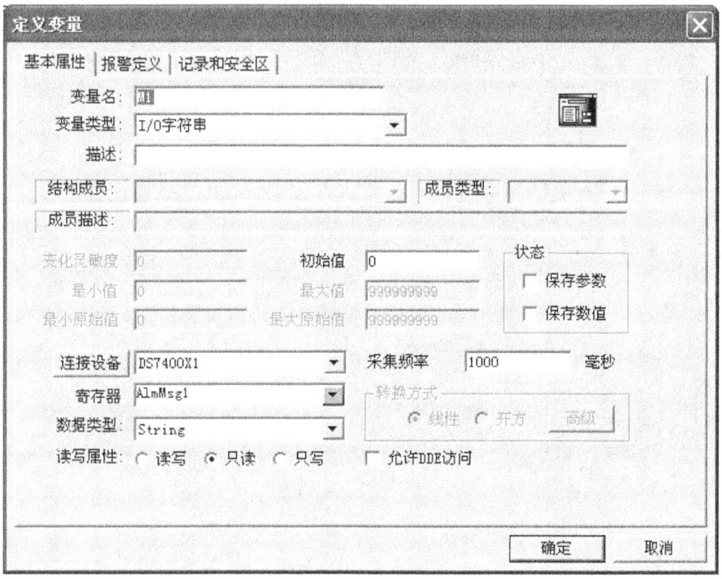

图 2 - 53

(3) 红外/微波复合探测器。

1) 设置：变量名为“D2”，变量类型为“I/O 整数”，连接设备为“DS7400X1”，寄存器为“DAInfo2”，数据类型为“BYTE”，读写属性为“只读”，如图 2-54 所示。

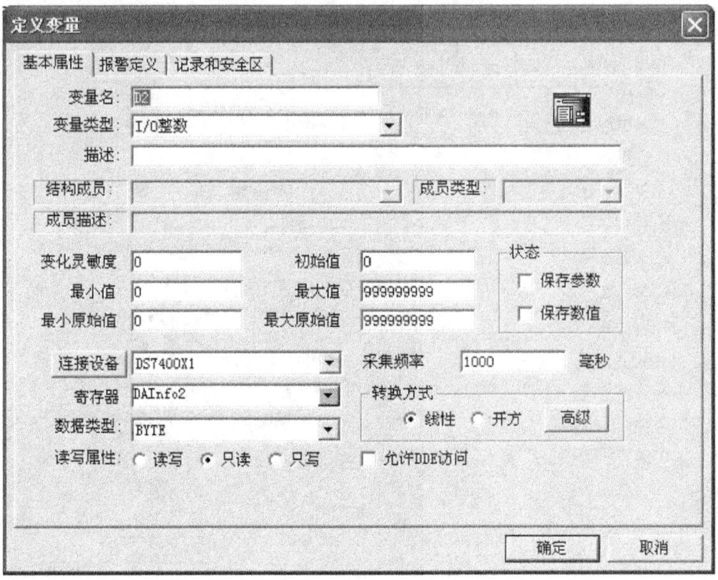

图 2-54

2) 设置：变量名为“M2”，变量类型为“I/O 字符串”，连接设备为“DS7400X1”，寄存器为“AlmMsg2”，数据类型为“String”，读写属性为“只读”，如图 2-55 所示。

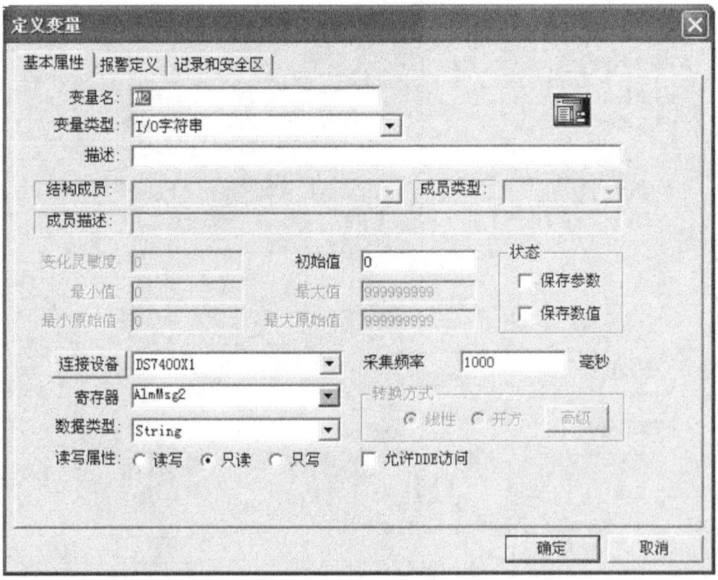

图 2-55

（4）被动红外探测器。

1）设置：变量名为“D3”，变量类型为“I/O 整数”，连接设备为“DS7400X1”，寄存器为“DAInfo3”，数据类型为“BYTE”，读写属性为“只读”，如图 2-56 所示。

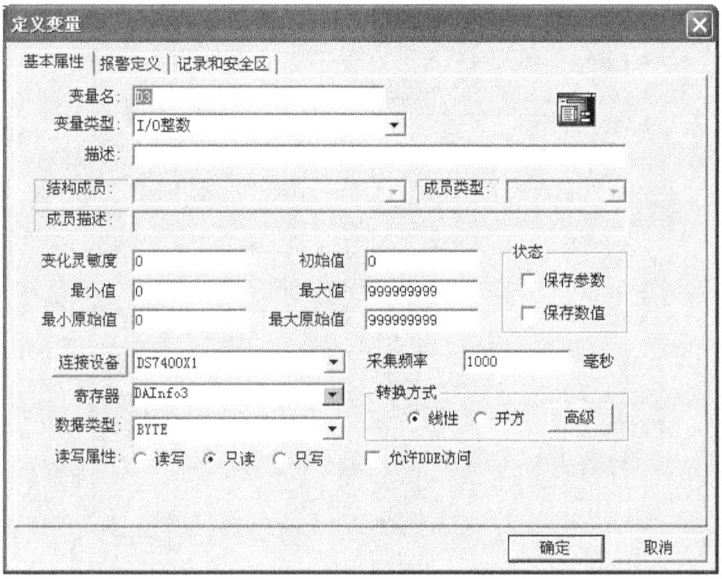

图 2-56

2）设置：变量名为“M3”，变量类型为“I/O 字符串”，连接设备为“DS7400X1”，寄存器为“AlmMsg3”，数据类型为“String”，读写属性为“只读”，如图 2-57 所示。

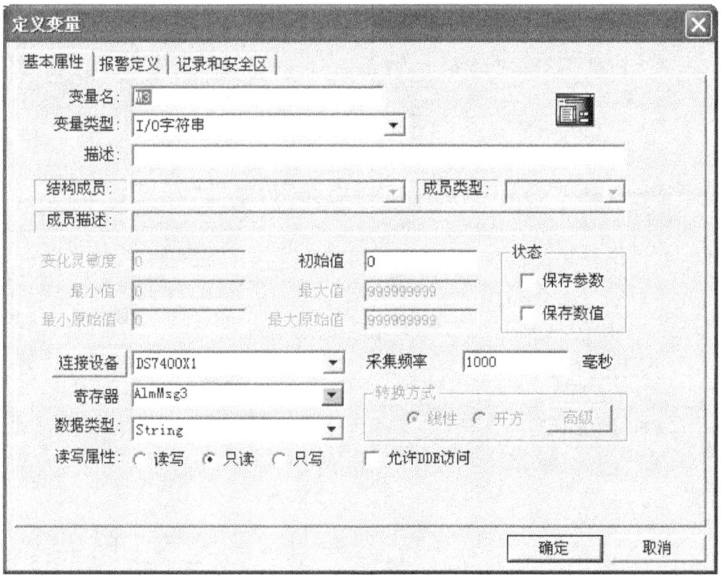

图 2-57

（5）被动红外幕帘探测器。

1）设置：变量名为“D4”，变量类型为“I/O 整数”，连接设备为“DS7400X1”，寄存器为“DAInfo4”，数据类型为“BYTE”，读写属性为“只读”，如图 2-58 所示。

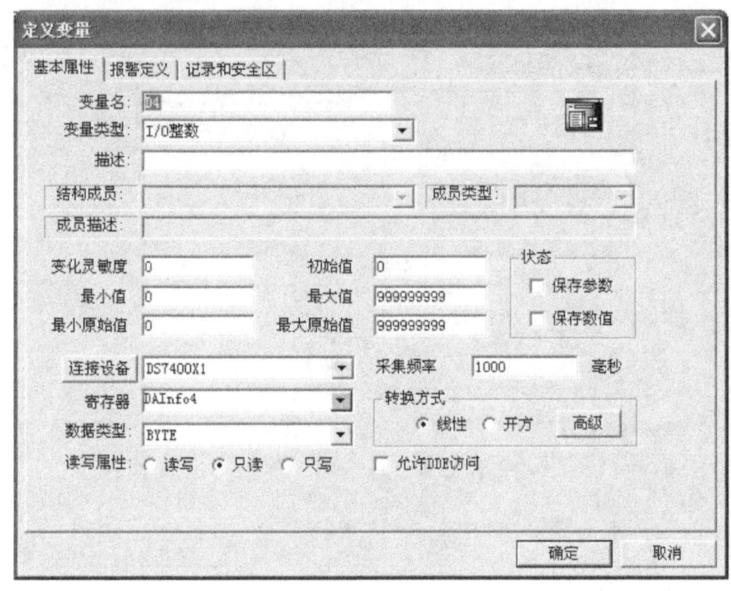

图 2-58

2）设置：变量名“M4”，变量类型为“I/O 字符串”，连接设备为“DS7400X1”，寄存器为“AlmMsg4”，数据类型为“String”，读写属性为“只读”，如图 2-59 所示。

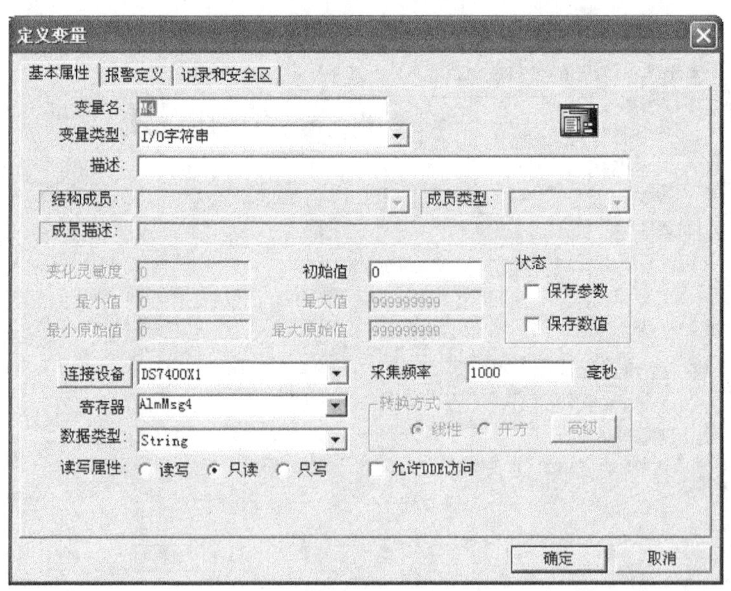

图 2-59

（6）门磁开关。

1）设置：变量名为“D5”，变量类型为“I/O 整数”，连接设备为“DS7400X1”，寄存器为“DAInfo5”，数据类型为“BYTE”，读写属性为“只读”，如图 2-60 所示。

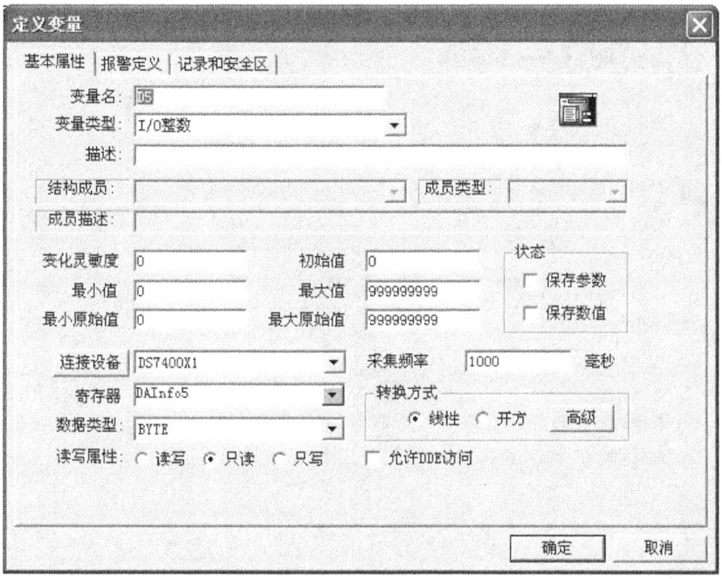

定义变量
基本属性 | 报警定义 | 记录和安全区
变量名：D5
变量类型：I/O整数
描述：
结构成员：　成员类型：
成员描述：
变化灵敏度 0　初始值 0　状态
最小值 0　最大值 999999999　保存参数
最小原始值 0　最大原始值 999999999　保存数值
连接设备 DS7400X1　采集频率 1000 毫秒
寄存器 DAInfo5　转换方式
数据类型：BYTE　线性　开方　高级
读写属性：读写　只读　只写　允许DDE访问
确定　取消

图 2-60

2）设置：变量名为“M5”，变量类型为“I/O 字符串”，连接设备为“DS7400X1”，寄存器为“AlmMsg5”，数据类型为“String”，读写属性为“只读”，如图 2-61 所示。

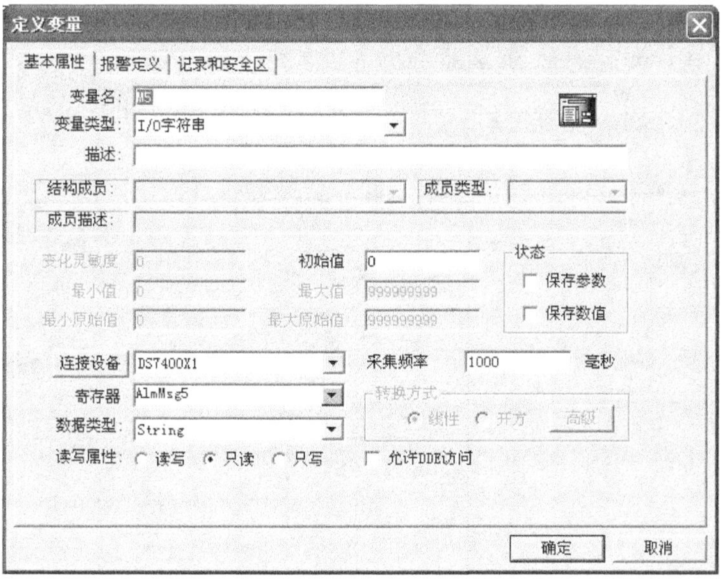

定义变量
基本属性 | 报警定义 | 记录和安全区
变量名：M5
变量类型：I/O字符串
描述：
结构成员：　成员类型：
成员描述：
变化灵敏度 0　初始值 0　状态
最小值 0　最大值 999999999　保存参数
最小原始值 0　最大原始值 999999999　保存数值
连接设备 DS7400X1　采集频率 1000 毫秒
寄存器 AlmMsg5　转换方式
数据类型：String　线性　开方　高级
读写属性：读写　只读　只写　允许DDE访问
确定　取消

图 2-61

（7）紧急开关。

1）设置：变量名为“D6”，变量类型为“I/O 整数”，连接设备为“DS7400X1”，寄存器为“DAInfo6”，数据类型为“BYTE”，读写属性为“只读”，如图 2 - 62 所示。

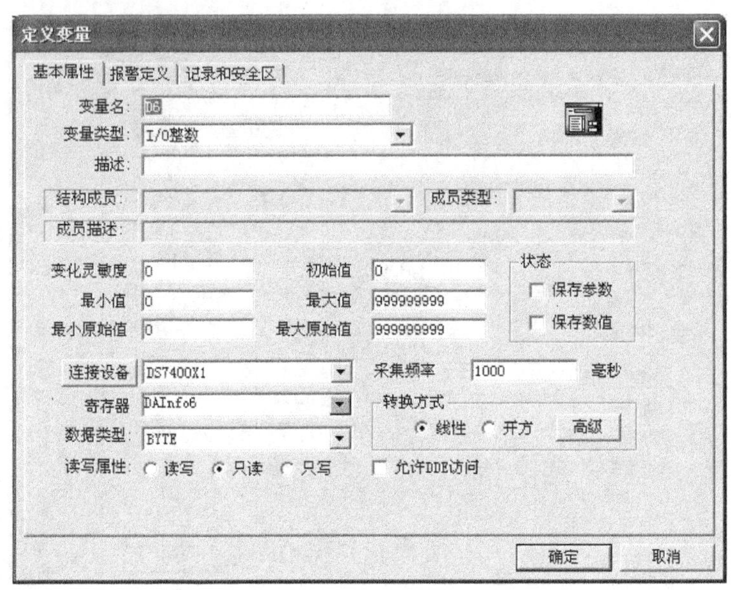

图 2 - 62

2）设置：变量名为“M6”，变量类型为“I/O 字符串”，连接设备为“DS7400X1”，寄存器为“AlmMsg6”，数据类型为“String”，读写属性为“只读”，如图 2 - 63 所示。

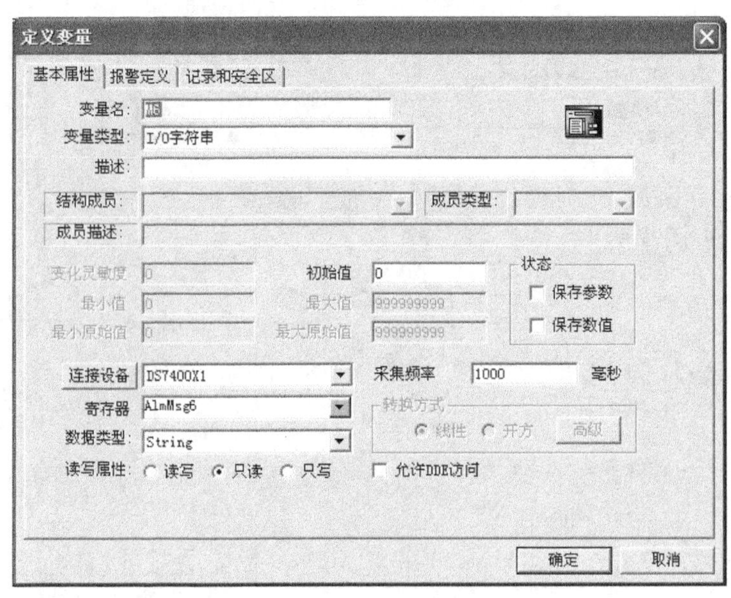

图 2 - 63

（8）钥匙开关。

1）设置：变量名为“D7”，变量类型为“I/O 整数”，连接设备为“DS7400X1”，寄存器为“DAInfo7”，数据类型为“BYTE”，读写属性为“只读”，如图 2-64 所示。

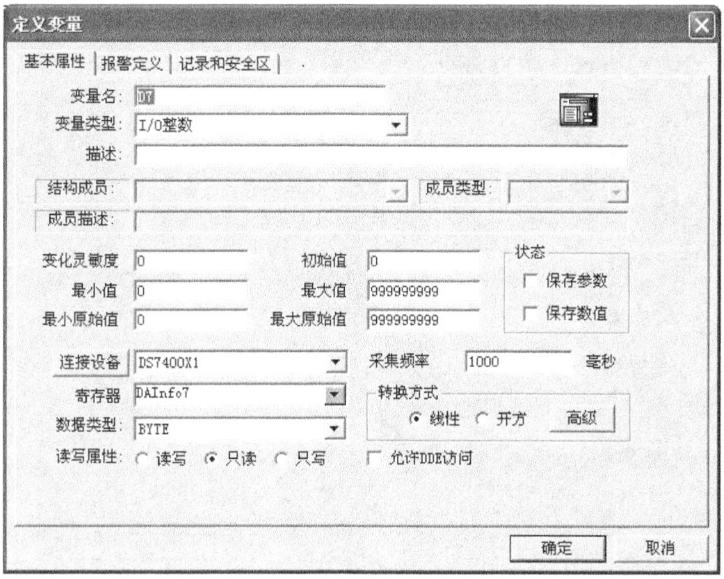

图 2-64

2）设置：变量名为“M7”，变量类型为“I/O 字符串”，连接设备为“DS7400X1”，寄存器为“AlmMsg7”，数据类型为“String”，读写属性为“只读”，如图 2-65 所示。

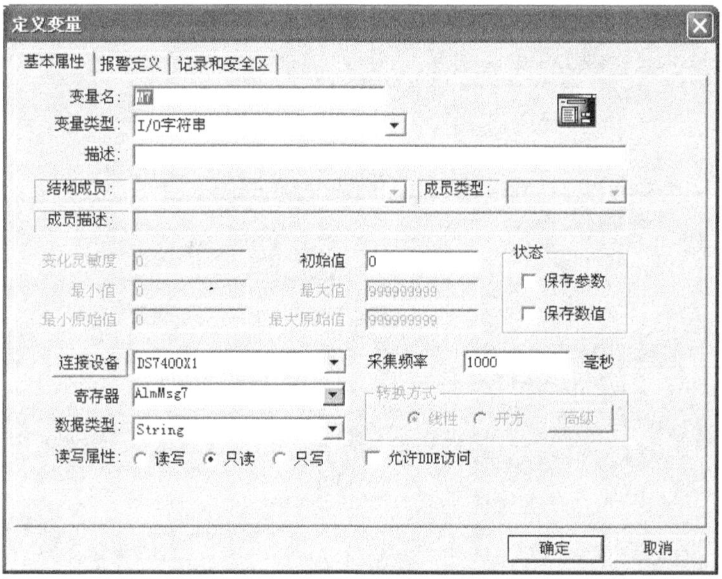

图 2-65

（9）主动红外对射探测器。

1）设置：变量名为“D8”，变量类型为“I/O 整数”，连接设备为“DS7400X1”，寄存器为“DAInfo8”，数据类型为“BYTE”，读写属性为“只读”，如图 2-66 所示。

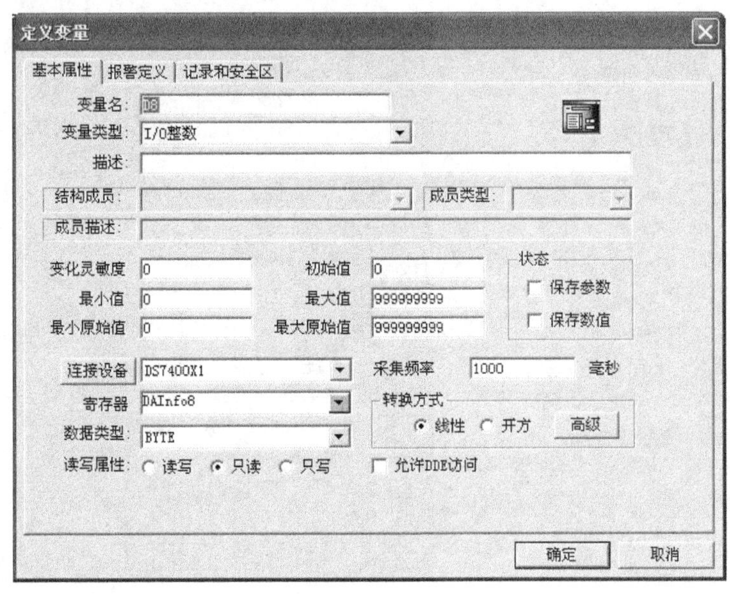

图 2-66

2）设置：变量名为“M8”，变量类型为“I/O 字符串”，连接设备为“DS7400X1”，寄存器为“AlmMsg8”，数据类型为“String”，读写属性为“只读”，如图 2-67 所示。

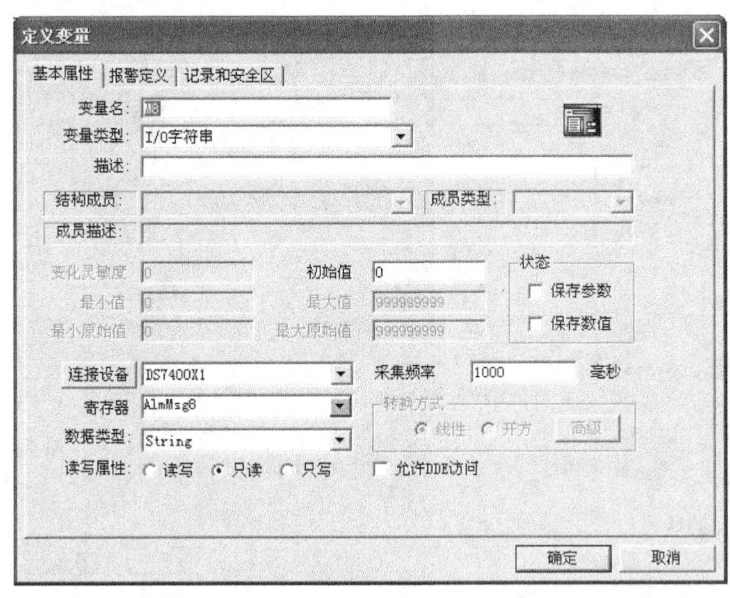

图 2-67

（10）分区报警。

1）设置：变量名为“F1”，变量类型为“I/O 整数”，连接设备为“DS7400X1”，寄存器为“FStatus1”，数据类型为“BYTE”，读写属性为“只读”，如图 2-68 所示。

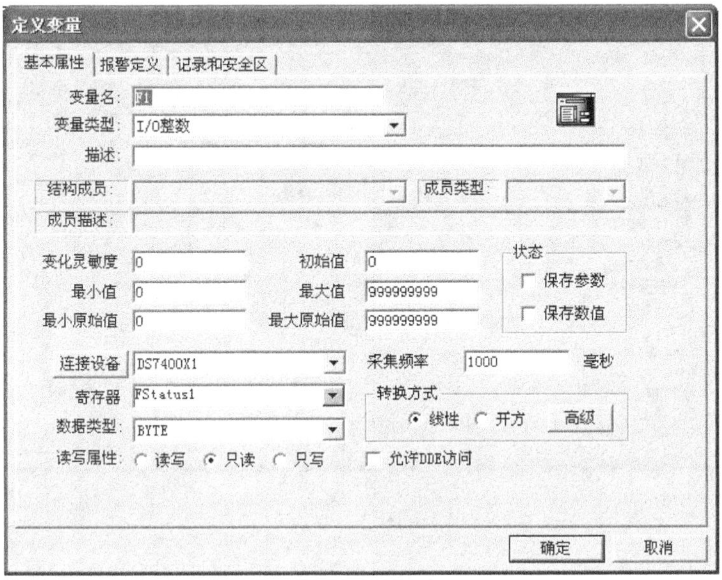

图 2-68

2）设置：变量名为“M249”，变量类型为“I/O 字符串”，连接设备为“DS7400X1”，寄存器为“AlmMsg249”，数据类型为“String”，读写属性为“只读”，如图 2-69 所示。

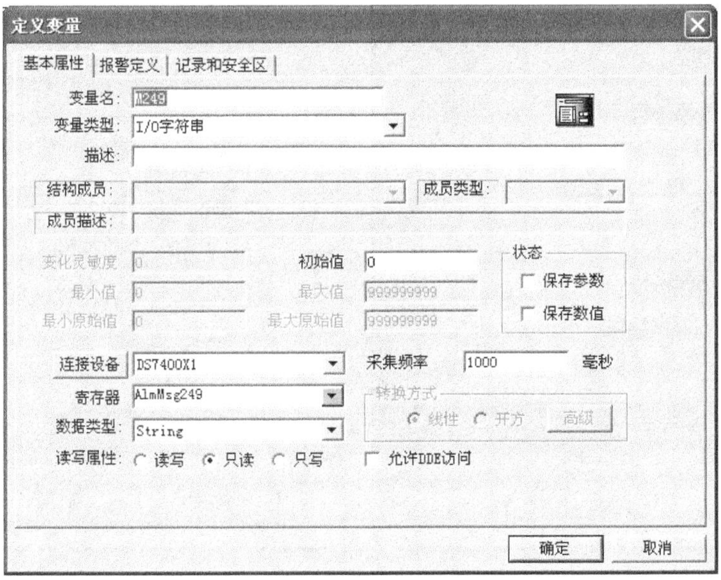

图 2-69

9.5 新建画面

(1) 在新建组态画面，单击“画面”，然后双击“新建”，如图 2-70 所示。

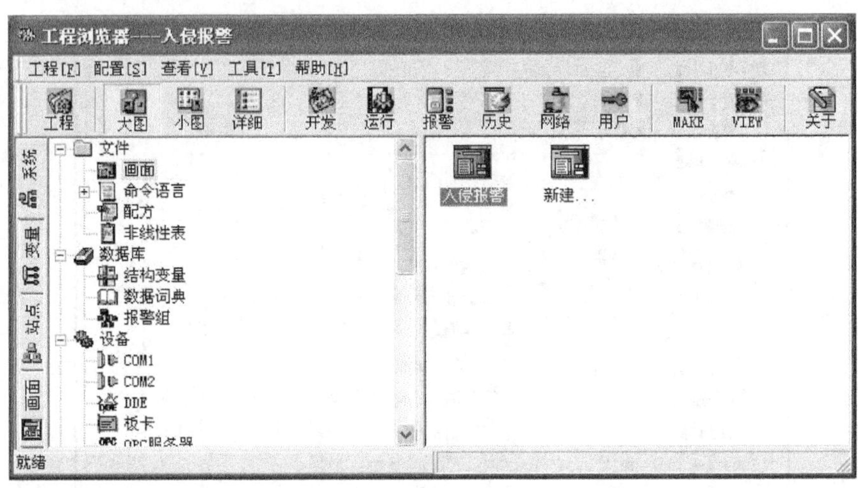

图 2-70

(2) 设置画面名称为“入侵报警”，单击“确定”按钮，如图 2-71 所示。

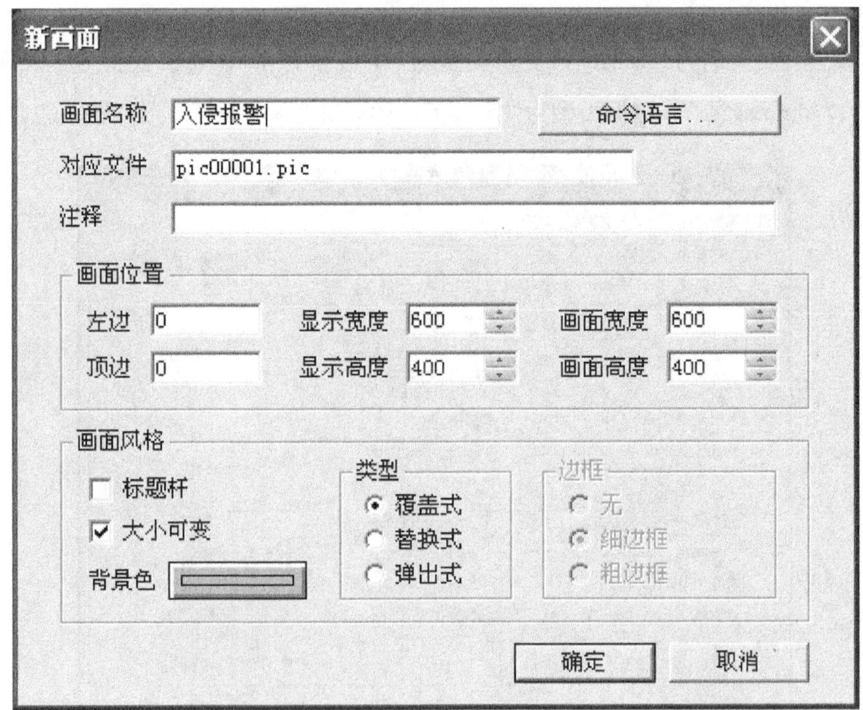

图 2-71

(3) 进入画面，在工具箱里单击打开图库，如图 2-72 所示。

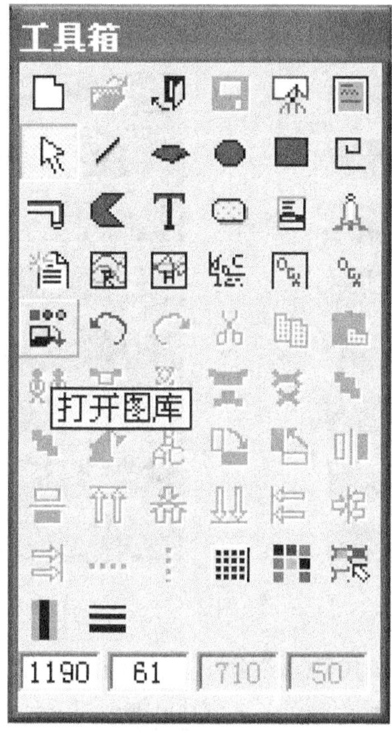

图 2-72

9.6　建立数据

(1) 在工具箱中选中“圆角矩形”图标，在画面画出一个矩形，再单击“显示调色板”选择黑色，如图 2-73 所示。

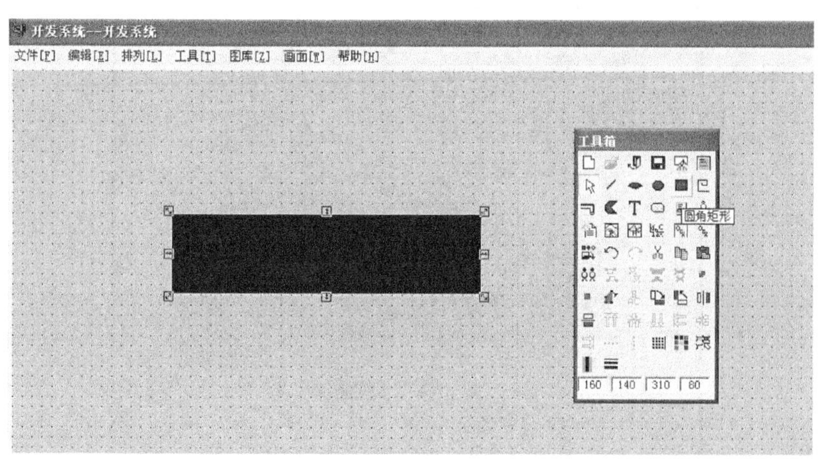

图 2-73

（2）选中“文本”，在矩形中输入“＃＃”，如图 2-74 所示。

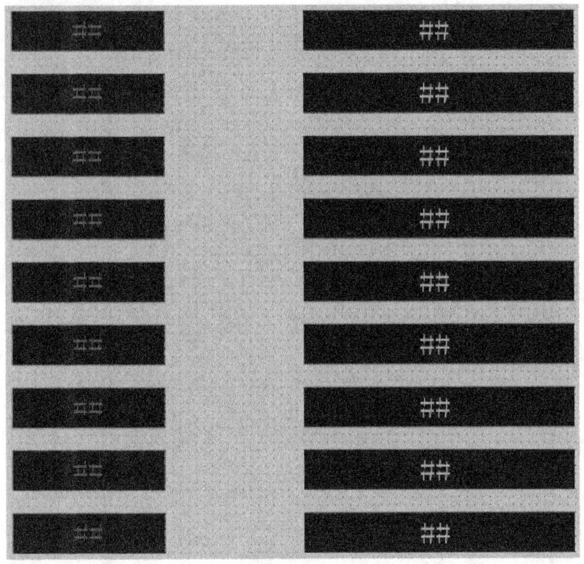

图 2-74

（3）在工具箱中选中“圆角矩形”图标，在画面画出一个矩形，再单击“显示调色板”选择橙色，单击“文本”，输入“入侵报警”，如图 2-75 所示。

图 2-75

（4）双击左上角第一个“＃＃”，弹出“动画连接”对话框，如图 2-76 所示。

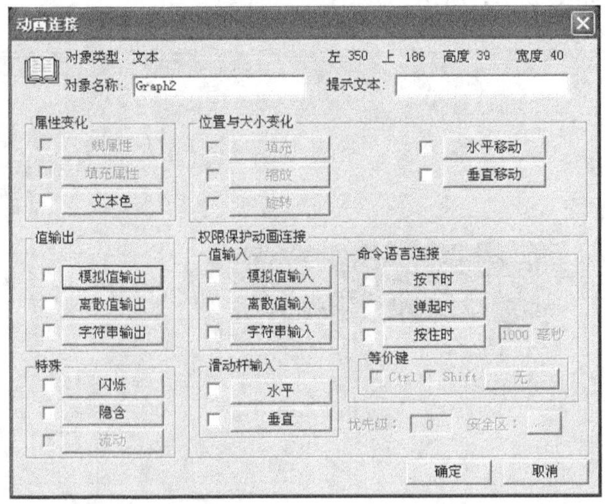

图 2-76

（5）单击“模拟值输出”按钮，弹出“模拟值输出连接”对话框，如图 2－77 所示。

（6）单击“?”按钮，弹出“选择变量名”对话框，如图 2－78 所示。

（7）选择“D1”，如图 2－79 所示。

（8）选择“D1”后，单击“确定”按钮，如图 2－80 所示。

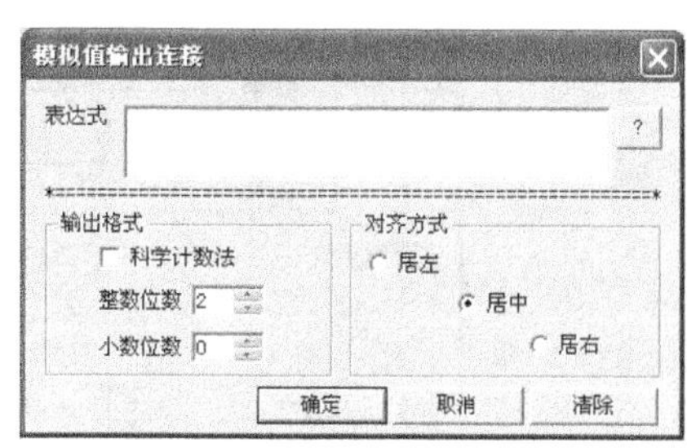

图 2－77

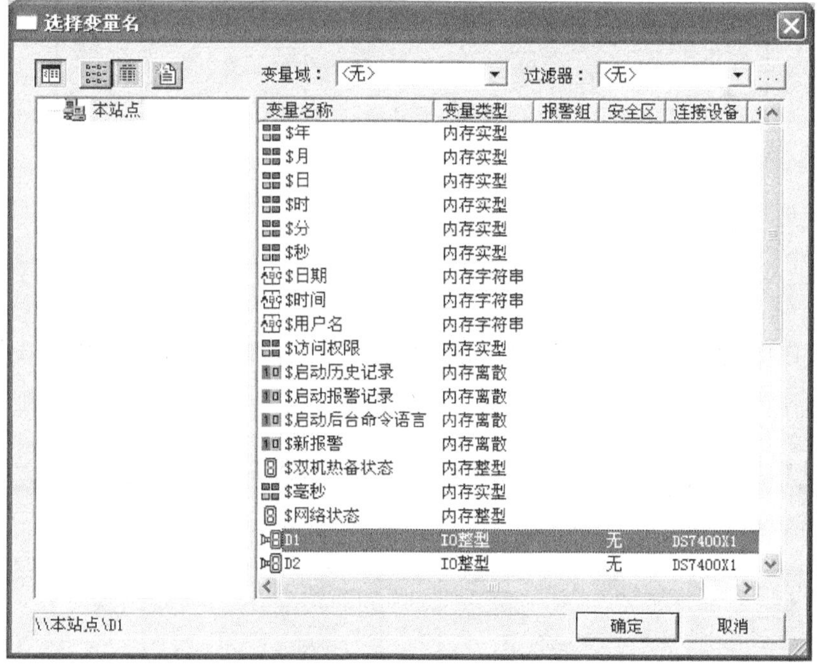

图 2－78

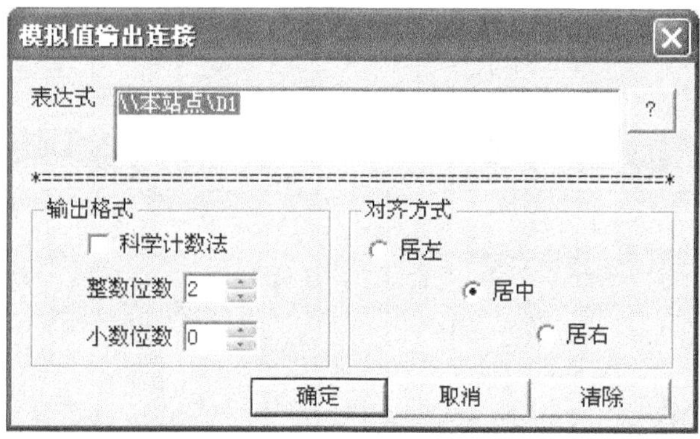

图 2－79

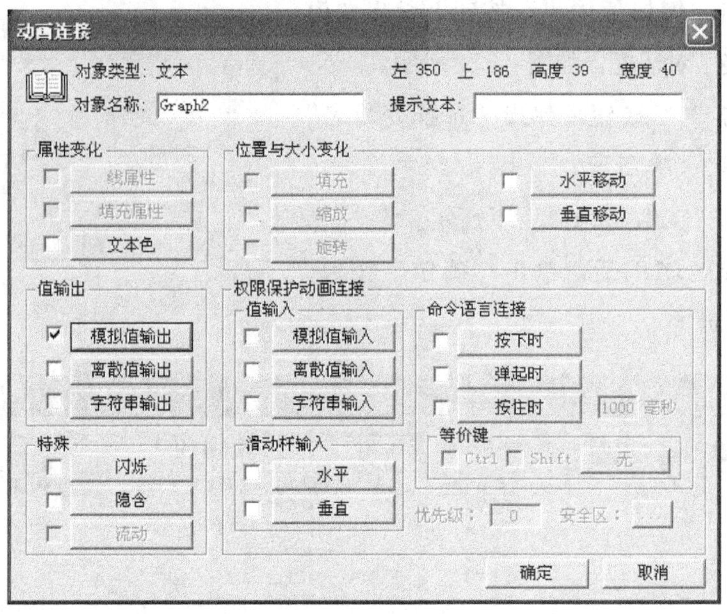

图 2-80

（9）同理将带“＃＃”号的 D2～D8 和 F1 文本分别对应绑定，然后单击“保存”按钮，分别如图 2-81～图 2-88 所示。

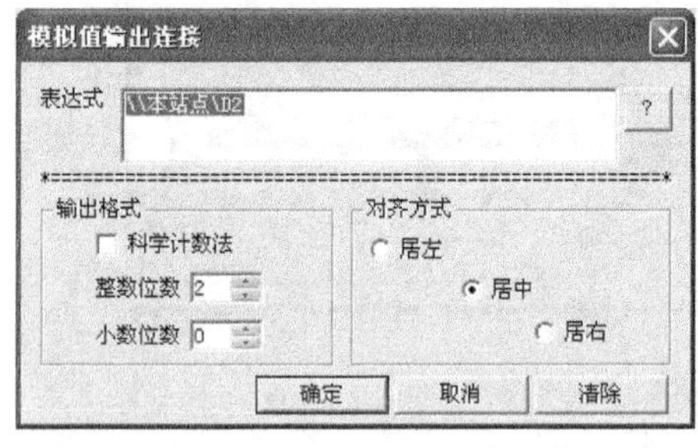

图 2-81

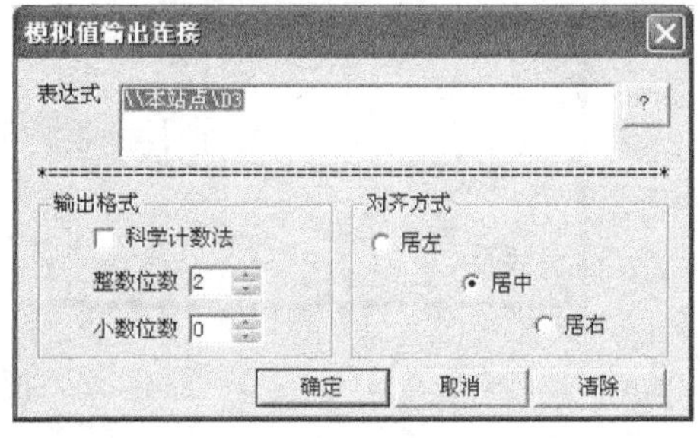

图 2-82

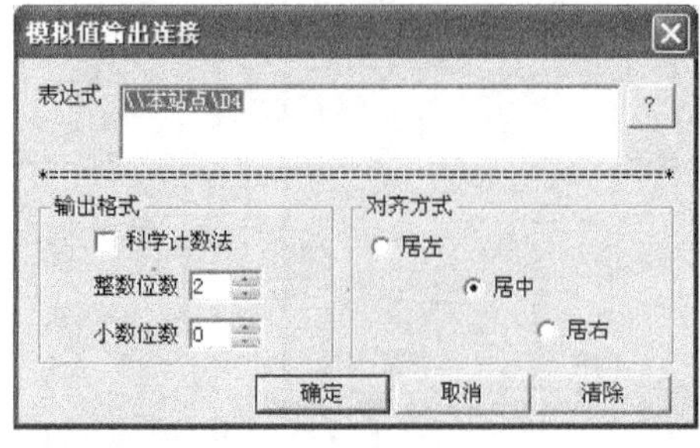

图 2-83

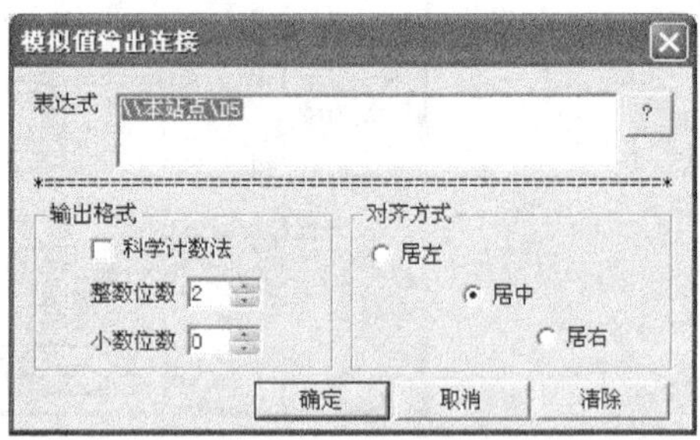

图 2-84

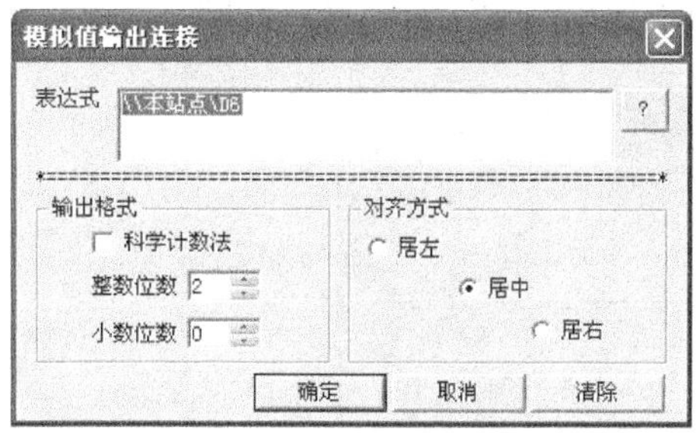

图 2-85

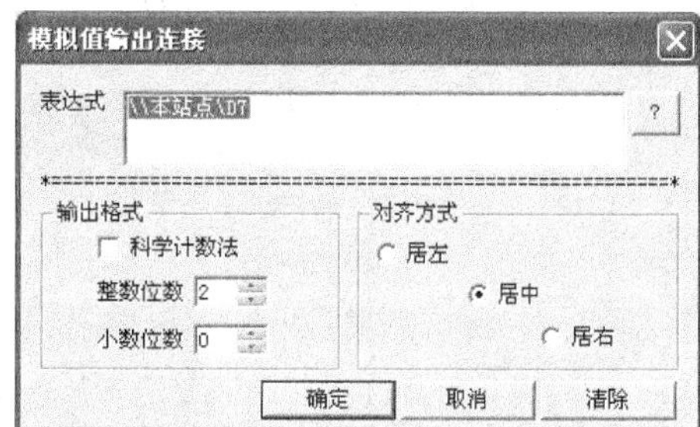

图 2-86

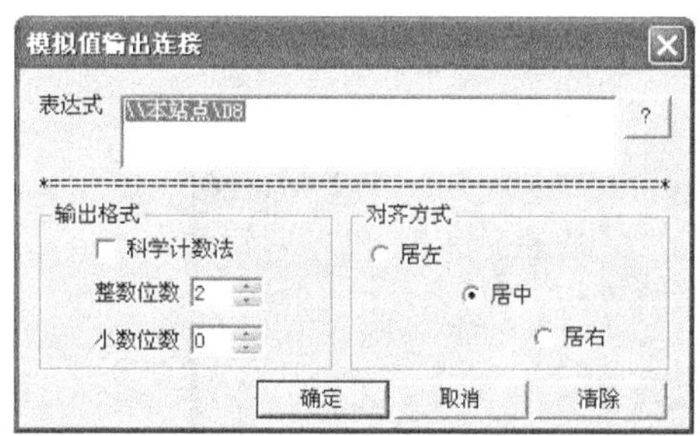

图 2-87

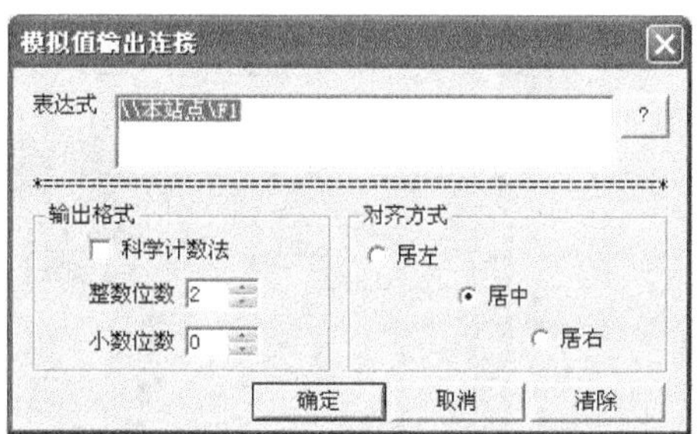

图 2-88

（10）双击右上角第一个的“# #”，弹出“动画连接”对话框，如图 2-89 所示。

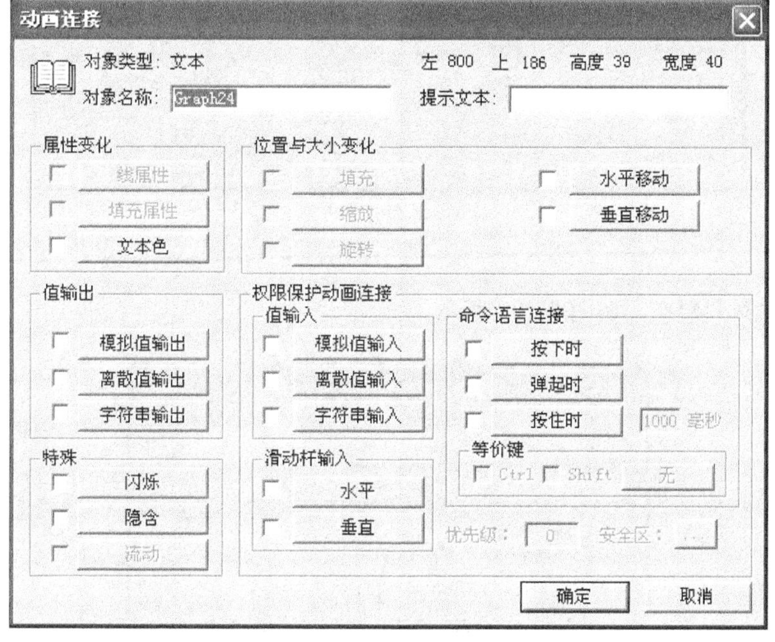

图 2-89

(11) 单击“字符串输出”按钮，弹出“文本输出连接”对话框，如图 2-90 所示。

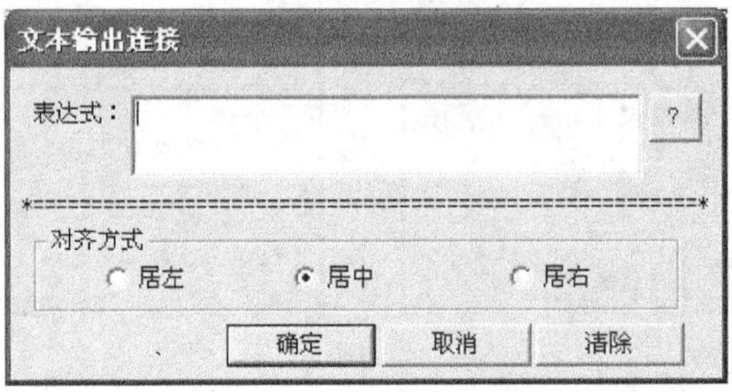

文本输出连接
表达式：
对齐方式
居左
居中
居右
确定
取消
清除

图 2-90

(12) 单击“?”按钮，弹出“选择变量名”对话框，如图 2-91 所示。

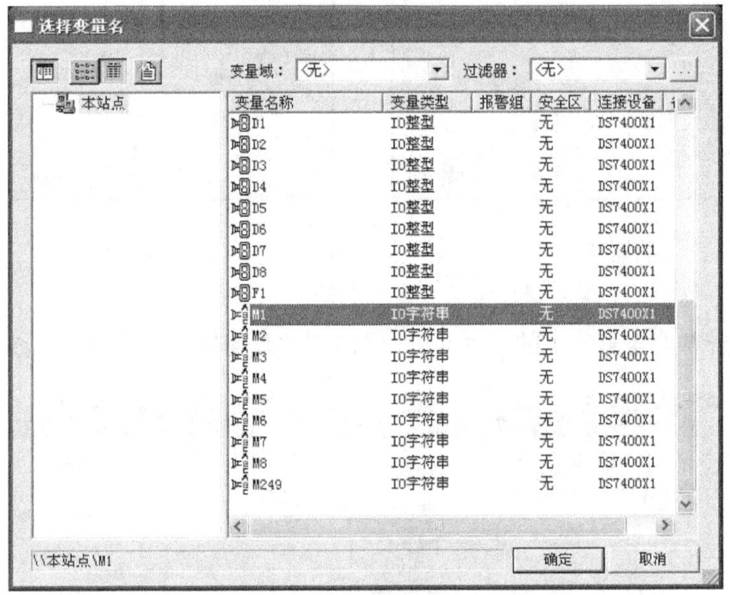

图 2-91

(13) 选择“M1”，如图 2-92 所示。

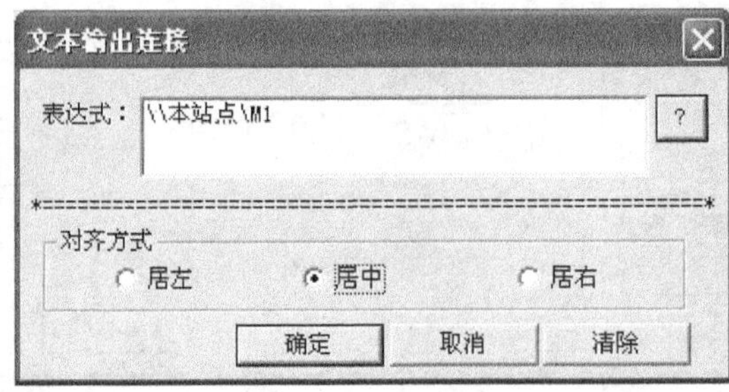

图 2-92

（14）选择“M1”后，单击“确定”按钮，如图 2 - 93 所示。

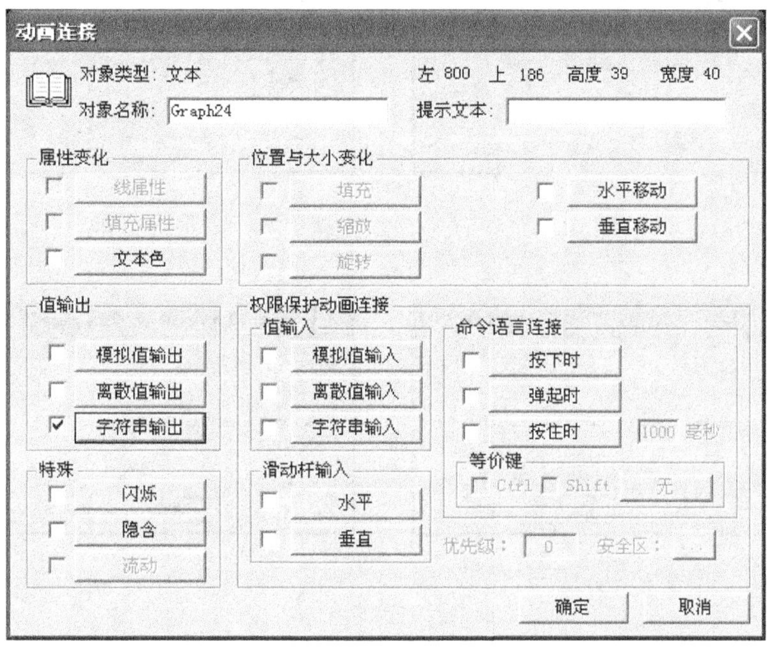

图 2 - 93

（15）同理将带“＃＃”号的 M2～M8 和 M249 文本分别对应绑定后单击“保存”按钮，如图 2 - 94～图 2 - 101 所示。

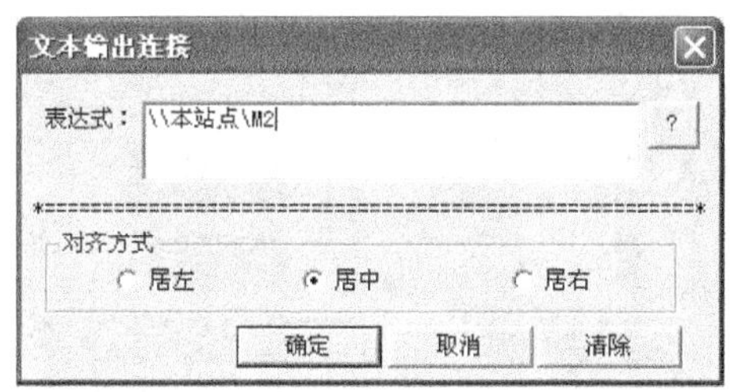

图 2 - 94

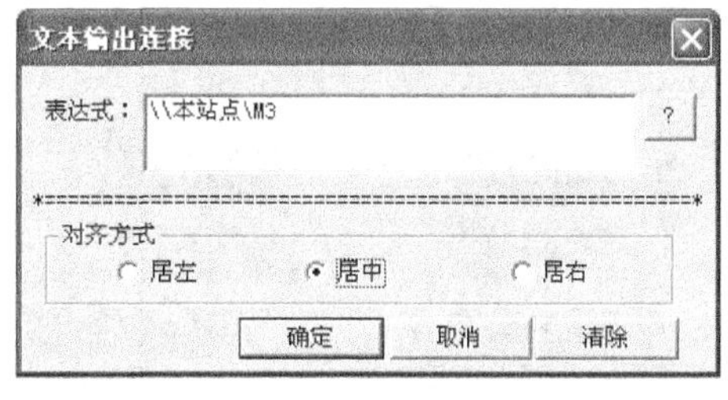

图 2 - 95

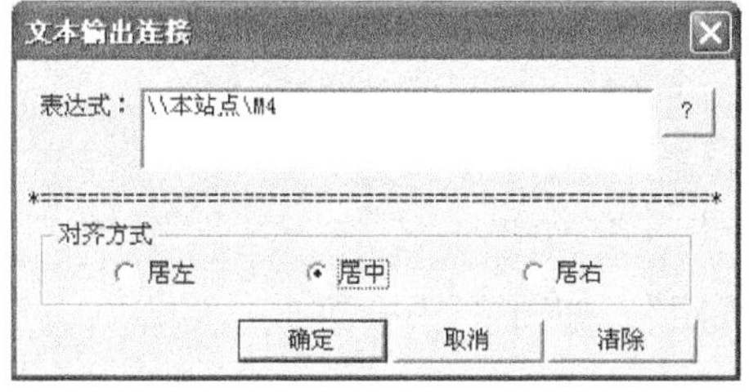

图 2 - 96

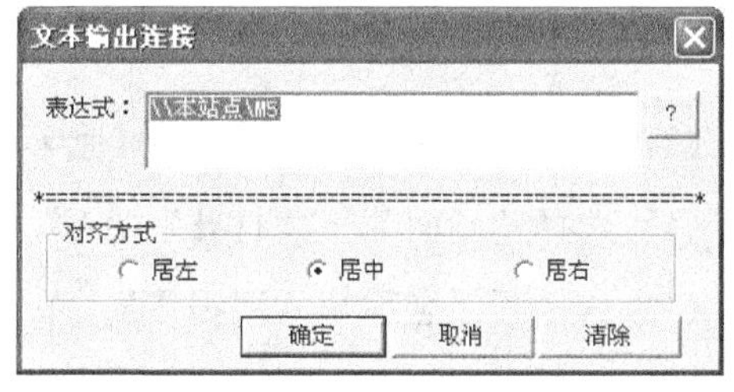

图 2 - 97

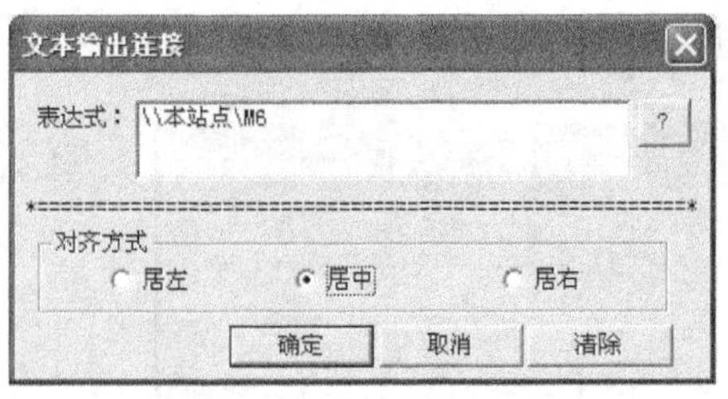

图 2 - 98

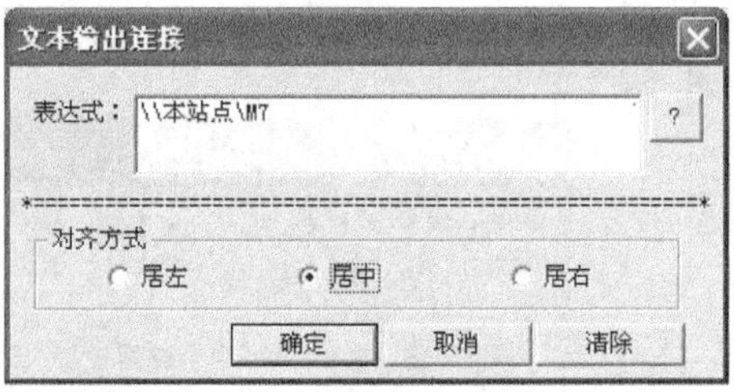

图 2 - 99

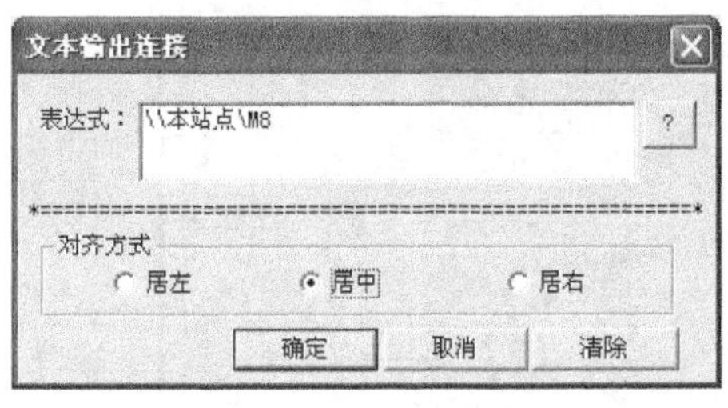

图 2 - 100

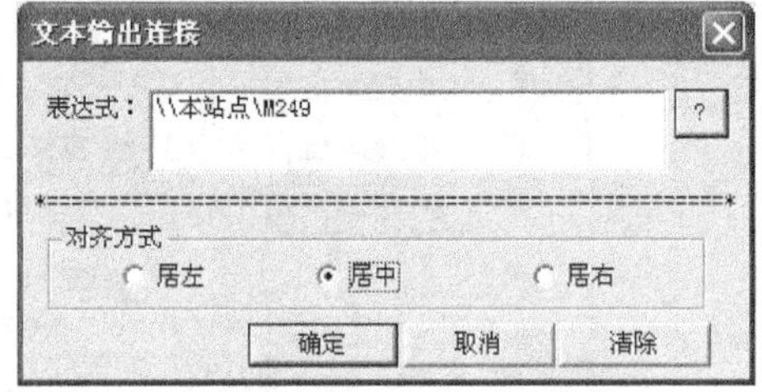

图 2 - 101

9.7 实时监控

（1）在工具栏中选择“文件［F］”→“全部存”选项，如图 2 - 102 所示。

（2）在画面中右击，选择“切换到 View”，如图 2 - 103 所示。

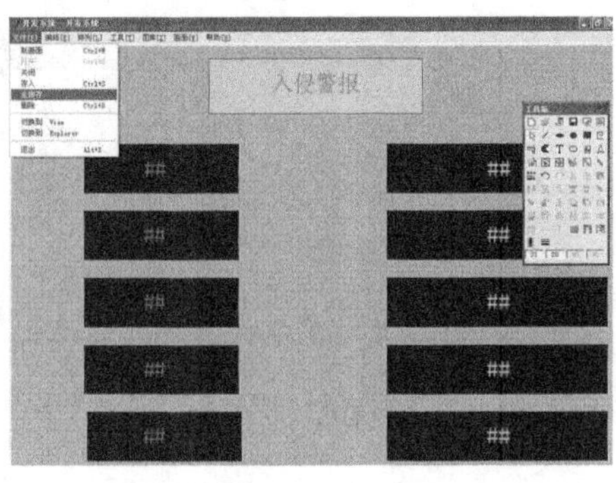

图 2 - 102

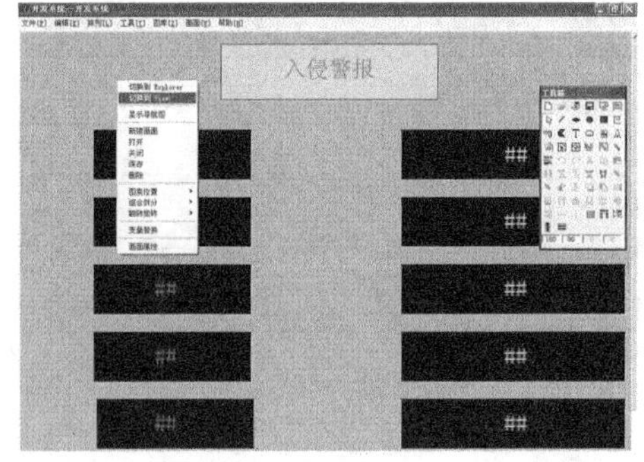

图 2 - 103

（3）单击“忽略”，如图 2 - 104 所示。

（4）选择“画面”→“打开”选项，如图 2 - 105 所示。

（5）选择画面名称“入侵报警”，单击“确定”，如图 2 - 106 所示。

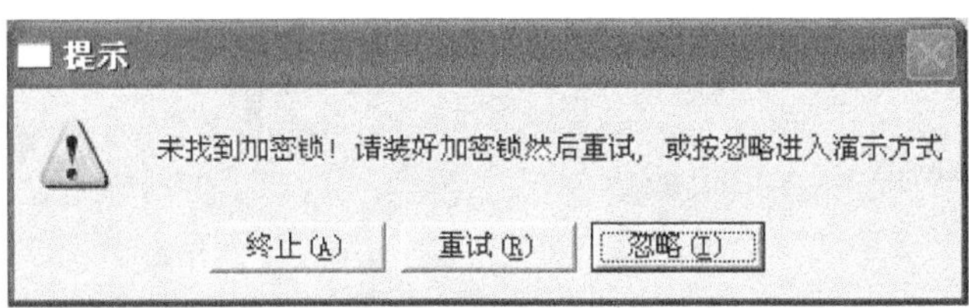

图 2 - 104

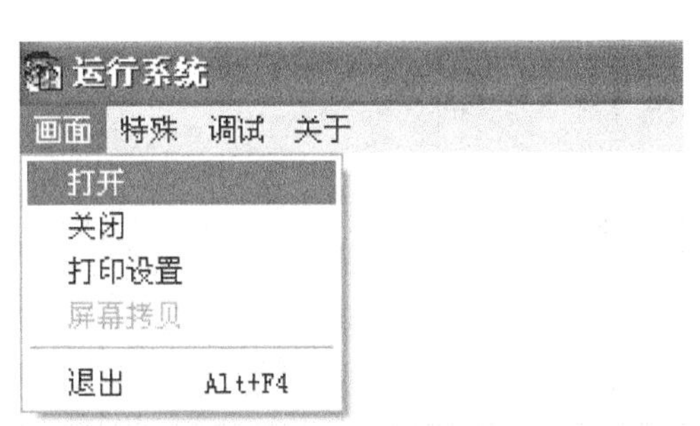

图 2 - 105

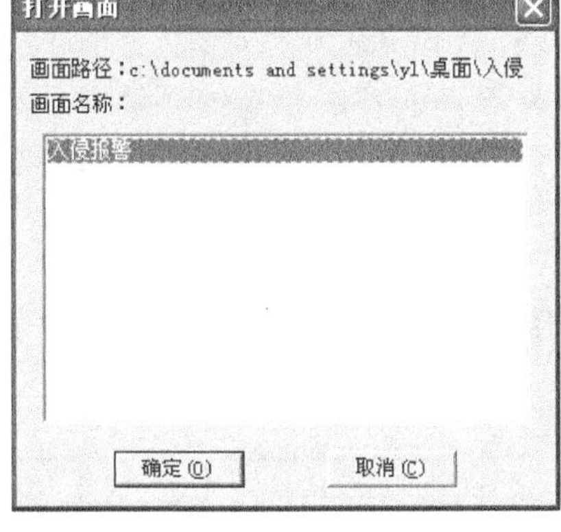

图 2 - 106

（6）运行报警监控画面，如图 2 - 107 所示。

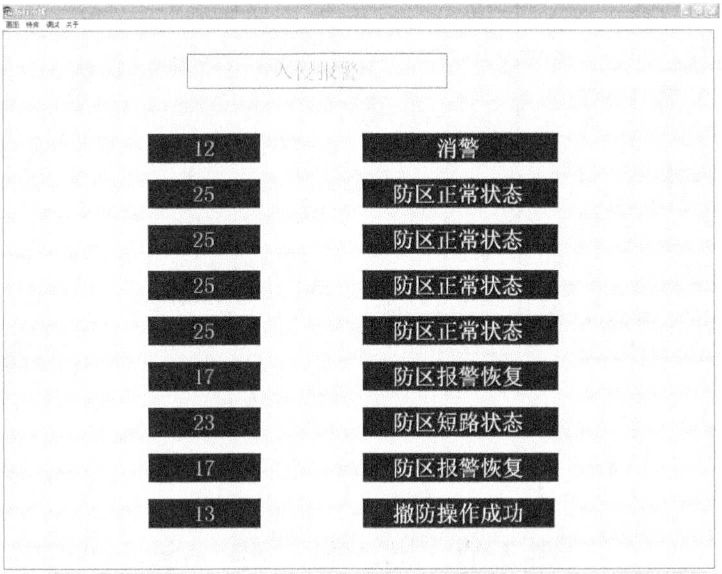

图 2 - 107

第 3 章 楼宇智能化可视对讲及其集成系统

第 1 节 系统拓扑结构

楼宇智能化可视对讲及其集成系统拓扑结构如图 3 - 1 所示。

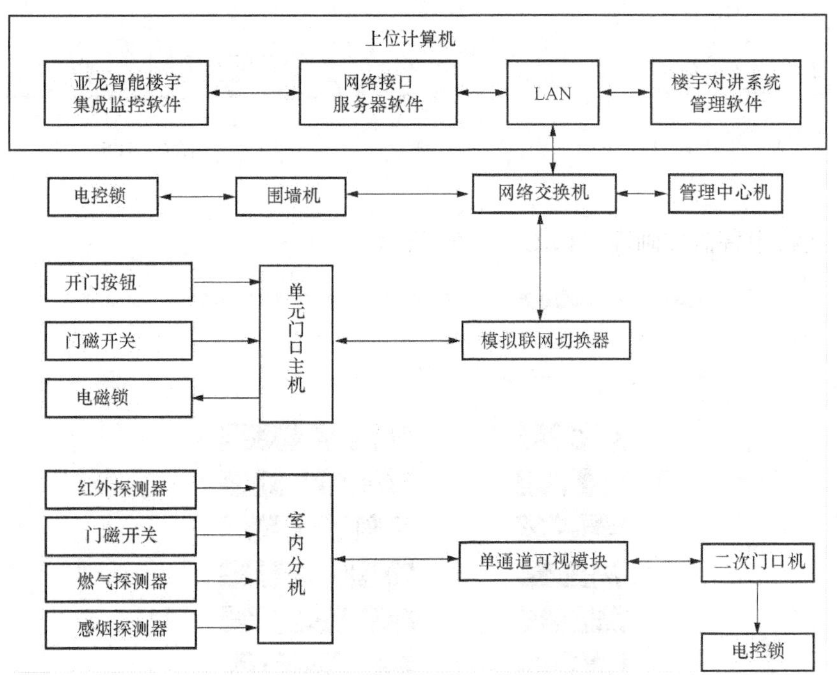

图 3 - 1

第 2 节 器 材 准 备

楼宇智能化可视对讲及其集成系统器材准备清单见表 3 - 1。

表 3 - 1　　楼宇智能化可视对讲及其集成系统器材准备清单

序号	器材名称	数量	单位
1	室内分机	1	台
2	二次门口机	1	台
3	单元门口主机	1	台
4	围墙机	1	台
5	网络交换机	1	台
6	管理中心机	1	台
7	单通道可视模块	1	台
8	模拟联网切换器	1	台
9	电控锁	2	把
10	红外探测器	1	个
11	燃气探测器	1	个
12	感烟探测器	1	个
13	门磁开关	2	对
14	电磁锁	1	把
15	开门按钮	1	个
16	ID 卡	4	张
17	明装 86 底盒	1	个
18	楼宇对讲系统管理软件	1	套
19	网络接口服务器软件	1	套
20	亚龙智能楼宇集成监控软件	1	套
21	上位计算机	1	台
22	DC 电源线	2	条
23	超五类 RJ 45 网络跳线	6	条
24	弱电线缆	1	批
25	膨胀紧固件	1	批
26	自攻螺钉	1	批

第 3 节　功　能　需　求

楼宇智能化可视对讲及其集成系统功能需求（评分标准）见表 3 - 2。

表 3 - 2　　楼宇智能化可视对讲及其集成系统功能需求（评分标准）

序号	功能需求（评分标准）	分值
1	室内分机在待机状态时，无报警、无故障	2
2	单通道可视模块拨码开关的第 1 位拨为“ON”	2
3	室内分机的地址设置为“0101”	2
4	室内分机能监视住户门口的情况	4
5	二次门口机呼叫室内分机，室内分机有视频，并能进行通话	4
6	二次门口机呼叫室内分机，室内分机能打开住户的电控锁	2
7	二次门口机呼叫管理机，能与管理机进行通话	4

续表

序号	功能需求（评分标准）	分值
8	通过接线把红外探测器定为 5 号防区	2
9	通过接线把门磁开关定为 1 号防区	2
10	通过接线把感烟探测器定为 7 号防区	2
11	通过接线把燃气探测器定为 8 号防区	2
12	室内分机能进行布防和撤防功能	4
13	在布防状态下，红外探测器被触发时，室内分机防区指示快速闪烁，并立即报警	4
14	在布防状态下，非法人员撬开住户门或主人正常开门时，门磁开关断开，室内分机防区指示快速闪烁，并立即报警	2
15	当发生火警时，烟雾上升，达到感烟探测器探测浓度时，室内分机防区指示灯快速闪烁，并立即报警	2
16	当可燃气体泄漏，达到燃气探测器探测浓度时，室内分机防区指示灯快速闪烁，并立即报警	2
17	当有紧急情况时，通过室内分机的保安键，能向管理机传送报警信号	2
18	G5 模拟联网切换器拨码开关的第 1 位拨为“ON”	2
19	单元门口主机的地址设置为“0001”	2
20	当大楼门被非法人员撬开，门磁开关断开 1min 以上，管理机发出大楼门磁开关报警	4
21	单元门口主机呼叫室内分机，室内分机有视频，并能进行通话	4
22	单元门口主机呼叫室内分机，室内分机能打开大楼的电磁锁	2
23	单元门口主机呼叫管理机，管理机有视频，并能进行通话	4
24	单元门口主机呼叫管理机，管理机能打开大楼的电磁锁	2
25	当住户需要外出时，按下大楼的开门按钮，能打开大楼的电磁锁	2
26	单元门口主机通过注册卡打开电磁锁	2
27	单元门口主机能实现公共密码开锁	2
28	单元门口主机能实现用户密码开锁	2
29	单元门口主机的开锁时间设为 5s	2
30	围墙机的地址设置为“0001”	2
31	围墙机呼叫管理机，管理机有视频，并能进行通话	4
32	围墙机呼叫管理机，管理机能打开小区的电控锁	2
33	围墙机呼叫室内分机，室内分机有视频，并能进行通话	4
34	围墙机呼叫室内分机，室内分机能打开小区的电控锁	2
35	围墙机能实现公共密码开锁	2
36	围墙机能实现住户密码开锁	2
37	当用户发生报警时，ABB 对讲管理软件有报警提示	4
38	ABB 对讲管理软件，能查询报警记录	4
总分		100

第4节　线　路　连　接

可视对讲及其集成系统的线路连接见图 3 - 2。

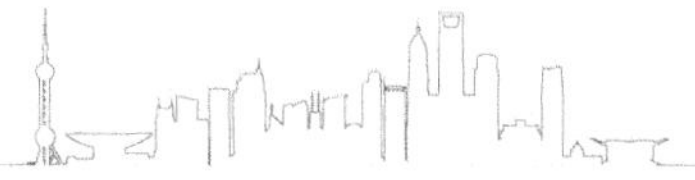

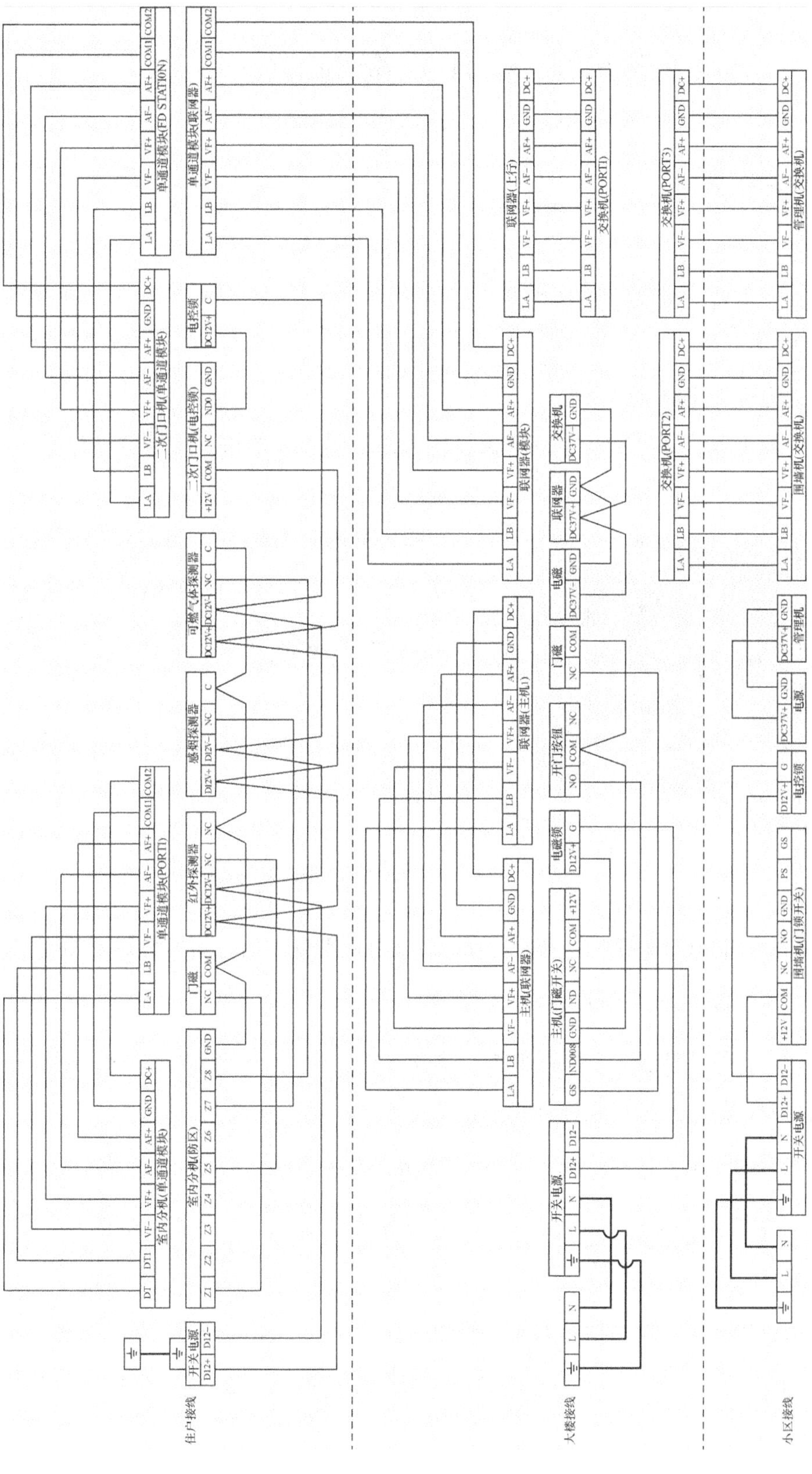
住户接线
大楼接线
小区接线
开关电源
室内分机(单通道模块)
室内分机(防区)
单通道模块(PORT1)
门磁
红外探测器
感烟探测器
可燃气体探测器
二次门口机(单通道模块)
二次门口机(电控锁)
电控锁
单通道模块(FD STATION)
单通道模块(联网器)
主机(联网器)
主机(门磁开关)
联网器(主机1)
电磁锁
开门按钮
电磁
联网器
交换机
联网器(模块)
联网器(上行)
交换机(PORT1)
围墙机(门锁开关)
电源
管理机
围墙机(交换机)
交换机(PORT2)
管理机(交换机)
交换机(PORT3)

图 3-2

第5节 硬件设备配置

5.1 住户配置

1. 正常待机

连接正常通电后，各器件工作正常。

2. 功能设置

（1）单通道可视模块编码设置。

拨码开关位于单通道可视模块左侧盖板内，将拨码开关的第1位拨为“ON”，如图3-3所示。

图3-3

（2）室内分机监视。当占线灯不亮时，按键，可监视住户门口的情况，监视时间为15s。若要取消监视，重新按一下键即可。

（3）室内分机报警。按室内分机键，管理机将会接收到室内分机“手动”报警信息。

（4）室内分机静音功能。

1）当按下室内分机键时，静音灯亮。当访客呼叫住户时，室内分机不响铃，处于静音状态。若要取消静音，可再按一次键。

2）在访客与住户通话期间，按键，静音灯亮，单元门口主机通话声音被屏蔽，无法传送到住户，但单元门口主机能听到住户通话声。

（5）室内分机布防。在撤防状态下，按键，再按4位布防密码（＋＋＋）键，随后听到“嘀…”的提示音，此时表示布防成功，防区指示灯闪烁，系统进入布防状态。

（6）室内分机撤防。在布防状态下，按键，再按4位撤防密码（＋＋＋）键，随后听到“嘀…”的提示音，此时表示撤防成功，防区指示灯灭，系统进入撤防状态。

5.2　大楼配置

1. 正常待机

连接正常通电后，各器件工作正常。

2. 功能设置

（1）G5 模拟联网切换器编码设置。拨码开关位于切换器左侧盖板内，将拨码开关的第 1 位拨为“ON”，如图 3-4 所示。

（2）单元门口主机地址设置。在待机状态下，先按“#＋*”，接着输入系统密码“123456”，然后按“#”键，进入系统设置，LED 屏显示[set]，输入“0＋#”，继续输入单元门口主机地址“0001”，再输入 G5 模拟联网切换器端口号“1”，按“#”键确认，LED 屏显示“0-OK”，单元门口主机长“嘀”一声表示设置完成。按“*”键退出。

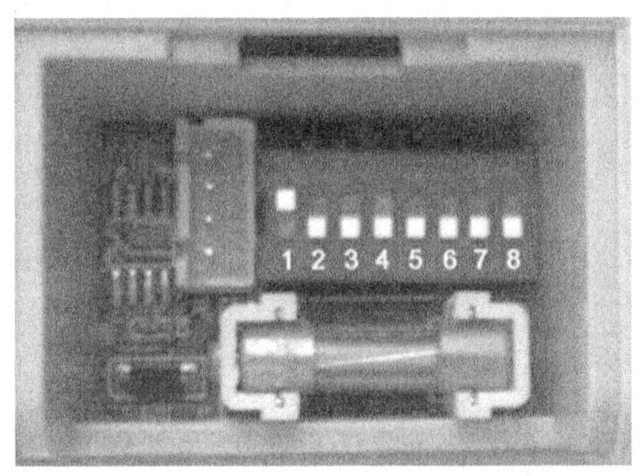

图 3-4

（3）室内分机地址设置。在待机状态下，先按“#＋*”，接着输入系统密码“123456”，然后按“#”键，进入系统设置，LED 屏显示[set]，输入“1＋#”，继续输入“0＋#”，再输入室内分机地址“0101”，接着输入单通道可视模块号“001”，再输入单通道可视模块端口号“1”，最后输入振铃音 3，单元门口主机长“嘀”一声表示设置完成。按“*”键退出。

（4）清空所有室内分机号。在待机状态下，先按“#＋*”，接着输入系统密码“123456”，然后按“#”键，进入系统设置，LED 屏显示[set]，输入“1＋#”，继续输入“2＋#”，LED 屏显示“12C1”，按“#”键确认，完成后单元门口主机长“嘀”一声，同时 LED 屏显示“12OK”。按“*”键退出。

（5）室内分机数据上传。在待机状态下，先按“#＋*”，接着输入系统密码“123456”，然后按“#”键，进入系统设置，LED 屏显示[set]，输入“1＋#”，继续输入“4＋#”，LED 屏显示“————”，完成后单元门口主机长“嘀”一声，同时 LED 屏显示“12OK”。按“*”键退出。

（6）门状态报警设置。在待机状态下，先按“#＋*”，接着输入系统密码“123456”，然后按“#”键，进入系统设置，LED 屏显示[set]，输入“2＋#”，继续输入“1＋#”，完成后单元门口主机长“嘀”一声。按“*”键退出。

(7) 注册单张卡。在待机状态下，先按“#+*”，接着输入系统密码“123456”，然后按“#”键，进入系统设置，LED屏显示[set]，输入“3+#”，继续输入“0或1+#”，LED屏显示“30— —”，输入注册的卡号（也可直接刷卡），按一下“#”键，注册成功后LED屏显示“30OK”，同时单元门口主机长“嘀”一声。按“*”键退出。

(8) 删除单张卡。在待机状态下，先按“#+*”，接着输入系统密码“123456”，然后按“#”键，进入系统设置，LED屏显示[set]，输入“3+#”，继续输入“3或4+#”，LED屏显示“33— —”，输入删除的卡号（也可直接刷卡），按一下“#”键，删除成功后LED屏显示“33OK”，同时单元门口主机长“嘀”一声。按“*”键退出。

5.3 小区配置

1. 正常待机

连接正常通电后，各器件工作正常。

2. 围墙机编程设置

(1) 围墙机地址设置。在待机状态下，按“F1”键进入设置，选择“系统设置”，再按“#”键确认。接着输入公共密码“1234”，选择“围墙机号”，按“#”键确认，将围墙机地址设为“0001”，然后按“#”键确认。按“*”键退出。

(2) 围墙机密码开锁。在待机状态下，按“F1”键进入设置，选择“系统设置”，再按“#”键确认。接着输入公共密码“1234”，按“F2”键下移选择“密码开锁”，按“#”确认，再输入“3”，启用公共/用户密码开锁，按“#”键确认。按“*”键退出。

(3) 围墙机开锁时间。在待机状态下，按“F1”键进入设置，选择“系统设置”，再按“#”键确认。接着输入公共密码“1234”，按“F2”键下移选择“开锁时间”，按“#”确认，再输入“5”，将开锁时间设为5s，按“#”键确认。按“*”键退出。

3. 管理机编程设置

(1) 设置专用交换机号。

1) 在挂机状态下，按“OK”键，然后输入密码“345678”，选择“交换机配置”，按“OK”或“F3”键确认，选择“设置交换机号”，再按“确认”键，输入交换机号“0001”，最后将级联属性改为“0”总交换机，管理机“嘀”一声后保存。按“F4”键退出。

2）在挂机状态下，按“OK”键，然后输入密码“345678”，选择“交换机配置”，按“OK”或“F3”键确认，选择“增加记录”，再输入交换机号“0001”，进入以下操作：

a）选择“设备类型”，按“1”将设备类型改为“管理机”，下移到“设备号码”，再输入“0001”，接着下移到“通道1端口号”再输入“3”，按“F2”键单条保存。

b）选择“设备类型”，按“3”将设备类型改为“切换器”，下移到“设备号码”，再输入“0001”，接着下移到“通道1端口号”再输入“1”，按“F2”键单条保存。

c）选择“设备类型”，按“7”将设备类型改为“围墙机”，下移到“设备号码”，再输入“0001”，接着下移到“通道1端口号”再输入“2”，按“F2”键单条保存。

以上设置好后，按“F4”键返回上一步，选择“下载全部记录”，按“OK”或“F3”键，再输入交换机号“0001”，LED屏显示下载3条，下载完成。按“F4”键退出。

(2) 清除交换机下载记录。在挂机状态下，按“OK”键，然后输入密码“345678”，选择“交换机配置”，按“OK”或“F3”键确认，选择“清空全部记录”，再输入交换机号“0001”，按“确认”键，管理机“嘀”一声后，清除成功。

第6节　硬件设备运行

6.1　住户运行操作

1. 二次门口机和管理机分别与室内分机的实训演示

(1) 二次门口机呼叫室内分机。按下二次门口机的　键，此时室内分机响，住户可通过室内分机的显示屏查看来访者，按室内分机上的　键，能与住户门口的来访者进行通话。通话过程中，按　键来开启住户的门，再次按室内分机　键或按二次门口机　键结束通话。

(2) 室内分机呼叫管理机。先按室内分机　键，再按　键，此时管理机响，提起管理机的话机，能与住户进行通话，再次按室内分机　键或管理机挂机结束通话。

(3) 二次门口机呼叫管理机。按下二次门口机的　键，此时管理机响，提起管理

机的话机，能与住户门口的访客进行通话，再次按二次门口机 键或管理机挂机结束通话。

2. 防区演示

(1) 布防。先按 键，再按四位布防密码（ + + + ）键，输入完成后，室内分机长“嘀”一声，防区指示灯慢速闪烁，表示布防成功。

1）在布防状态下，若有人在红外探测器范围内晃动，红外探测器探测到，经过延时，然后室内分机和管理机马上发出警报，且室内分机的防区指示灯快速闪烁。接着进行撤防，返回到撤防状态。

2）在布防状态下，若有人强行打开住户大门，门磁开关被断开，室内分机和管理机马上发出警报，且室内分机的防区指示灯快速闪烁。接着进行撤防，返回到撤防状态。

3）在不受布防影响的状态下，按下感烟探测器的测试键（TEST)，马上报警（防区灯快闪)；按下感烟探测器的复位键（RESET)，进行撤防，返回到撤防状态。或在感烟探测器感应的范围内，提供一定浓度的烟雾（点燃纸张熄灭后的烟雾等)，探头触发，室内分机和管理机马上发出警报，且室内分机的防区指示灯快速闪烁。接着进行撤防，返回到撤防状态。

4）在不受布防影响的状态下，按下燃气探测器的测试键，室内分机和管理机马上发出警报，且室内分机的防区指示灯快速闪烁。等到燃气探测器不再发出报警信号，进行撤防，返回到撤防状态。

(2) 撤防。先按 键，再按四位撤防密码（ + + + ）键，系统进行撤防。

6.2 大楼运行操作

单元门口主机分别与管理机及室内分机的实训演示如下：

(1) 单元门口主机呼叫管理机。按单元门口主机上的 键进行呼叫。此时管理机响，管理员可通过管理机的显示屏查看来访者，提起管理机上的话机，能与大楼门口的来访者进行通话，通话过程中，按 开锁 键来开启大楼门。按单元门口主机“＊”键，或管理机挂机结束通话。

(2) 单元门口主机呼叫室内分机。在单元门口主机上输入室内分机的地址“0101”。此时室内分机响，住户可通过室内分机的显示屏查看来访者，按室内分机上的键，能与大楼门口的来访者进行通话，通话过程中，按键来开启大楼的门。按单元门口主机“＊”键，或按室内分机键结束通话。

（3）将已注册卡放在单元门口主机的读卡区刷卡，单元门口主机语音提示“门已开”，LED 屏显示“PASS”，即可打开与其连接的电磁锁。

（4）公共密码开锁。在待机的状态下，在单元门口主机上按“＃”键，接着输入 6 位有效密码“201001”，按“＃”确认，即可开锁，语音提示“门已开”，LED 屏显示“PASS”。

（5）开门按钮开锁。当住户人员需要外出，按下大楼的开门按钮，即可打开大楼的电磁锁，单元门口主机语音提示“门已开”。

（6）室内分机密码开锁。在待机的状态下，在单元门口主机上按“＊”键，接着输入室内分机房号“0101”，再按“＃”确认，再输入该房号的室内分机密码“1234”，再按“＃”键确认，即可开锁，语音提示“门已开”，LED 屏显示“PASS”。

6.3　小区运行操作

围墙机分别与管理机及室内分机的实训演示如下：

（1）围墙机呼叫室内分机。在围墙机上输入楼栋号“0001”，再输入室内分机房号“0101”，住户可通过室内分机的显示屏查看来访者，按室内分机上的键，能与小区门口的来访者进行通话，通话过程中，按键来开启小区门，再按室内分机的键或围墙机的“＊”键结束通话。

（2）围墙机呼叫管理机。按下围墙机的“＃”键，此时管理机响，管理员可通过管理机的显示屏查看来访者，提起管理机的话机，能与小区门口的来访者进行通话，通话过程中，按开锁键来开启小区门，再按围墙机的“＊”键或管理机挂机结束通话。

（3）管理机呼叫室内分机。提起管理机话机，根据显示屏中的提示，先按“F1”键（呼叫），再选择“室内机”，或直接按键，然后输入“0001 0101”，此时室内分机响，按室内分机上的键，能与管理机进行通话，再按室内分机的键或管理机挂机结束通话。

（4）公共密码开锁。待机的状态下，在围墙机上按“F3”键，接着输入四位有效密码“1234”，即可开锁。

（5）用户密码开锁。在待机的状态下，在围墙机上按“F4”键，接着输入单元门口主机号“0001”，再输入室内分机房号“0101”，最后输入室内分机密码“1234”，即可开锁。

（6）单元门口主机监视。按管理机的“F2”键（监视），或按键，再选择“门口机”，最后输入单元门口主机号“0001 1”，显示画面。

（7）围墙机监视。按管理机的“F2”键（监视），或按键，再选择“围墙机”，最后输入围墙机号“0001 1”，显示画面。

第7节　管理软件配置运行

7.1　软件安装

（1）解压压缩包，得到如图3-5所示文件。

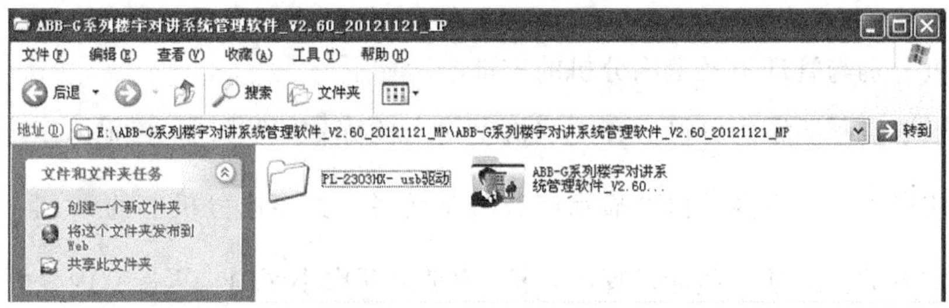

图3-5

（2）打开“PL-2303HX-usb驱动”文件夹，如图3-6所示。

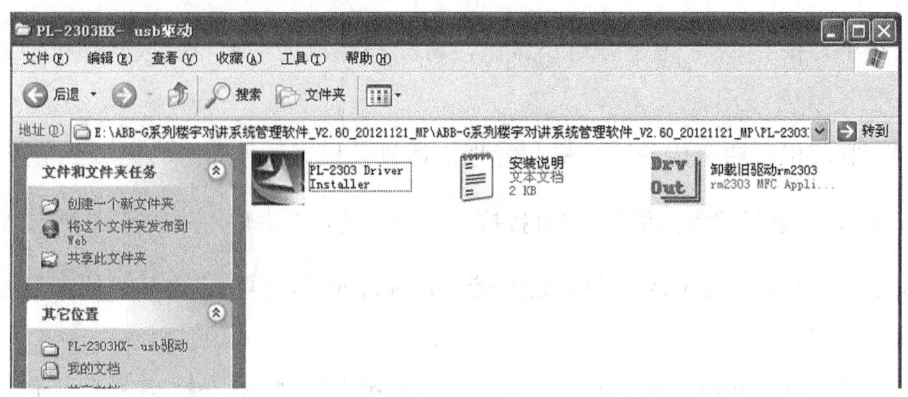

图3-6

（3）双击“PL-2303 Driver Installer”，单击“下一步”按钮，如图 3-7 所示。

（4）等待安装完成，单击“完成”按钮完成安装，如图 3-8 所示。

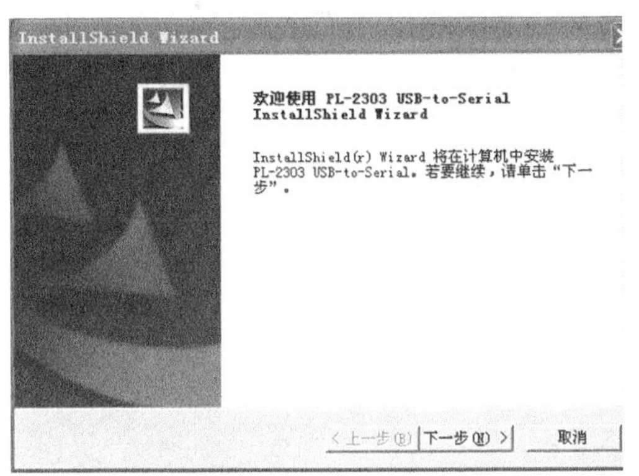

图 3-7

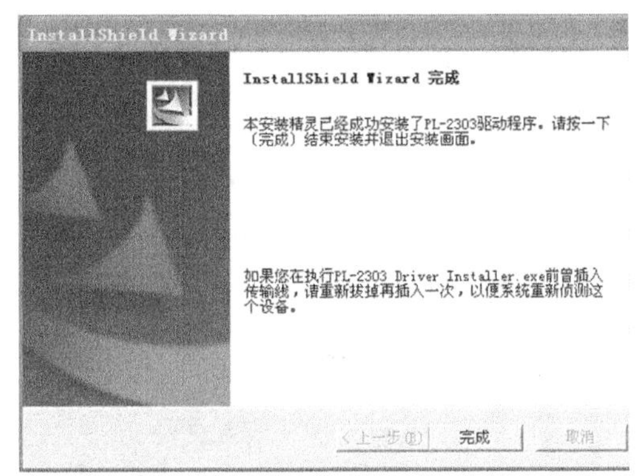

图 3-8

（5）双击 ABB-G系列楼宇对讲系统管理软件_V2.60...，单击“下一步”按钮，如图 3-9 所示。

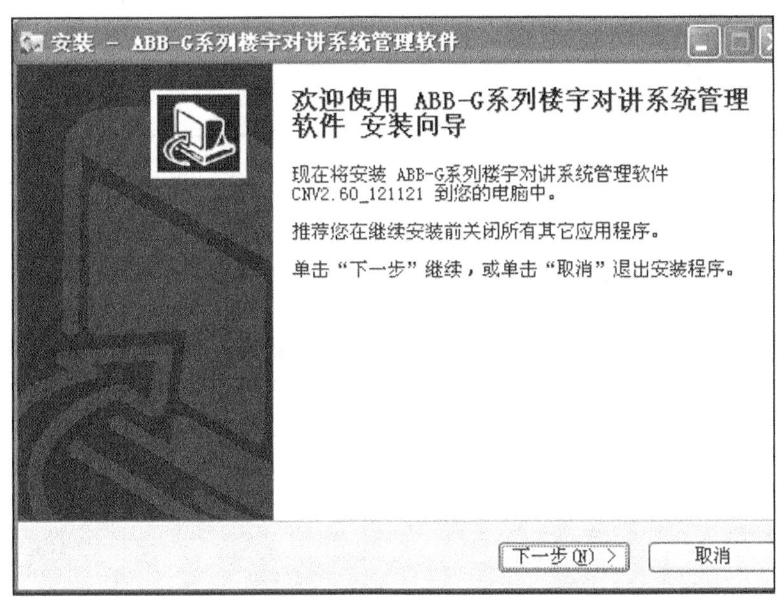

图 3-9

（6）选择“我同意此协议”，单击“下一步”按钮，如图 3-10 所示。

（7）选择默认安装路径，单击“下一步”按钮，如图 3-11 所示。

（8）选择默认安装方式，单击“下一步”按钮，如图 3-12 所示。

（9）选择默认选项，单击“下一步”按钮，如图 3-13 所示。

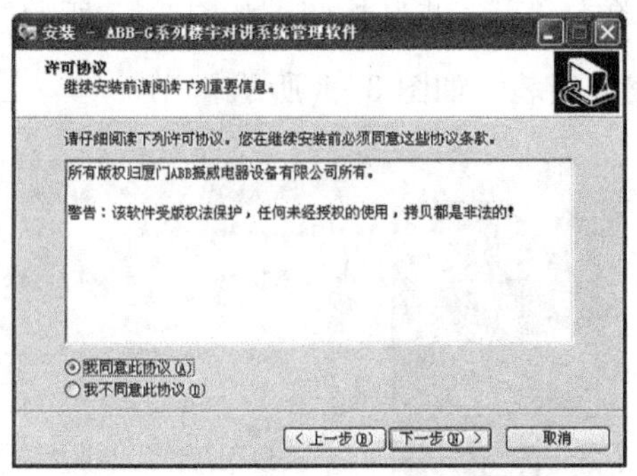

图 3 - 10

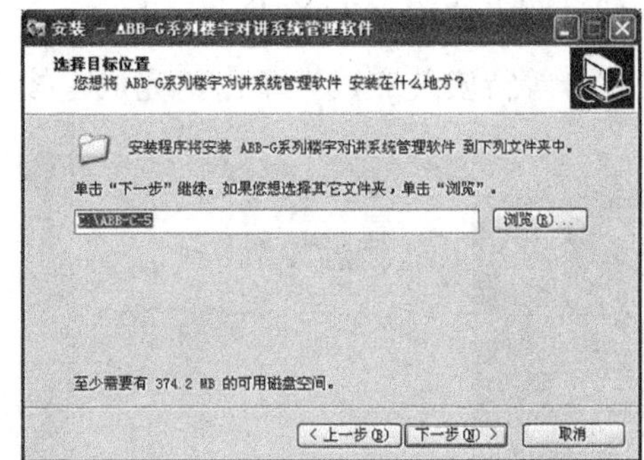

图 3 - 11

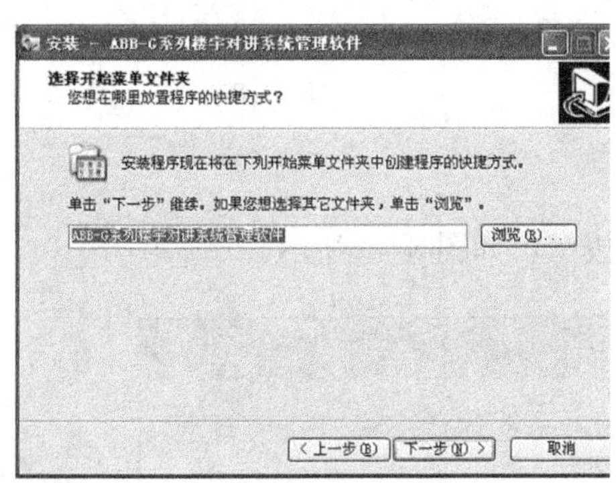

图 3 - 12

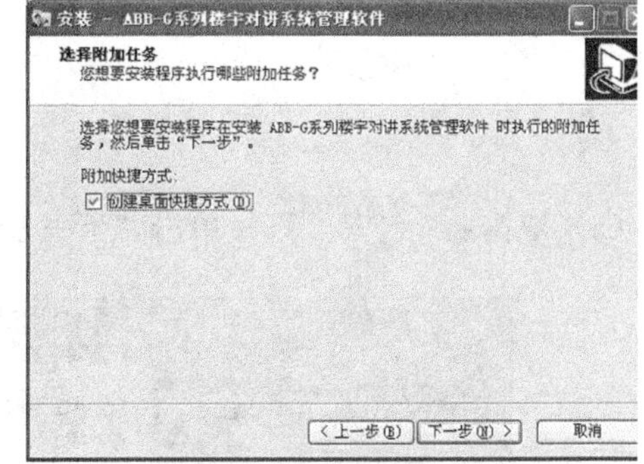

图 3 - 13

(10) 单击“安装”，如图 3 - 14 和图 3 - 15 所示。

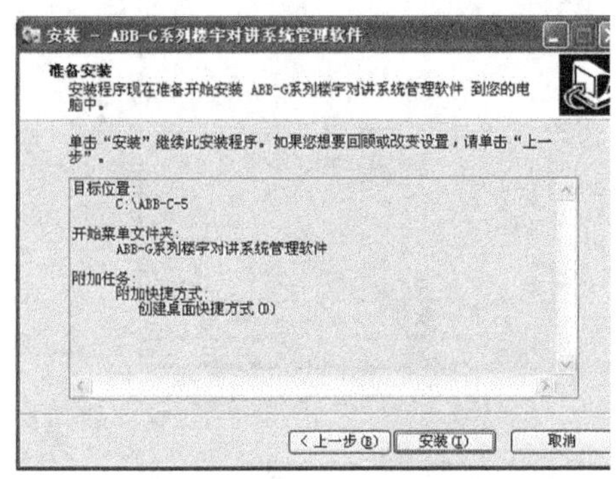

图 3 - 14

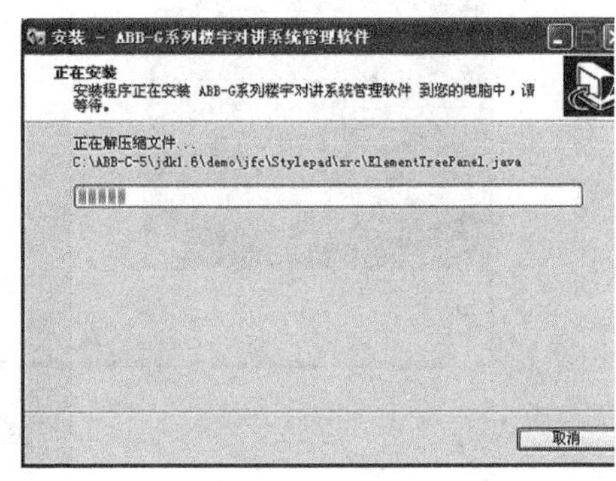

图 3 - 15

(11) 安装完成，单击“完成”按钮，如图 3 - 16 所示。

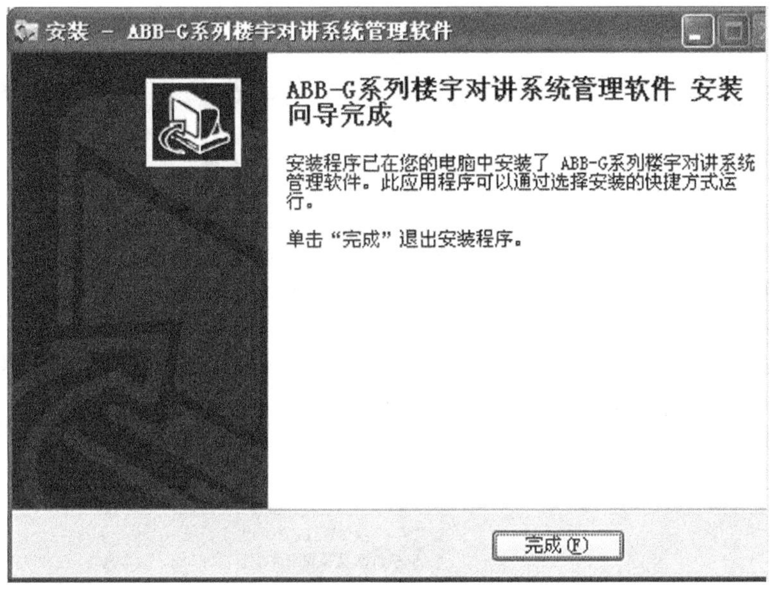

图 3 - 16

7.2　软件配置

（1）双击图标 。

（2）在电脑右下角显示 “Web sever”后，右击图标，选择“管理中心”选项，进入登录页面。

（3）输入用户名“designer”和密码“123456”，进入系统界面，单击“登录”按钮，如图 3 - 17 和图 3 - 18 所示。

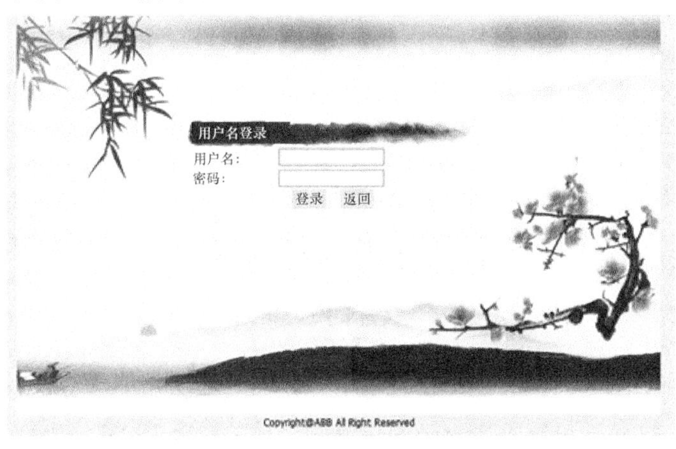

图 3 - 17

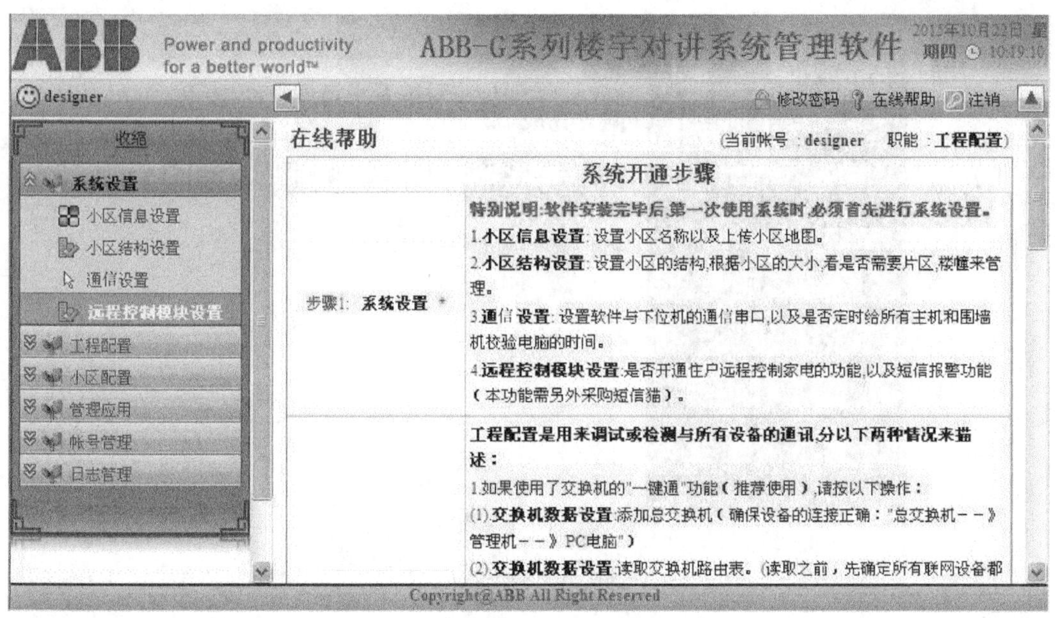

图 3-18

(4) 单击“系统设置”中的“通信设置”选项，如图 3-19 所示。

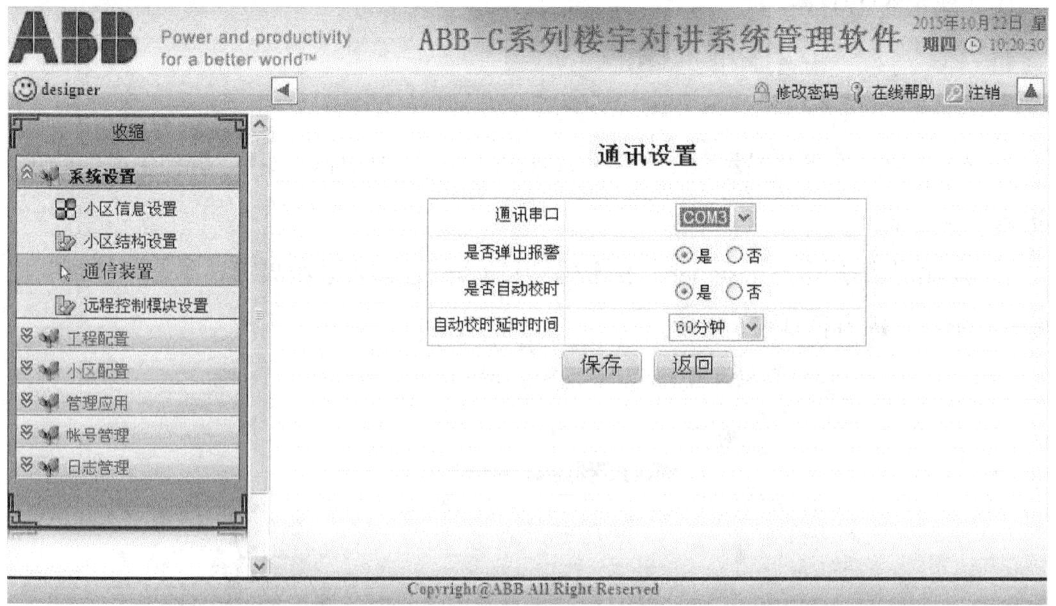

图 3-19

(5) 在“我的电脑”图标上右击，选择“管理”选项，单击“设备管理器”，单击“端口（COM/LPT)”，可以查看显示通信端口“COM3”，如图 3-20 所示。

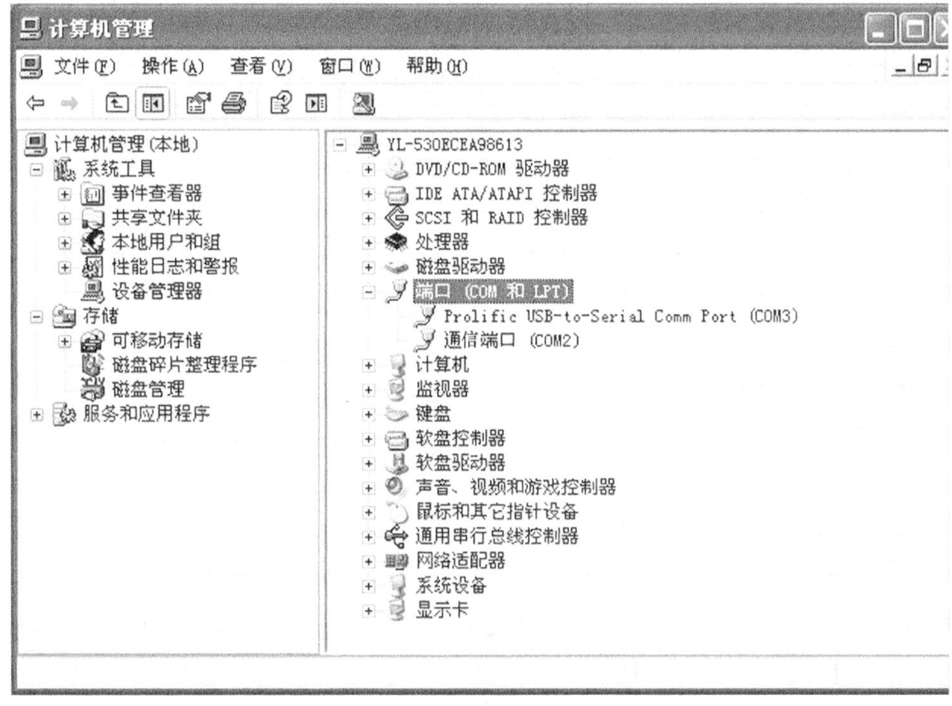

图 3 - 20

(6) 单击“系统设置”中的“小区信息设置”，编辑小区名字和小区地图，如图 3 - 21 所示。

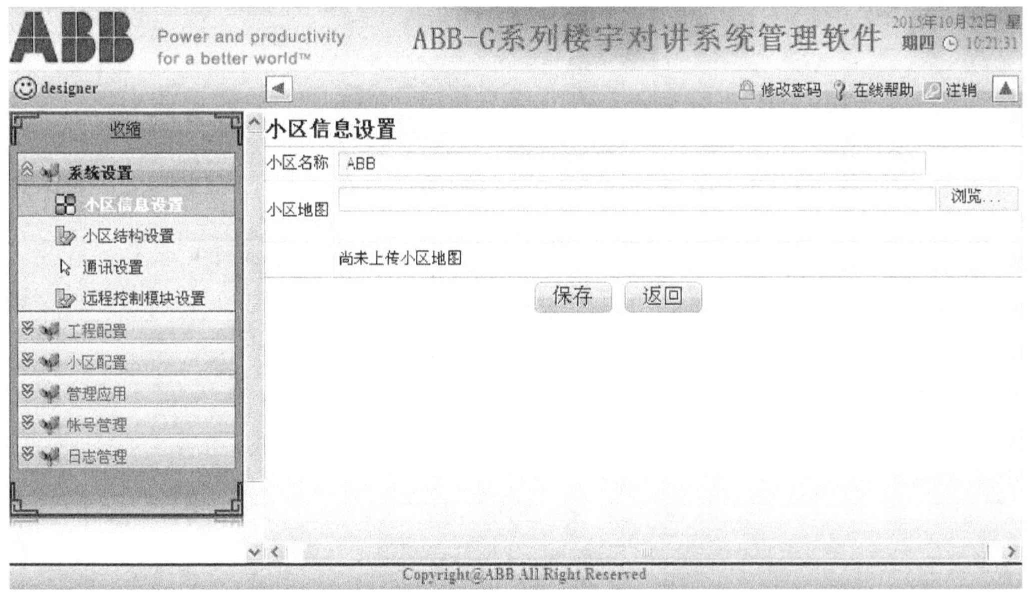

图 3 - 21

（7）单击“系统设置”中的“小区结构设置”，选择小区结构，如图 3－22 所示。

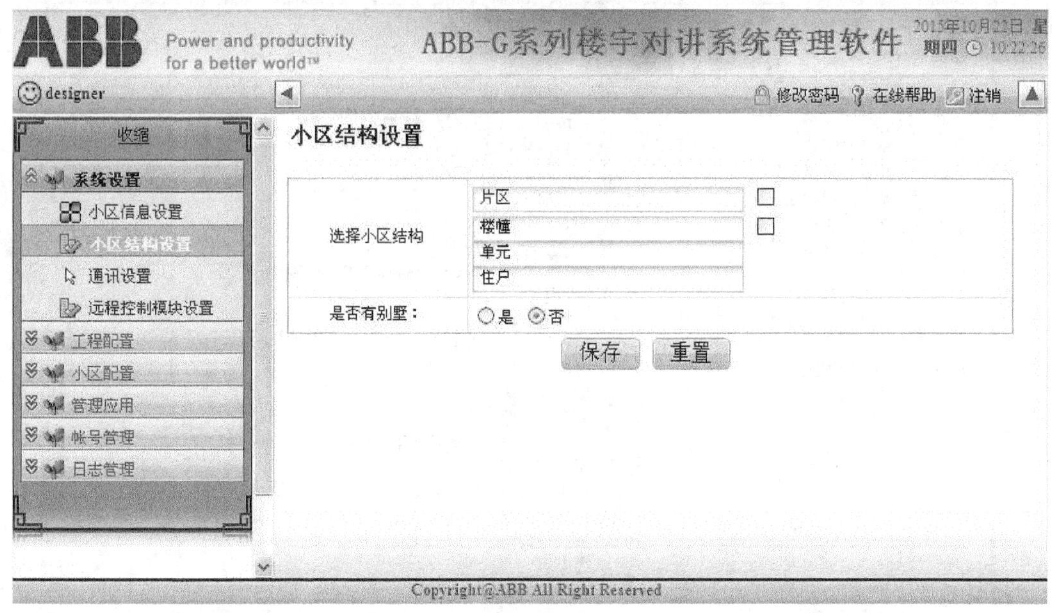

图 3－22

（8）单击“工程配置”中的“交换机数据设置”，如图 3－23 所示。

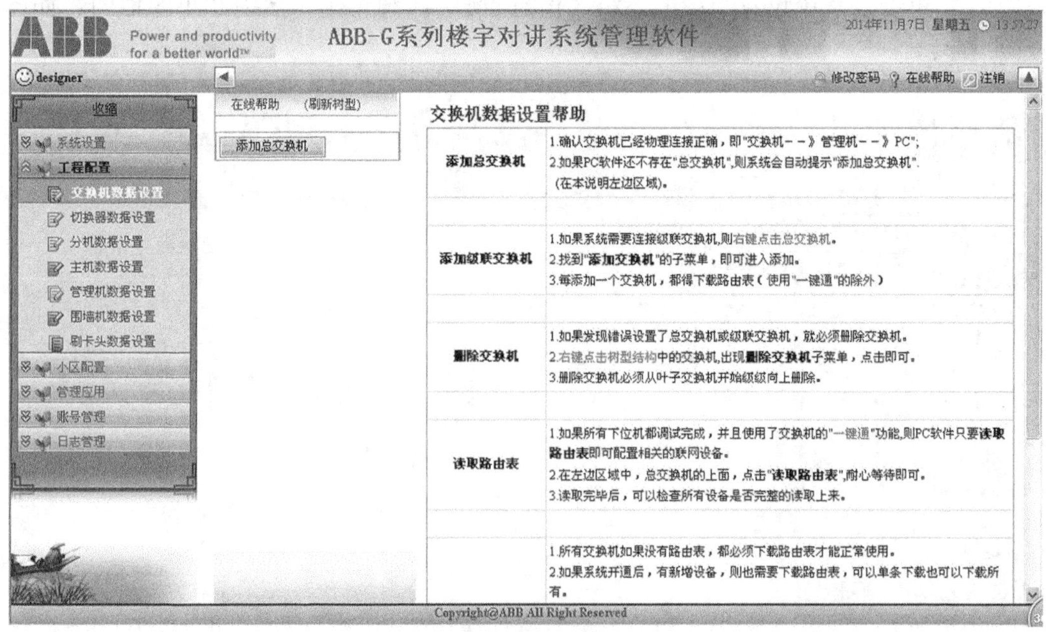

图 3－23

（9）单击图 3－23 中“添加总交换机”，在交换机设置中，填写交换机编号“0001”，

单击“保存”按钮，如图 3－24 所示。

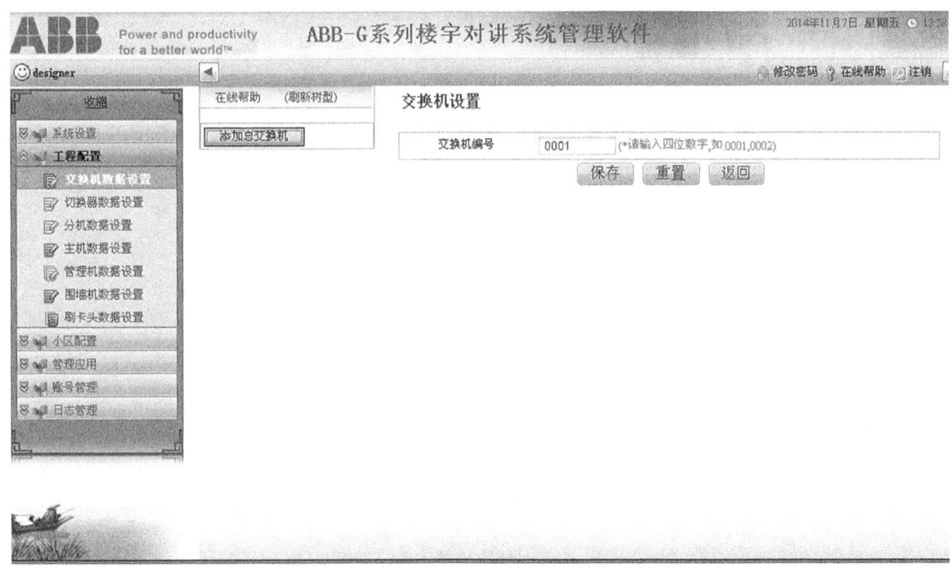

图 3－24

（10）再弹出交换机设置界面，如图 3－25 所示。

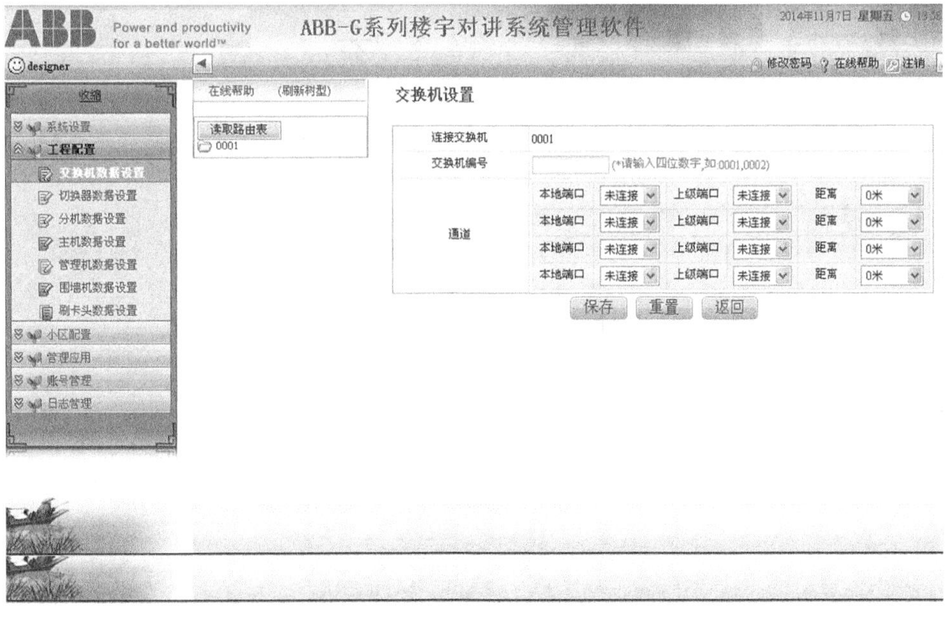

图 3－25

（11）单击左侧列表的“0001”文件夹，再单击右侧的“下载路由表（4401）”按钮，如图 3－26 所示。

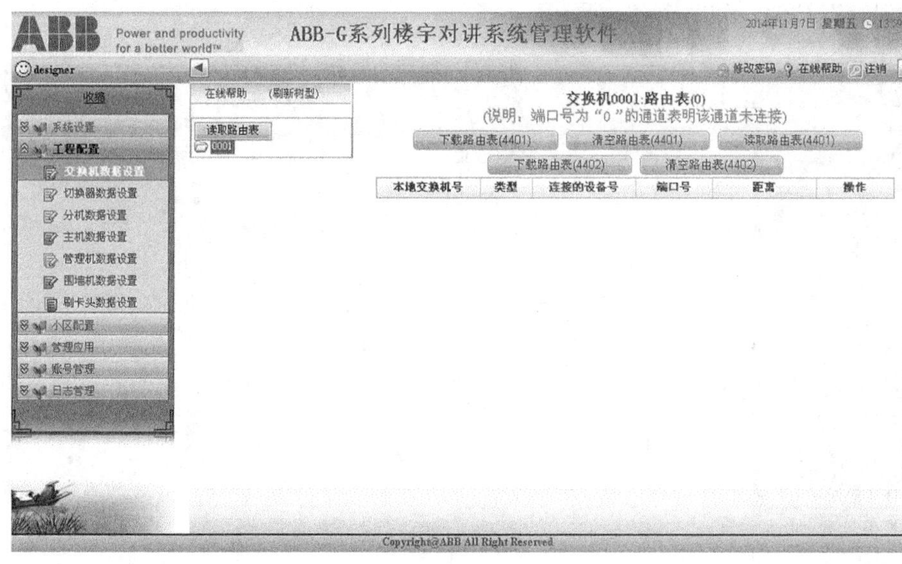

图 3-26

图 3-27

(12) 单击“是”按钮，如图 3-27 所示。

(13) 单击“确定”按钮，如图 3-28 所示。

(14) 单击“工程配置”中的“切换器数据设置”，如图 3-29 所示。

图 3-28

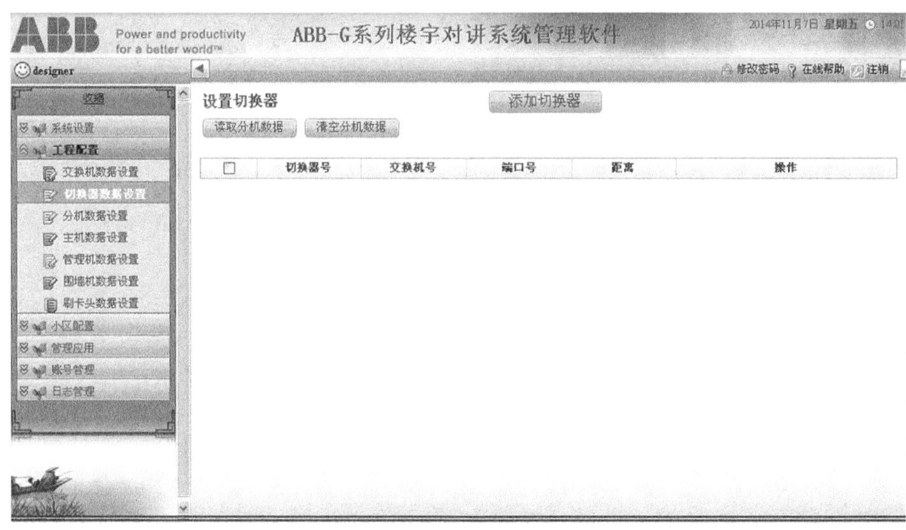

图 3 - 29

（15）再单击图 3 - 29 中“添加切换器”按钮，选择“交换机 0001”，填写切换器编号“0001”，端口号“1”，单击“保存”按钮，如图 3 - 30 所示。

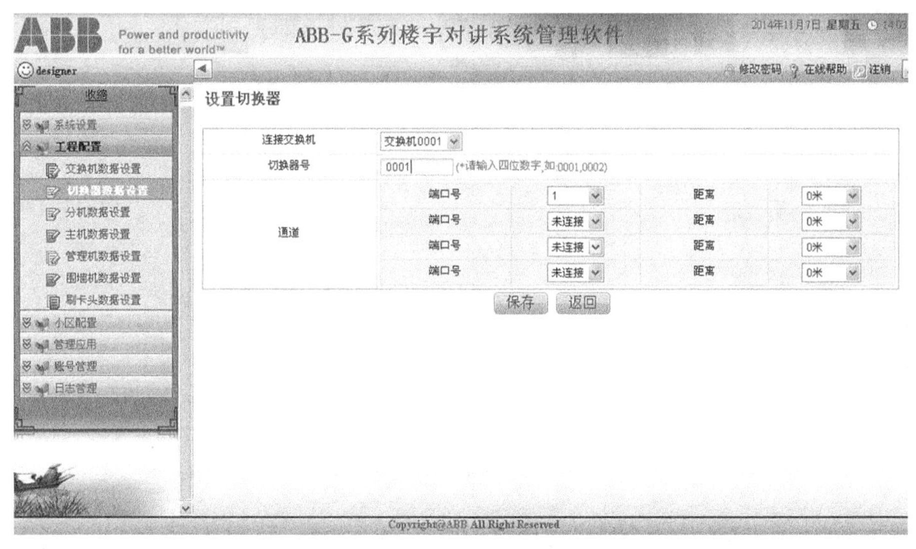

图 3 - 30

（16）单击“工程配置”中的“分机数据设置”，如图 3 - 31 所示。

（17）单击图 3 - 31 中“单个添加分机”按钮，选择住户编号“0101”，大模块“1”，模块编号“1”，模块端口“端口 1”，开锁密码“1234”，铃声“铃声 3”，单击“确定”按钮，如图 3 - 32 所示。

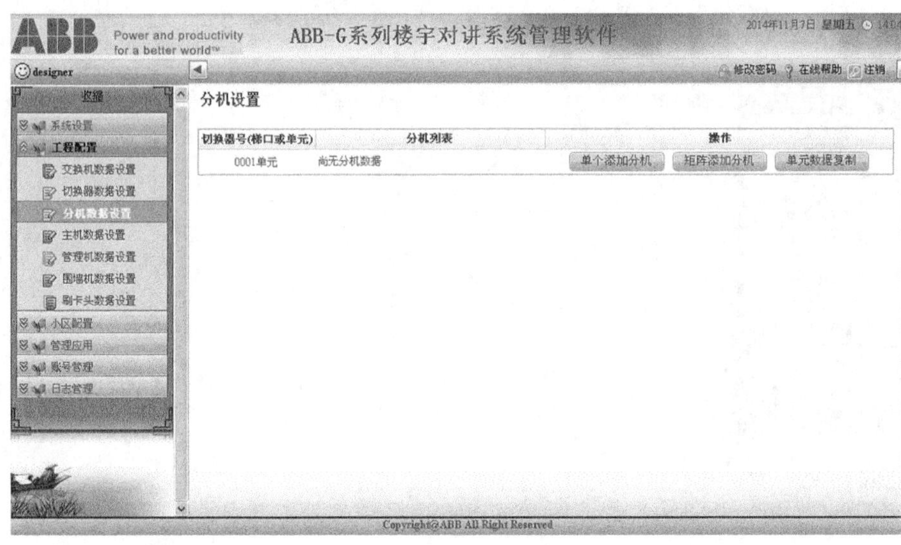

图 3 - 31

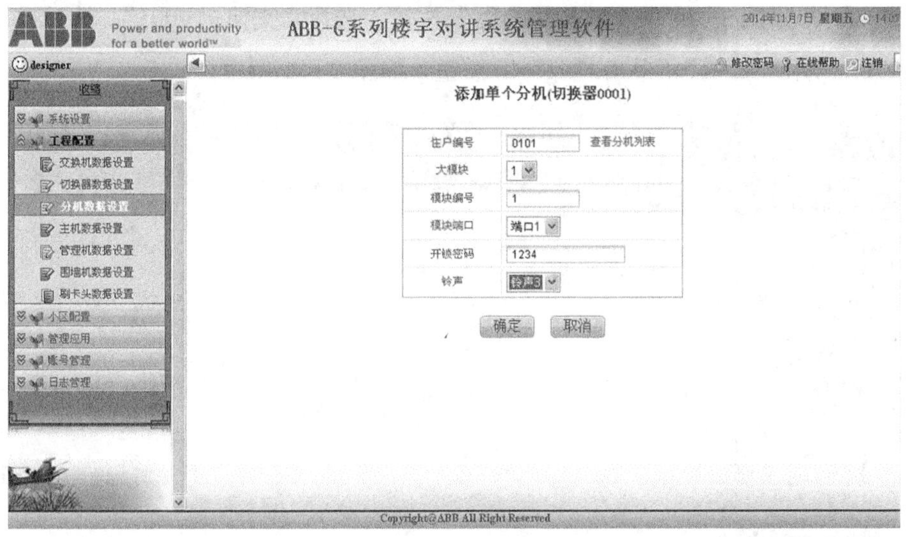

图 3 - 32

(18) 单击“下载分机数据”，如图 3 - 33 所示。

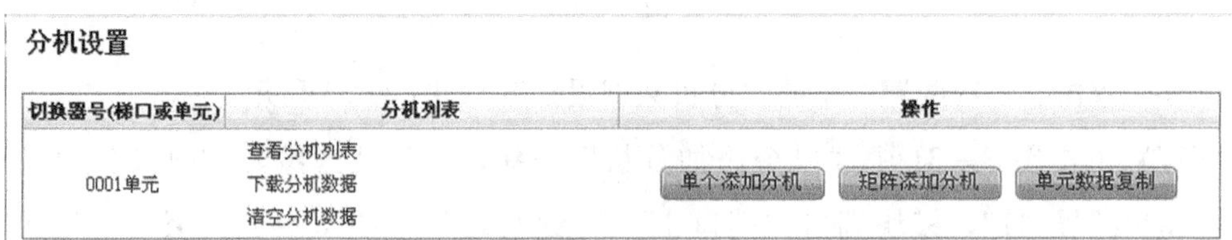

图 3 - 33

（19）单击“下载分机数据”，如图 3 - 34 所示。

图 3 - 34

（20）单击“确定”按钮，如图 3 - 35 所示。

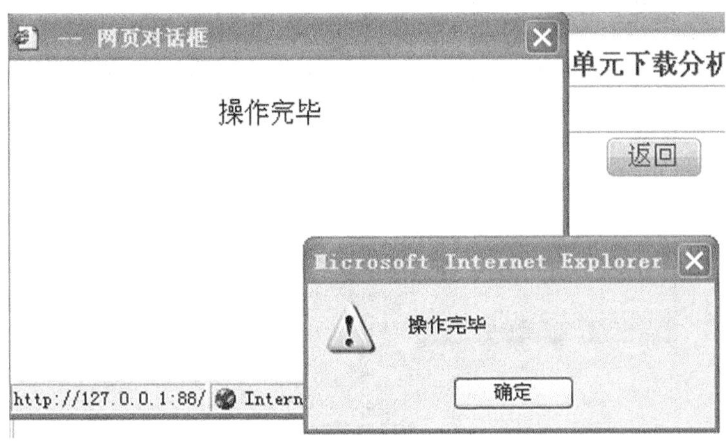

图 3 - 35

（21）单击“工程配置”中的“主机数据设置”，如图 3 - 36 所示。

图 3 - 36

（22）单击图 3 - 36 中“添加主机”按钮，再单击“添加主机”按钮，如图 3 - 37 所示。

主机设置

切换器号(梯口或单元)	主机列表	操作
0001单元	门口机0001-1 下载分机数据 清空分机数据 删除主机	添加主机

图 3 - 37

（23）单击“确定”按钮，如图 3 - 38 所示。

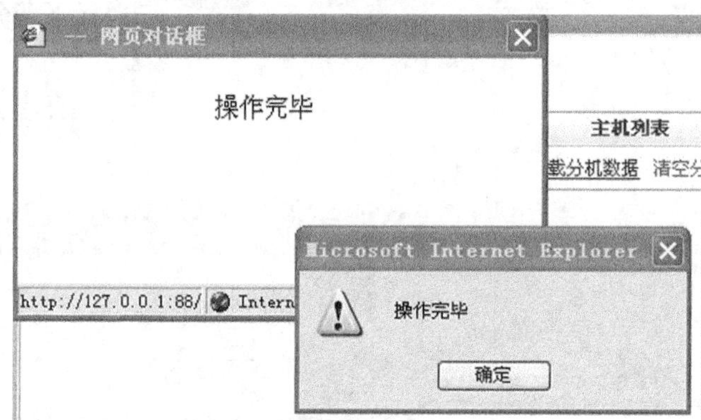

图 3 - 38

（24）单击“工程配置”中的“管理机数据设置”，如图 3 - 39 所示。

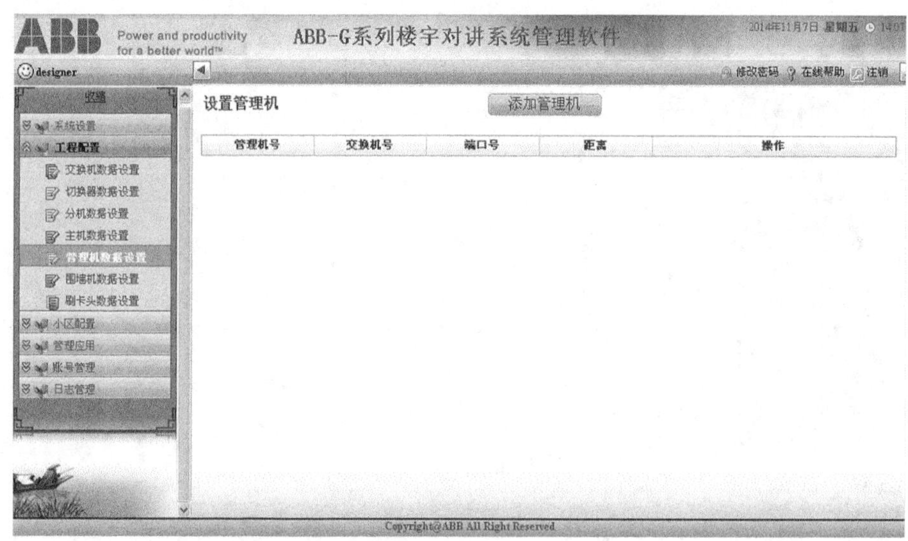

图 3 - 39

（25）单击图 3 - 39 “添加管理机” 按钮，选择连接交换机 “交换机 0001”，填写管理机号 “0001”，端口号 “9”，单击 “保存” 按钮，如图 3 - 40 所示。

设置管理机

连接交换机	交换机0001			
管理机号	0001 (*请输入四位数字,如:0001,0002)			
通道	端口号	9	距离	0米
	端口号	未连接	距离	0米
	端口号	未连接	距离	0米
	端口号	未连接	距离	0米

保存　返回

图 3 - 40

（26）单击 “工程配置” 中的 “围墙机数据设置”，如图 3 - 41 所示。

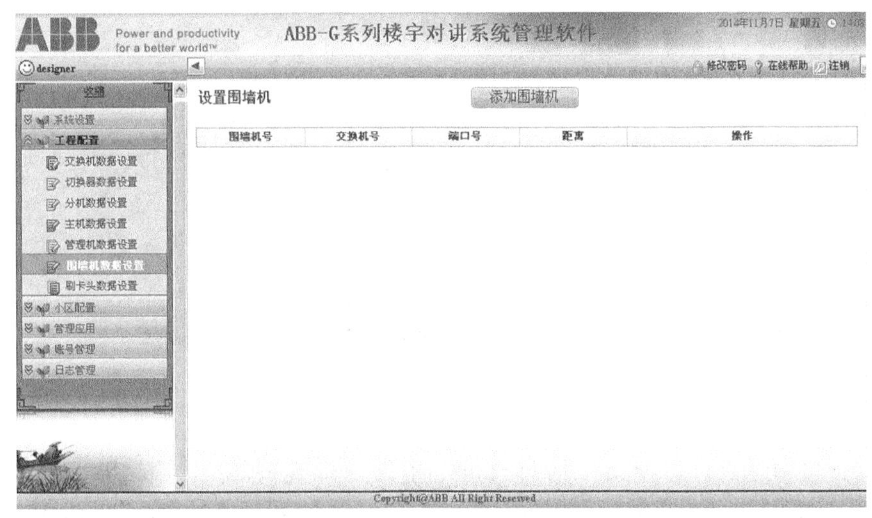

图 3 - 41

（27）单击图 3 - 41 中 “添加围墙机” 按钮，选择连接交换机 “交换机 0001”，填写围墙机号 “0001”，端口号 “12”，单击 “保存” 按钮，如图 3 - 42 所示。

设置围墙机

连接交换机	交换机0001			
围墙机号	0001 (*请输入四位数字,如:0001,0002)			
通道	端口号	12	距离	0米
	端口号	未连接	距离	0米
	端口号	未连接	距离	0米
	端口号	未连接	距离	0米

保存　返回

图 3 - 42

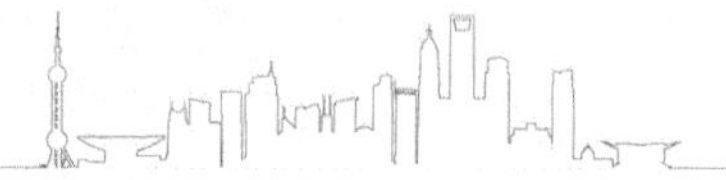

7.3 软件演示

(1) 双击图标。

(2) 待电脑右下角显示 “Web sever” 后，单击图标，选择“管理中心”，进入登录界面。

(3) 输入用户名“admin”和密码“123456”进入系统界面，单击“登录”按钮，如图 3 - 43 所示。

图 3 - 43

(4) 报警信息查询。单击“信息查询”中的“报警信息查询”，单击“搜索”按钮，即可查询小区报警信息（软件设置好以后，必须触发过室内分机的探测器，搜索才会有报警信息），如图 3 - 44 所示。

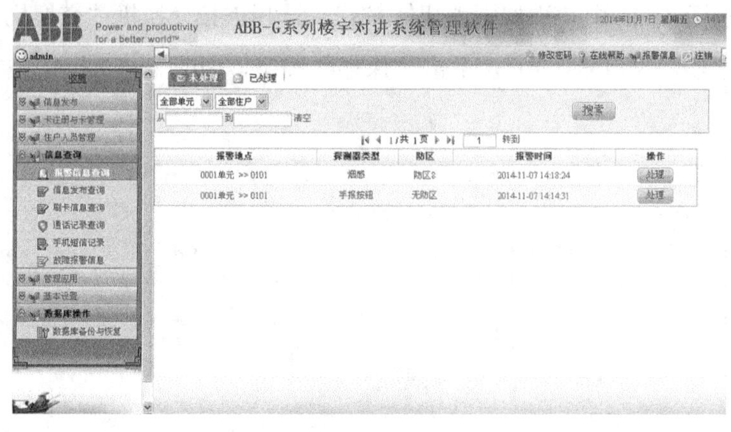

图 3 - 44

（5）报警信息处理。当室内分机发生报警时，将会弹出如图 3 - 45 所示窗口。填写处理人“张三”和处理结果“误报”，单击“处理”按钮即可。

图 3 - 45

（6）已处理的报警信息可以在“已处理”中查询，单击“查看详细”按钮即可查看详细信息，如图 3 - 46 和图 3 - 47 所示。

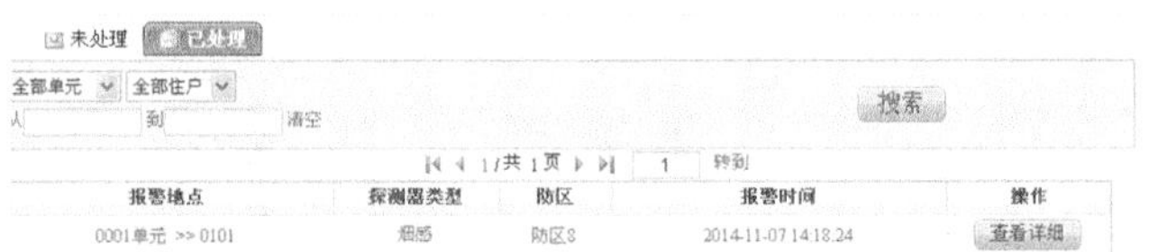

图 3 - 46

图 3 - 47

第 4 章　楼宇智能化设备监控及其集成系统

第 1 节　系统拓扑结构

楼宇智能化设备监控及其集成系统拓扑结构如图 4-1 所示。

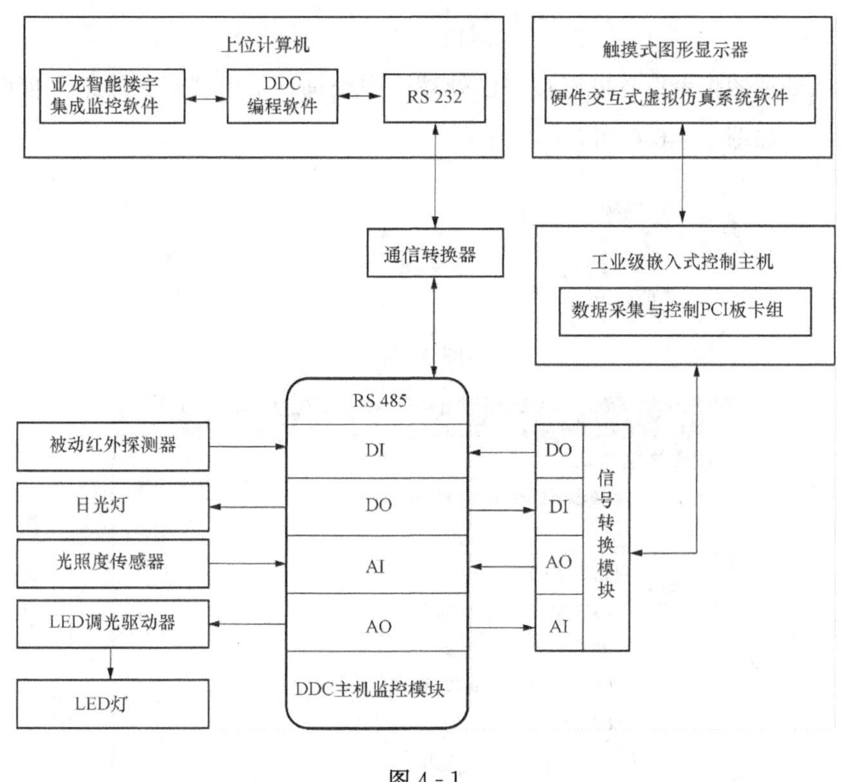

图 4-1

第 2 节　器　材　准　备

楼宇智能化设备监控及其集成系统器材准备清单见表 4-1。

表 4 - 1　　楼宇智能化设备监控及其集成系统器材准备清单

序号	器材名称	数量	单位
1	DDC 主机监控模块	1	套
2	通信转换器	1	个
3	DDC 编程软件	1	套
4	亚龙智能楼宇集成监控软件	1	套
5	上位计算机	1	台
6	触摸式图形显示器	1	台
7	工业级嵌入式控制主机	1	台
8	数据采集与控制 PCI 板卡组	1	套
9	信号转换模块	1	套
10	硬件交互式虚拟仿真系统软件	1	套
11	被动红外探测器	1	个
12	日光灯	1	个
13	光照度传感器	1	个
14	LED 调光驱动器	1	个
15	LED 灯	1	个
16	UTP 三类 2 对非屏蔽电缆	1	批
17	弱电线缆	1	批
18	膨胀紧固件	1	批
19	自攻螺钉	1	批

第 3 节　功　能　需　求

楼宇智能化设备监控及其集成系统功能需求（评分标准）见表 4 - 2。

表 4 - 2　　楼宇智能化设备监控及其集成系统功能需求（评分标准）表

序号	功能需求（评分标准）	分值
1	连接 1 盏 LED 照明灯	1
2	连接光照度传感器	1
3	连接 LED 驱动器	1
4	安装连接室内用被动红外入侵探测器	1

续表

序号	功能需求（评分标准）	分值
5	安装连接日光灯	1
6	当光照度传感器检测到环境光照度变暗时，LED灯的亮度调亮	4
7	当光照度传感器检测到环境光照度变亮时，LED灯的亮度调暗	4
8	当室内用被动红外入侵探测器能在18：00～6：00时间段内联动控制日光灯开关	4
9	当室内用被动红外入侵探测器连续5s未动作时日光灯自动熄灭	5
10	DDC能实时检测空调系统各传感器点位数值和开关状态	4
11	压差开关报警后，能停止送风机运行	6
12	新风阀开度小于3%时，能停止送风机运行	6
13	防冻开关报警后，能停止送风机运行	6
14	送风机停止后，能关闭水阀	6
15	通过PID调节，设定房间目标温度（制冷模式），系统能根据室内采集温度对水阀进行PID控制	6
16	通过PID调节，设定房间目标湿度（制冷模式），系统能根据室内采集湿度对加湿阀进行PID控制	6
17	照明系统组态监控有设计界面	4
18	照明系统组态画面的标注信息、各种操作按钮、指示灯、仪表、数值、单位等设置完整并结构合理	5
19	组态界面能监测仪表读数、光照度传感器实时采集数值、室内用被动红外入侵探测器状态、运行状态	4
20	当室内用被动红外入侵探测器未动作时，组态界面能对日光灯进行手动开关	4
21	空调系统组态监控有设计界面	4
22	空调系统组态画面的标注信息、各种操作按钮、指示灯、仪表、时间、数值、单位等设置完整并结构合理	5
23	组态界面能监控送风机（启停控制）	4
24	组态界面能监测压差开关、防冻开关状态	4
25	组态界面能监测回风温度、回风湿度、送风温度、新风阀开度、水阀开度、加湿阀开度	4
总分		100

第4节　线　路　连　接

楼宇智能化设备监控及其集成系统的线路连接如图4-2所示。

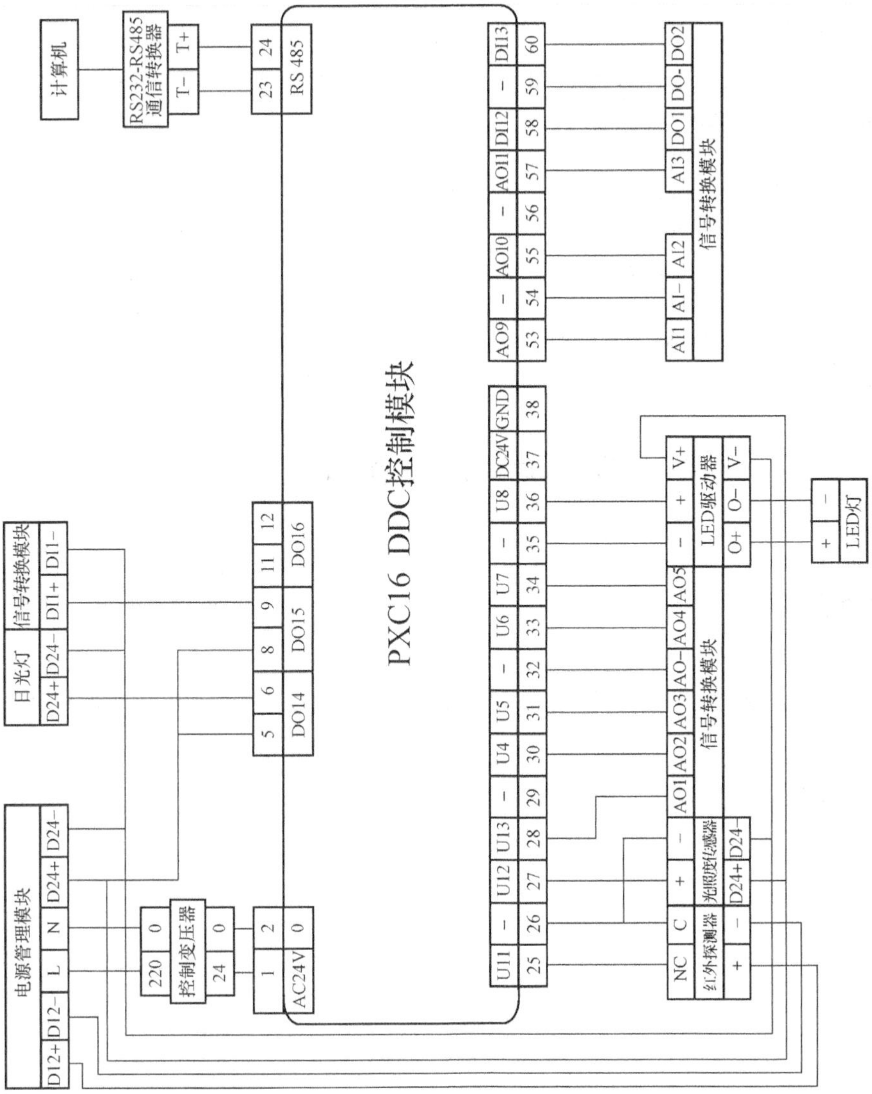
计算机
RS232-RS485
通信转换器
T-
T+
RS 485
PXC16 DDC控制模块
电源管理模块
D12+
D12-
L
N
D24+
D24-
控制变压器
220
0
24
AC24V
日光灯
信号转换模块
DI1+
DI1-
DO14
DO15
DO16
信号转换模块
LED驱动器
LED灯
红外探测器
光照度传感器
DC24V
GND

图 4-2

第 5 节　硬件 I/O 地址分配

楼宇智能化设备监控及其集成系统 I/O 地址分配见表 4 - 3。

表 4 - 3　　楼宇智能化设备监控及其集成系统 I/O 地址分配

序号	地址	器件名称	序号	地址	器件名称
1	UI1	被动红外入侵探测器	9	AO9	新风阀
2	UI2	光照度传感器	10	AO10	水阀
3	UI3	回风温度	11	AO11	加湿阀
4	U4	回风湿度	12	DI12	压差开关
5	U5	送风温度	13	DI13	防冻开关
6	U6	设定温度	14	DO14	日光灯
7	U7	设定湿度	15	DO15	风机
8	U8	LED 灯			

第 6 节　软件 DDC 编程

6.1　主机通信

(1) 打开 Insight 软件，在图标栏单击图标打开“System Profile”，如图 4 - 3 所示。

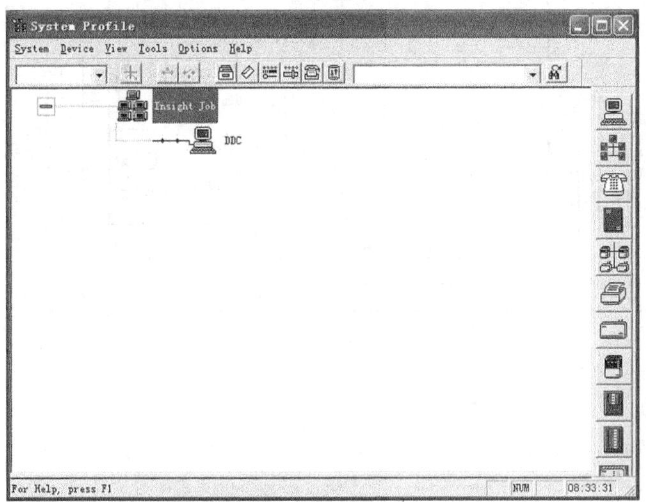

图 4 - 3

（2）拖动图标放到左边计算机上释放弹出“Building - Level Network Definition”对话框，如图 4 - 4 所示。

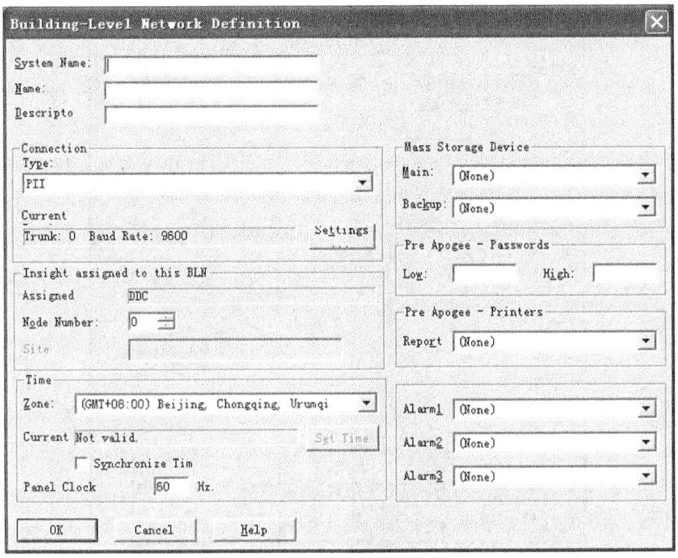

图 4 - 4

（3）在“System Name”框中输入名称“DDC”，在“Mass Storage Device”下拉列表选择“计算机”，在“Node Number”框中输入“30”，单击“OK”按钮，如图 4 - 5 所示。

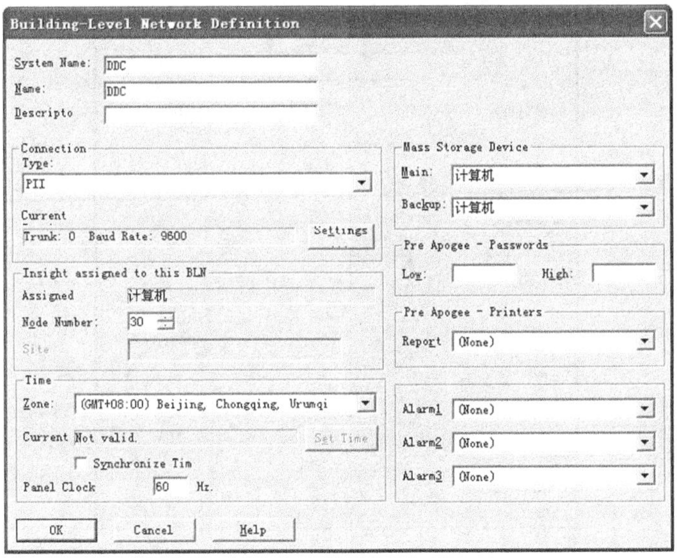

图 4 - 5

（4）拖动图标放到左边 30 : DDC 上释放，弹出“Field Panel Definition”对话框，如图 4－6 所示。

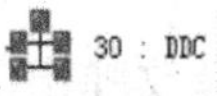

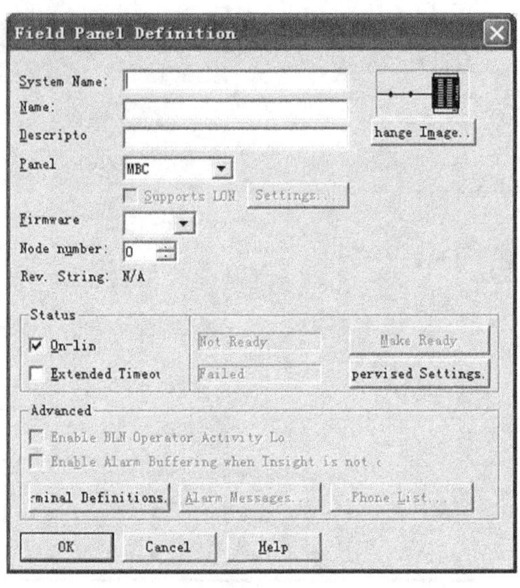

图 4－6

（5）在“System Name”框中输入名称“PXC16”，在“Panel”下拉列表选择“COMPACT”，在“Firmware”下拉列表选择“2.80”，在“Node number”框中输入 DDC 的地址为“1”（每个 DDC 都有自己的地址），单击“OK”按钮进行连接，如图 4－7 所示。

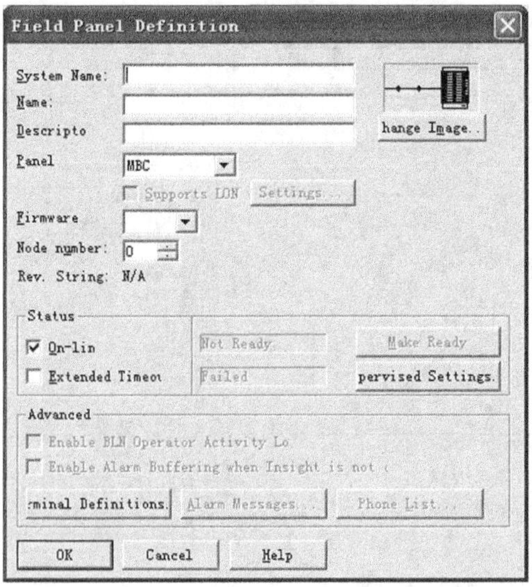

图 4－7

（6）DDC 连接成功，如图 4 - 8 所示。

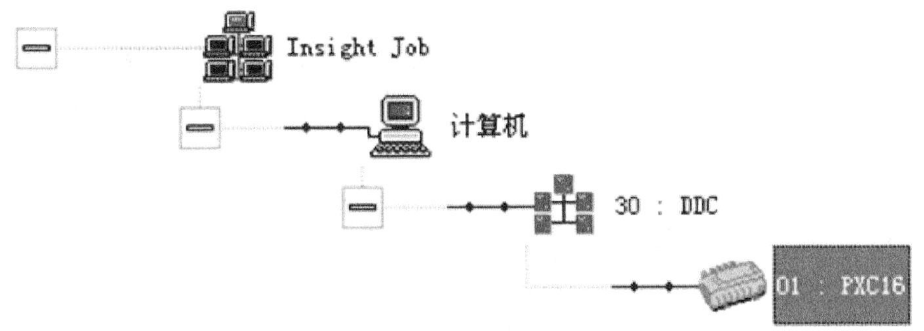

图 4 - 8

（7）打开 01 : PXC16，在 “Status” 里选中 “On - lir”，单击 “Make Ready”，左边会变成 “Ready”，单击 “OK” 按钮，如图 4 - 9 所示。

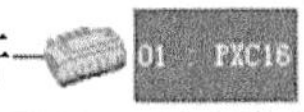

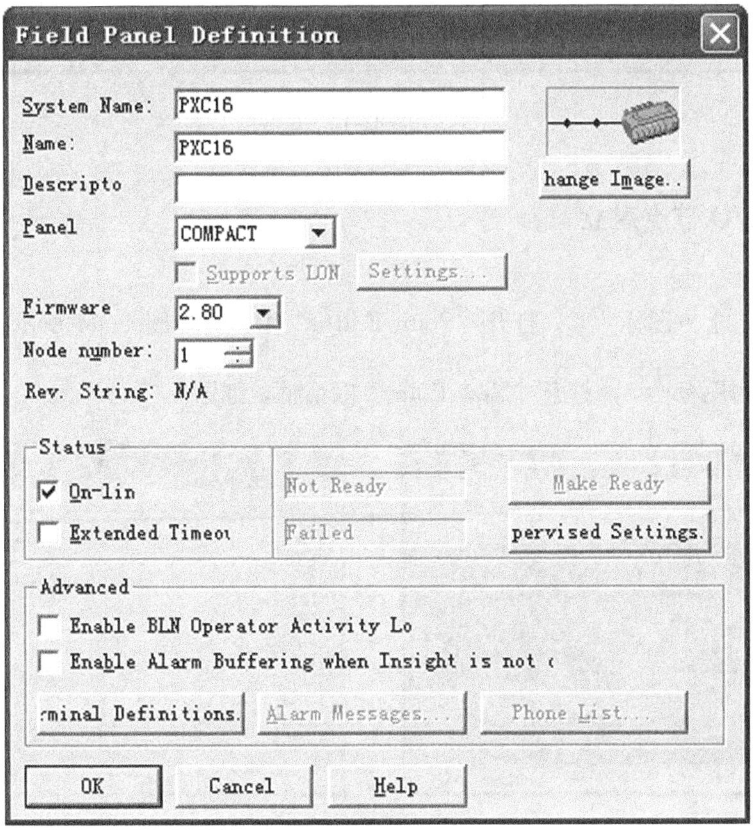

图 4 - 9

（8）打开 30 : DDC ，在“Time”框内单击 Set Time 按钮更新时间，如图 4 - 10 所示。

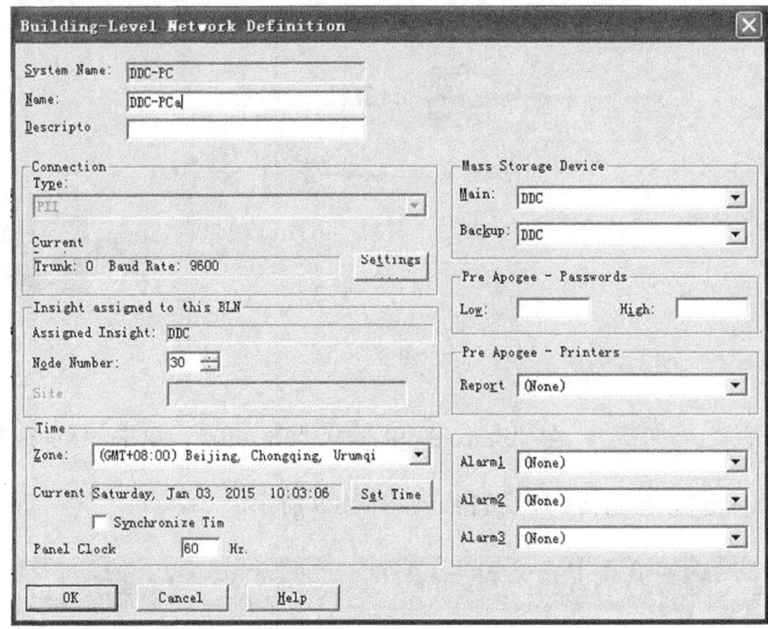

图 4 - 10

6.2 I/O 节点建立

（1）单击上方图标，打开“Point Editor”窗口，如图 4 - 11 所示。

（2）单击图标，打开“New Point”对话框，如图 4 - 12 所示。

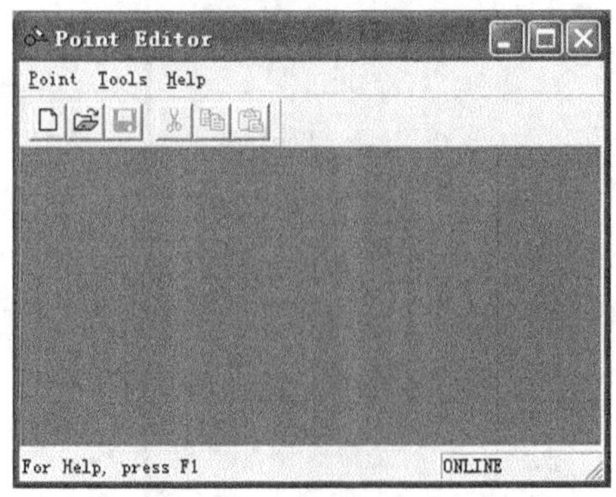

图 4 - 11

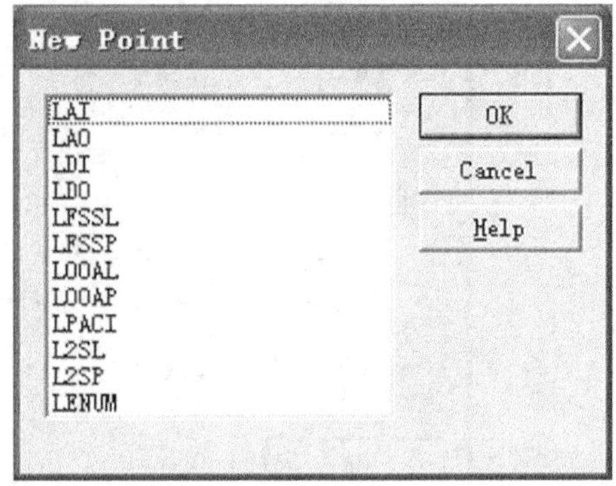

图 4 - 12

（3）创建“UI1（被动红外入侵探测器）”节点。

1）选择“LDI”创建数字量输入点，单击“OK”按钮，如图 4 - 13 所示。

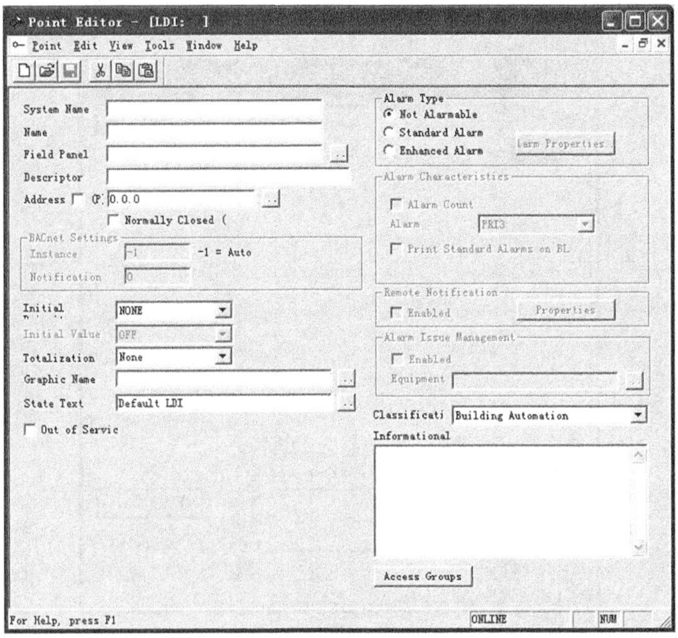

图 4 - 13

2）在“System Name”框输入“UI1”，在“Name”框输入“被动红外入侵探测器”，在“Address”框输入“0. 0. 1”，如图 4 - 14 所示。

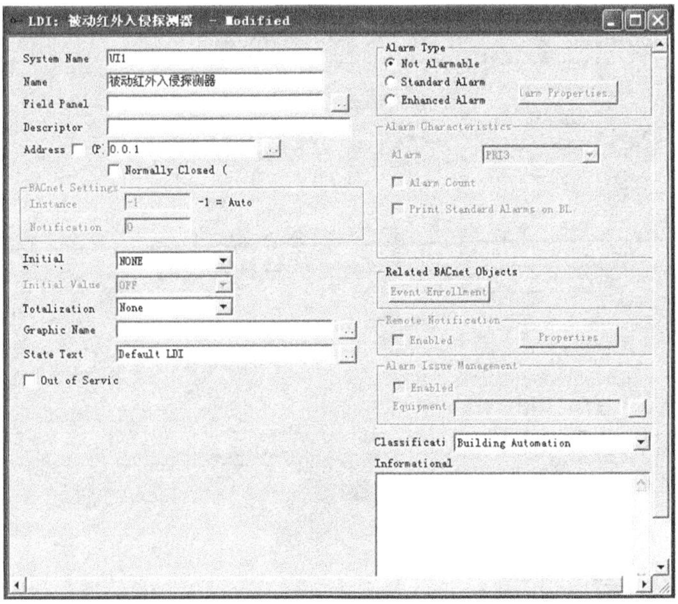

图 4 - 14

3）单击“Field Panel”右边按钮，弹出“Object Selector”对话框，单击“Find now”按钮，选择 DDC 主机“PXC16”，单击“OK”按钮，如图 4 - 15 所示。

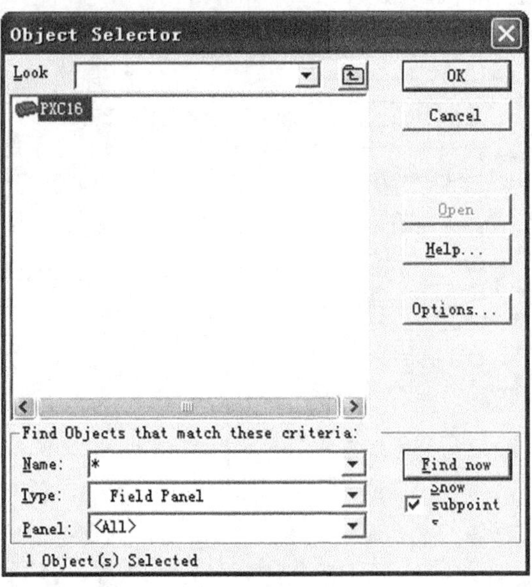

图 4 - 15

4）“UI1”创建完毕，单击右上角关闭按钮，如图 4 - 16 所示。

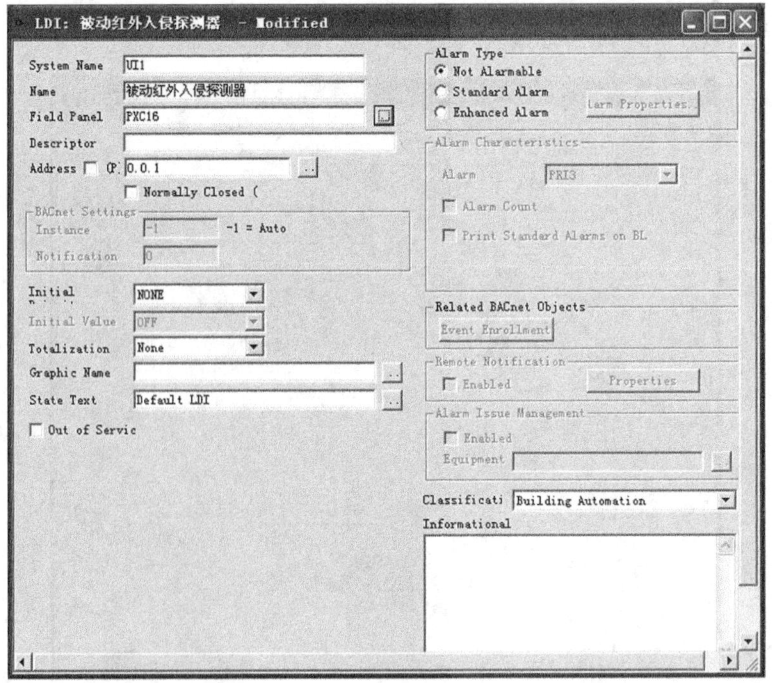

图 4 - 16

5）单击“是”按钮保存，如图 4 - 17 所示。

图 4 - 17

（4）创建“DI12（压差开关）”节点。在“Address”框输入“0. 0. 12”，方法同创建 UI1 一样，如图 4 - 18 所示。

（5）创建“DI13（防冻开关）”节点，在“Address”框输入“0. 0. 13”，方法同创建 UI1 一样，如图 4 - 19 所示。

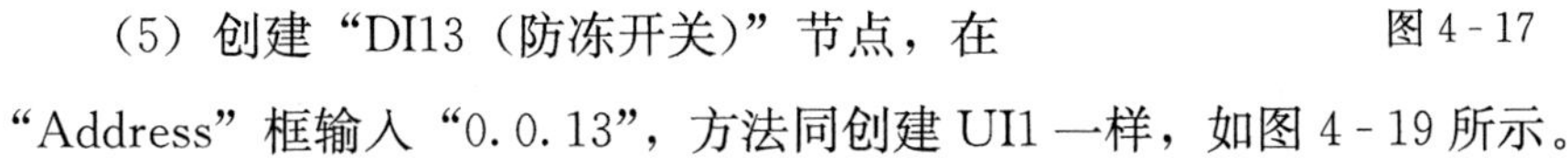

图 4 - 18

（6）创建“UI2（光照度传感器）”节点。

1）选择“LAI”创建模拟量输入点，单击“OK”按钮，如图 4 - 20 所示。

2）在“System Name”框输入“UI2”，在“Name”框输入“光照度传感器”，在“Address”框输入“0. 0. 2”，如图 4 - 21 所示。

3）单击“Field Panel”右边按钮，弹出“Object Selector”对话框，单击“Find now”按钮，选择 DDC 主机“PXC16”，单击“OK”按钮，如图 4 - 22 所示。

LDI: 防冻开关 - Modified
System Name DI13
Name 防冻开关
Field Panel PXC16
Descriptor
Address 0.0.13
Normally Closed (
BACnet Settings
Instance -1 -1 = Auto
Notification 0
Initial NONE
Initial Value OFF
Totalization None
Graphic Name
State Text Default LDI
Out of Servic
Alarm Type
Not Alarmable
Standard Alarm
Enhanced Alarm
larm Properties.
Alarm Characteristics
Alarm PRI3
Alarm Count
Print Standard Alarms on BL
Related BACnet Objects
Event Enrollment
Remote Notification
Enabled
Properties
Alarm Issue Management
Enabled
Equipment
Classificati Building Automation
Informational

图 4-19

LAI:
System Name
Name
Field Panel
Descriptor
Address 0.0.0
Sensor
Engineering
Wire 0
Slope 0
Intercept: 0
Dynamic COV 1
Slope/Intercept
Sensor Type Current
BACnet Settings
Instance -1 -1 = Auto
Notification 0
Initial NONE
Initial Value 0
Totalization None
Graphic Name
Out of Servic
Alarm Type
Not Alarmable
Standard Alarm
Enhanced Alarm
larm Properties.
Alarm Characteristics
High Alarm 0
Low Alarm 0
Alarm PRI3
Alarm Count 2
Print Standard Alarms on BL
Related BACnet Objects
Event Enrollment
Remote Notification
Enabled
Properties
Alarm Issue Management
Enabled
Equipment
Classificati Building Automation
Informational

图 4-20

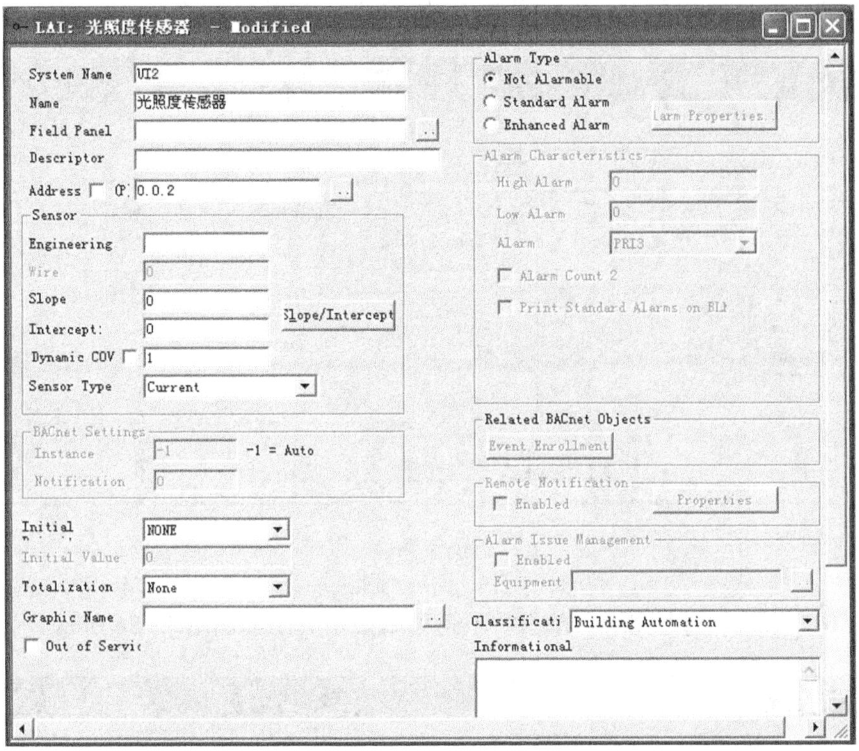

图 4－21

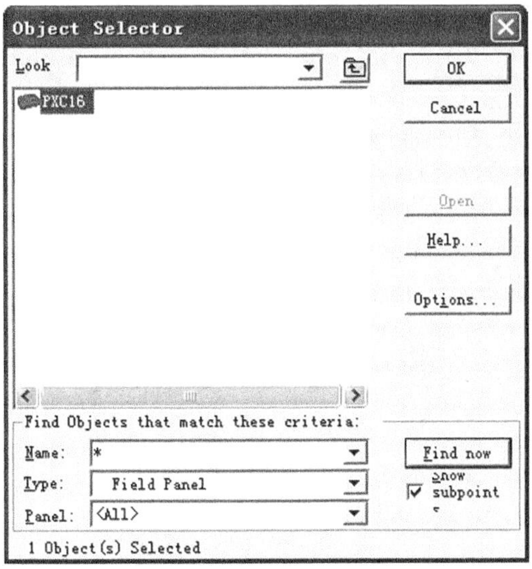

图 4－22

4）单击“Slope/Intercept”按钮，弹出“Slope Intercept Calculator”对话框，打开“Sensor”下拉列表，选择“Voltage”，选择“Calculate Using”中的“S. I.”，在

“Device Range”框输入“0”和“10”，单击“OK”按钮，如图 4 - 23 所示。

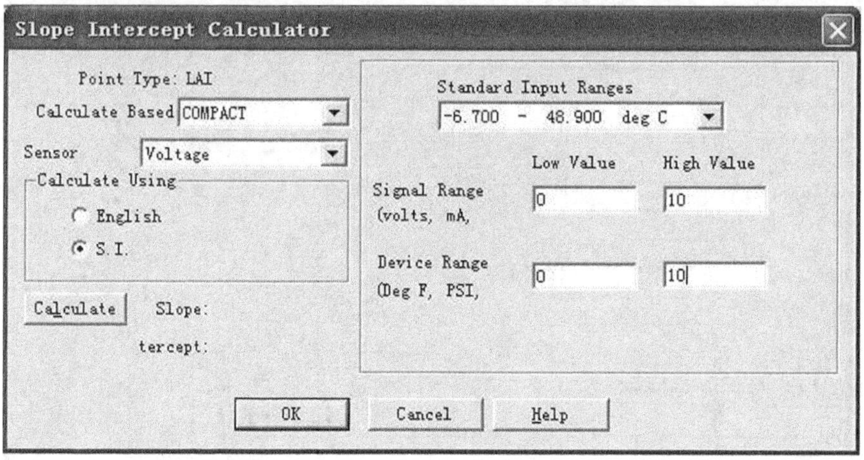

图 4 - 23

5）“UI2”创建完毕，单击右上角关闭按钮关闭，如图 4 - 24 所示。

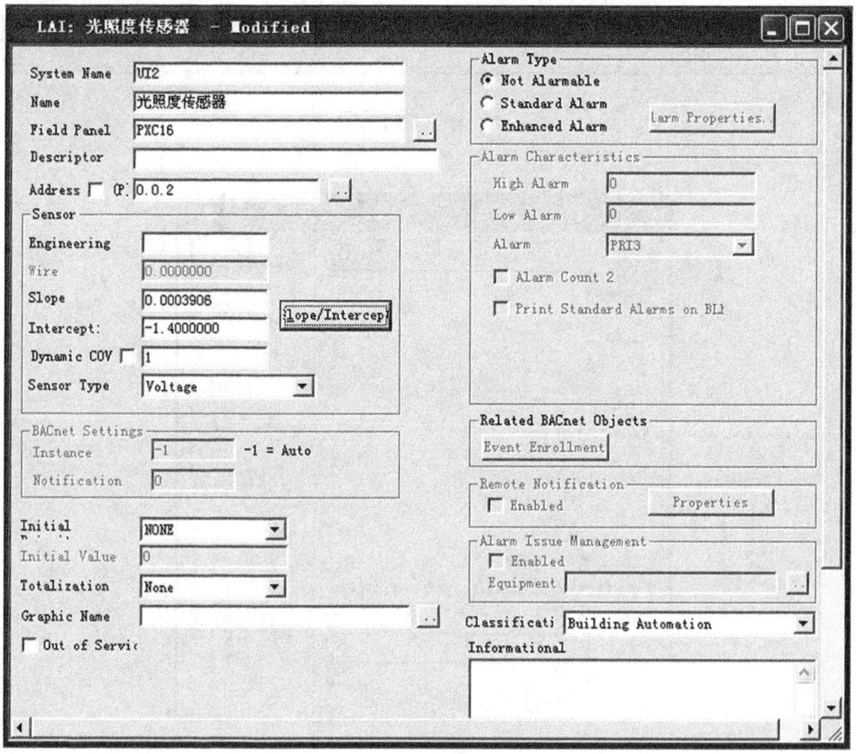

图 4 - 24

6）单击“是”按钮保存，如图 4 - 25 所示。

图 4 - 25

(7) 创建“UI3 (回风温度)”节点，在“Address”框输入“0. 0. 3”，方法同创建 UI2 一样，如图 4 - 26 所示。

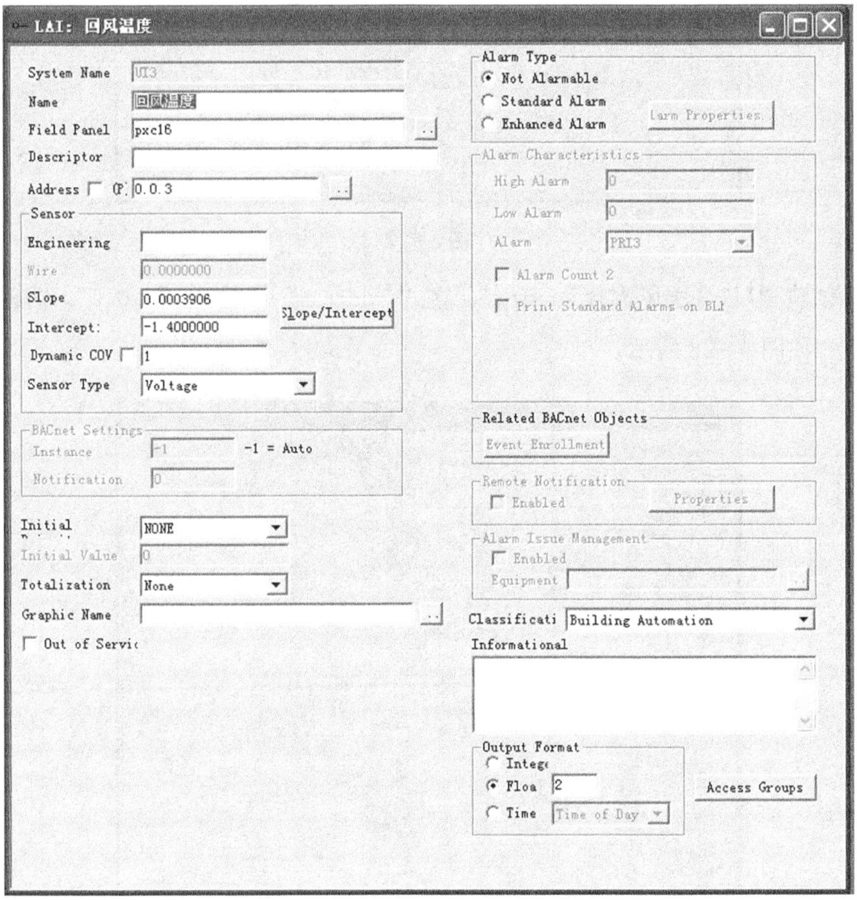

图 4 - 26

(8) 创建“U4 (回风湿度)”节点，在“Address”框输入“0. 0. 4”，方法同创建 UI2 一样，如图 4 - 27 所示。

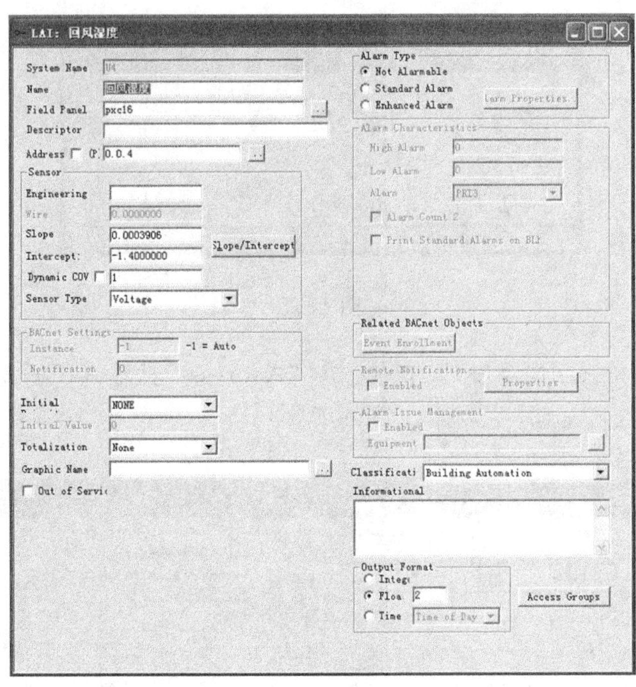

图 4-27

(9) 创建“U5（送风温度）”节点，在“Address”框输入“0.0.5”，方法同创建 UI2 一样，如图 4-28 所示。

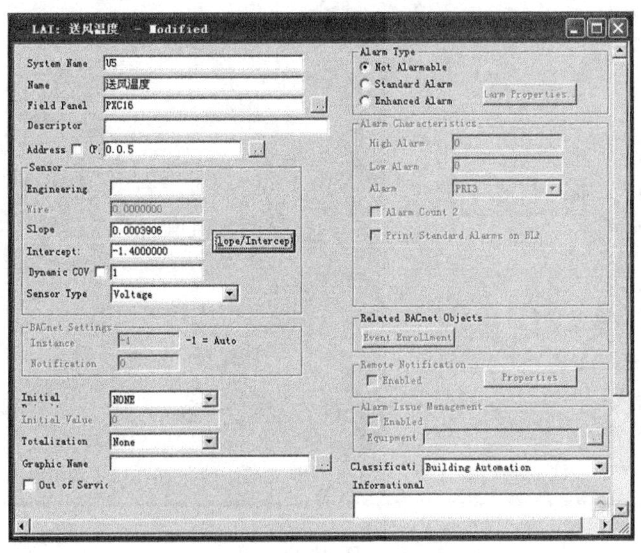

图 4-28

(10) 创建“U6（设定温度）”节点，在“Address”框输入“0.0.6”，方法同创建 UI2 一样，如图 4-29 所示。

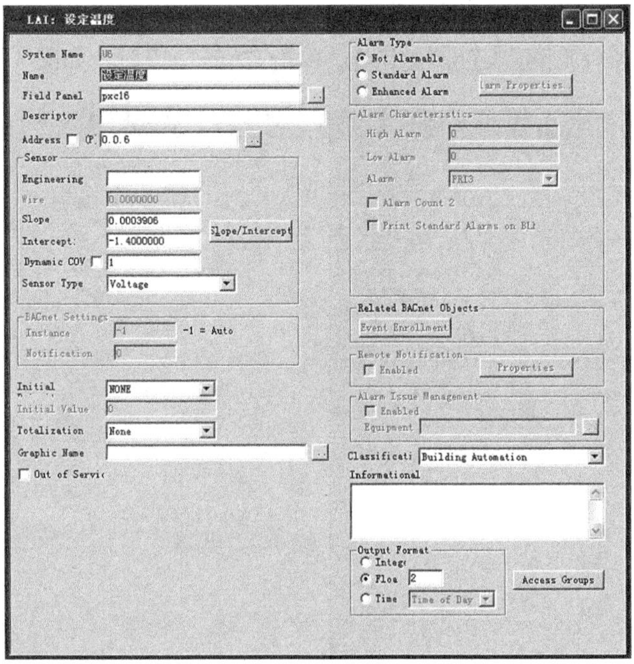

图 4 - 29

（11）创建“U7（设定湿度）”节点，在“Address”框输入“0. 0. 7”，方法同创建 UI2 一样，如图 4 - 30 所示。

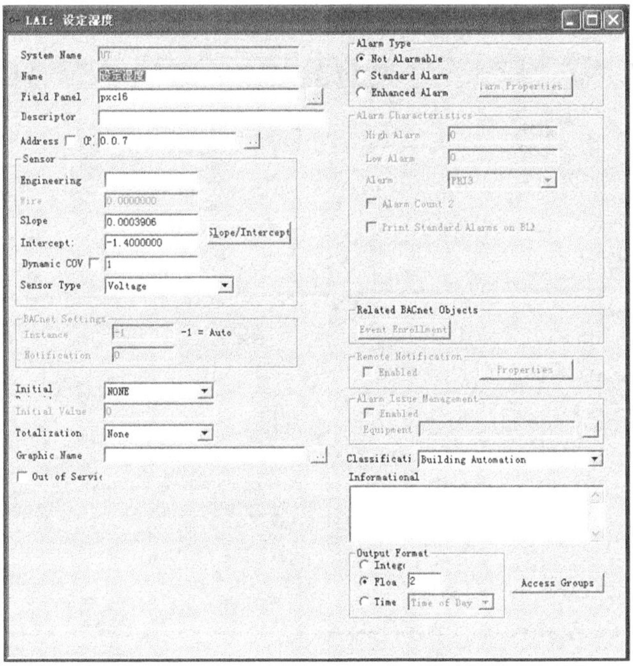

图 4 - 30

(12) 创建“DO14（日光灯)”节点。

1）选择“LDO”创建数字量输出点，单击“OK”按钮，如图 4-31 所示。

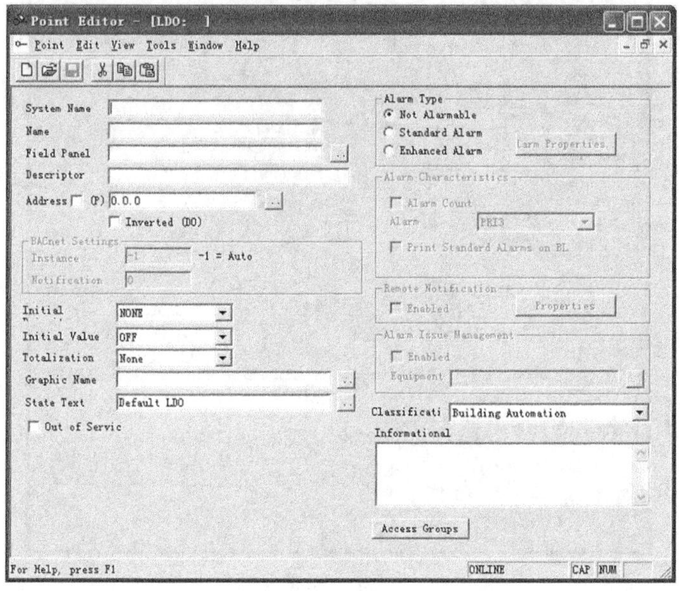

图 4-31

2）在“System Name”框输入“DO14”，在“Name”框输入“日光灯”，在“Address”框输入“0.0.14”，如图 4-32 所示。

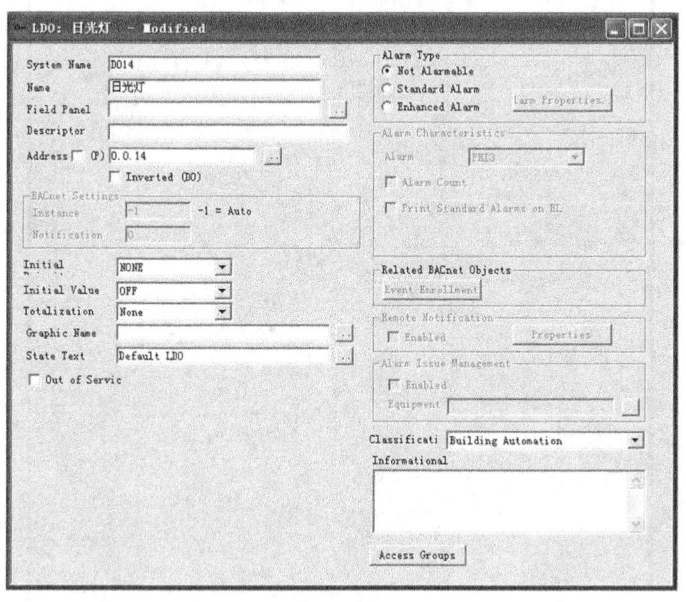

图 4-32

3）单击“Field Panel”右边按钮，弹出“Object Selector”对话框，单击“Find now”按钮，选择 DDC 主机“PXC16”，单击“OK”按钮，如图 4-33 所示。

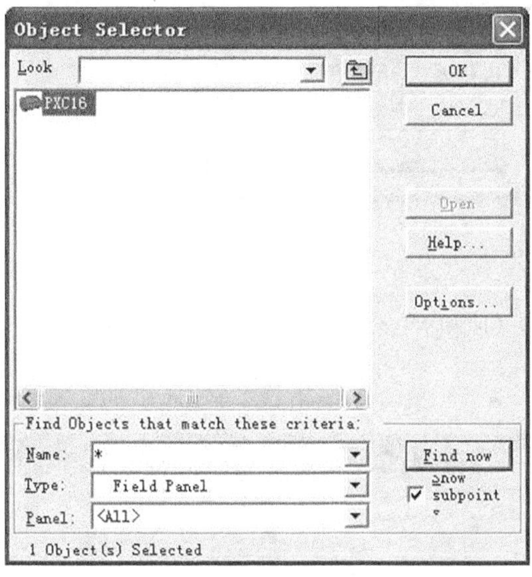

图 4-33

4）“DO14”创建完毕，单击右上角关闭按钮关闭，如图 4-34 所示。

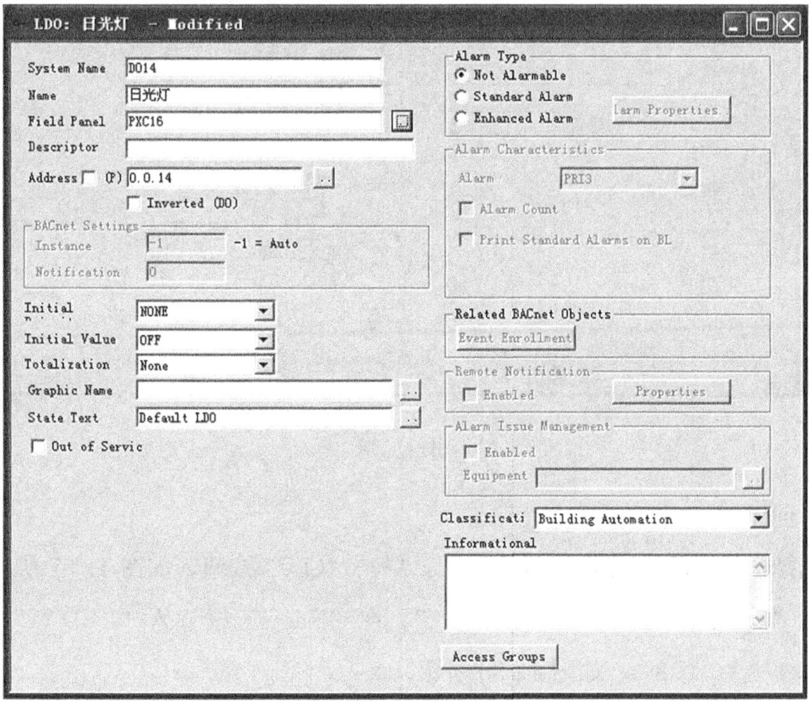

图 4-34

5）单击“是”按钮保存，如图 4-35 所示。

图 4-35

(13) 创建“DO15（风机)”节点，在“Address”框输入“0.0.15”，方法同创建 DO14，如图 4-36 所示。

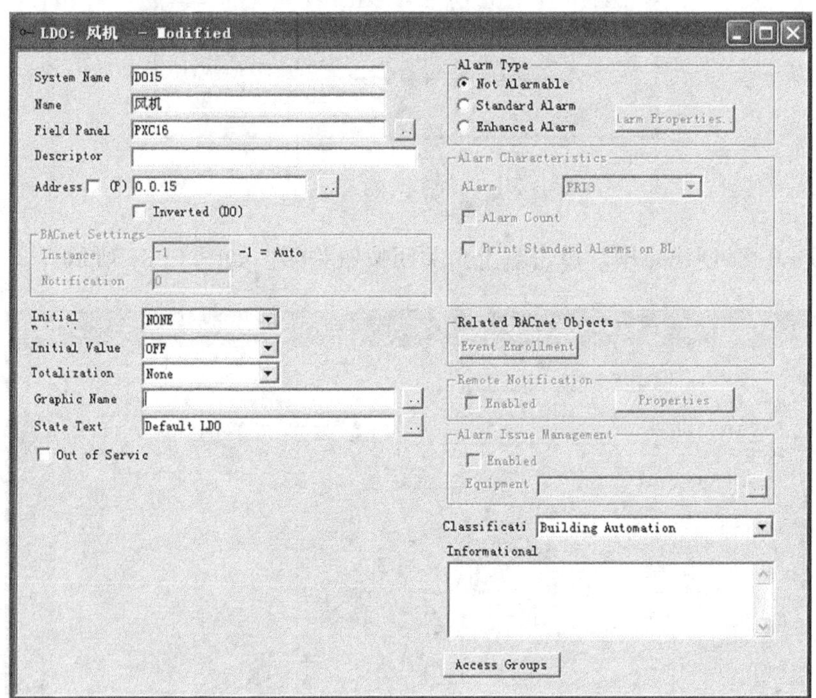

图 4-36

(14) 创建“U8（LED 灯)”节点。

1）选择“LAO”创建模拟量输出点，单击“OK”按钮，如图 4-37 所示。

2）在“System Name”框输入“U8”，在“Name”框输入“LED 灯”，在“Address”框输入“0.0.8”，如图 4-38 所示。

3）单击“Field Panel”右边按钮，弹出“Object Selector”对话框，单击“Find

now”按钮，选择 DDC 主机“PXC16”，单击“OK”按钮，如图 4－39 所示。

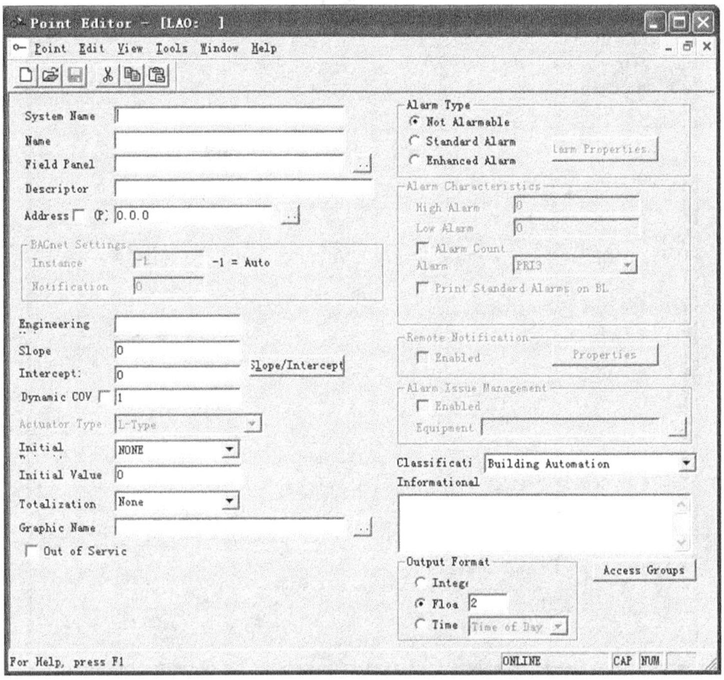

图 4－37

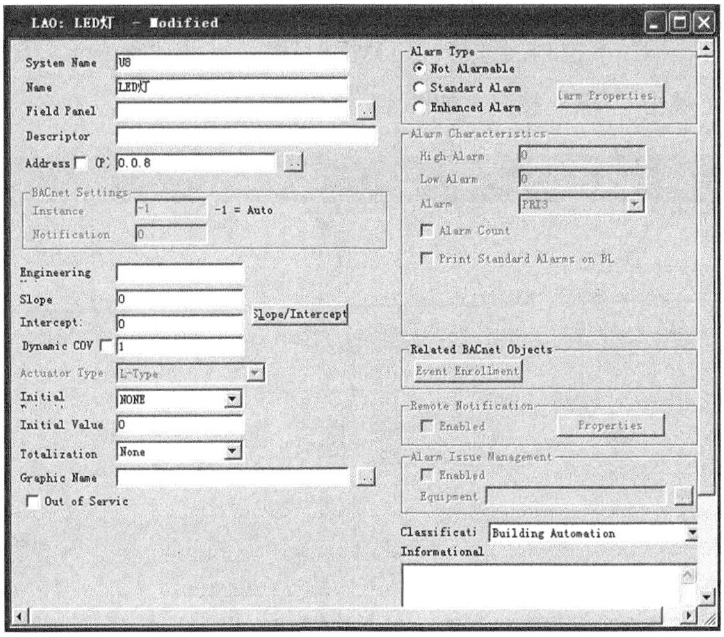

图 4－38

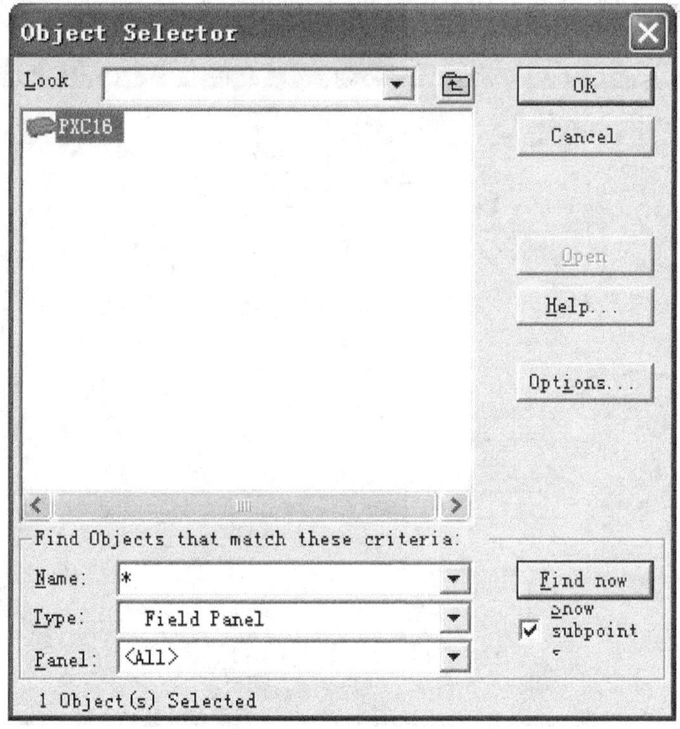

图 4 - 39

4）单击“Slope/Intercept”按钮，弹出“Slope Intercept Calculator”对话框，打开“Calculate Based”下拉列表选择“COMPACT”，打开“Sensor”下拉列表选择电压“Voltage”，单击“OK”按钮，如图 4 - 40 所示。

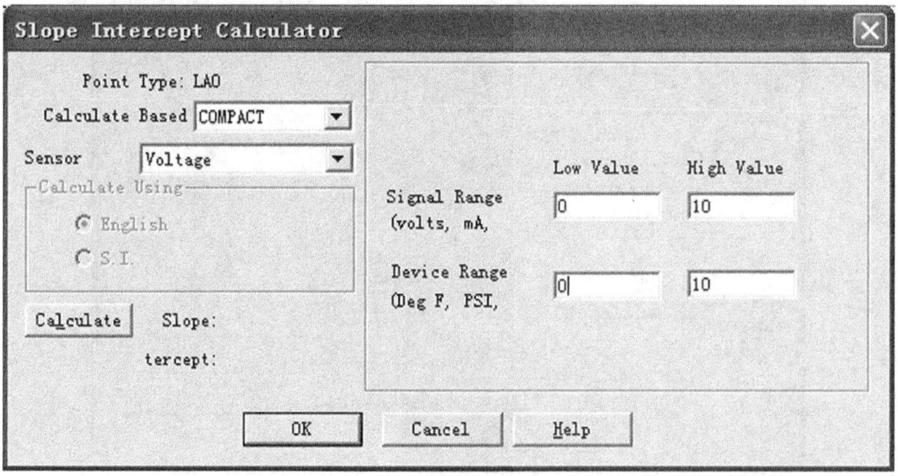

图 4 - 40

5)“U8”创建完毕，单击右上角关闭按钮关闭，如图 4-41 所示。

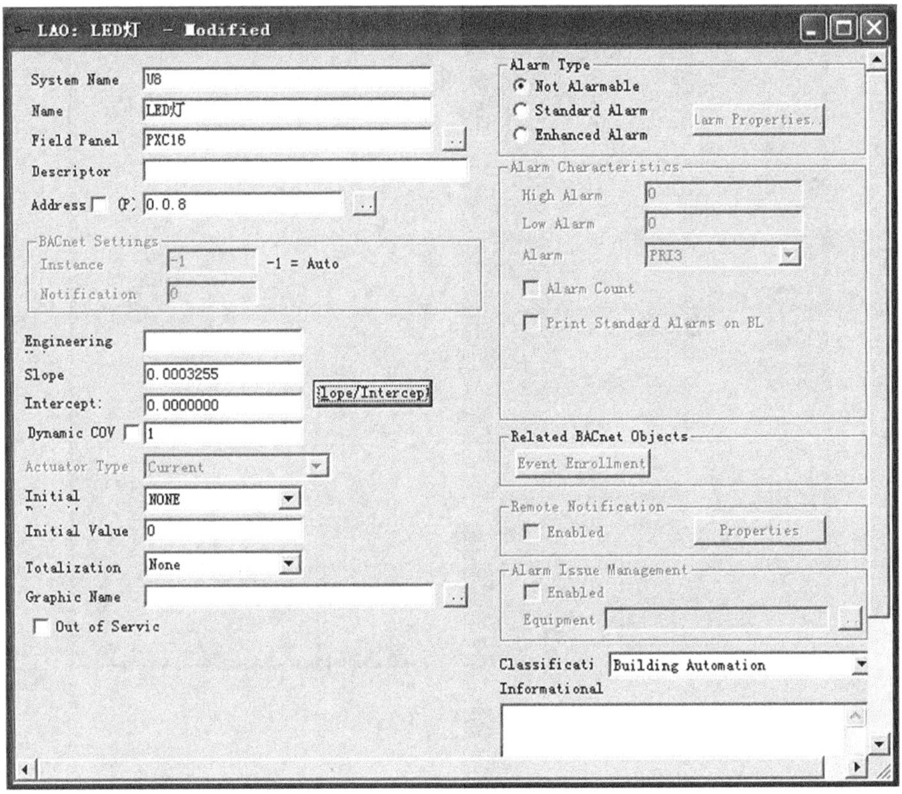

图 4-41

6)单击“是”按钮保存，如图 4-42 所示。

图 4-42

(15)创建“AO9（新风阀)”节点，在“Address”框输入“0.0.9”，方法同创建 U8，如图 4-43 所示。

(16)创建“AO10（水阀)”节点。在“Address”框输入“0.0.10”，方法同创建 U8，如图 4-44 所示。

(17)创建“AO11（加湿阀)”节点。在“Address”框输入“0.0.11”，方法同创

建 U8，如图 4-45 所示。

图 4-43

图 4-44

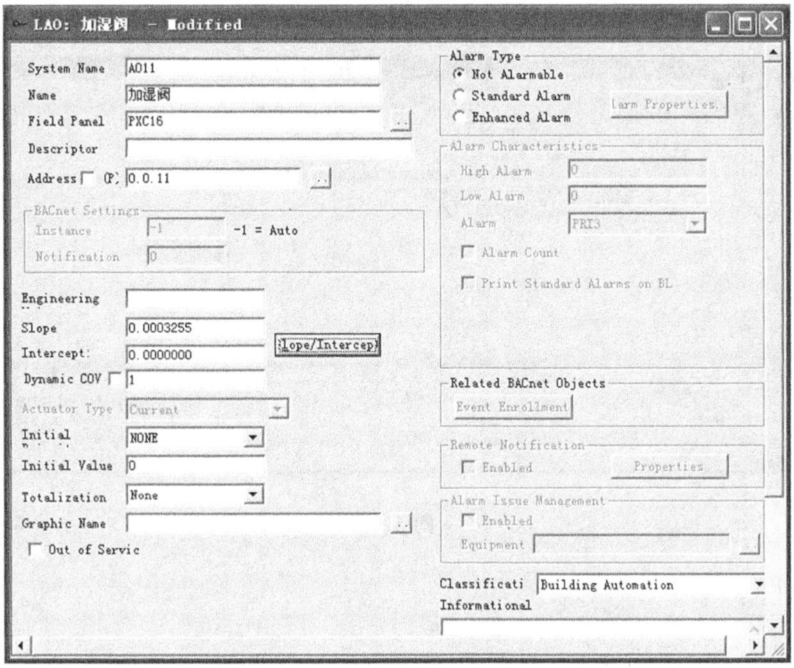

图 4 - 45

6.3　程序编写

(1) 单击上方图标，弹出“Program Editor”窗口，如图 4 - 46 所示。

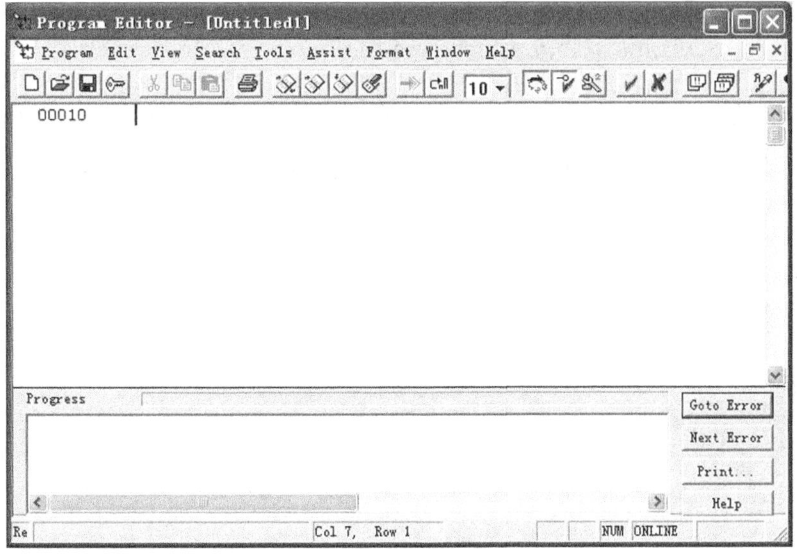

图 4 - 46

（2）输入对象所需程序，如图 4 - 47 所示。

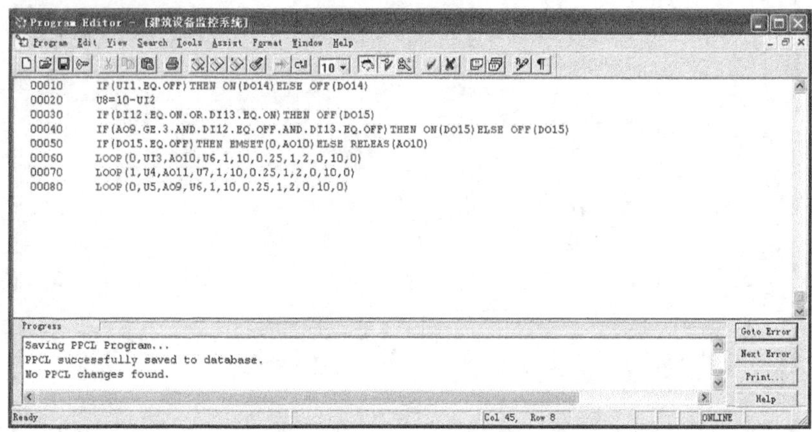

图 4 - 47

程序如下：

```
00010IF(UI1. EQ. OFF)THEN ON(DO14)ELSE OFF(DO14)
00020U8 = 10 - UI2
00030IF(DI12. EQ. ON. OR. DI13. EQ. ON)THEN OFF(DO15)
00040IF(AO9. GE. 3. AND. DI12. EQ. OFF. AND. DI13. EQ. OFF)THEN ON(DO15)ELSE OFF(DO15)
00050IF(DO15. EQ. OFF)THEN EMSET(0,AO10)ELSE RELEAS(AO10)
00060LOOP(0,U3,AO10,UI6,1,10,0. 25,1,2,0,10,0)
00070LOOP(1,U4,AO11,UI7,1,10,0. 25,1,2,0,10,0)
00080LOOP(0,U5,AO9,UI6,1,10,0. 25,1,2,0,10,0)
```

（3）单击保存，输入名称，绑定主机，单击“OK”按钮，如图 4 - 48 所示。

图 4 - 48

6.4　组态画面建立

（1）单击上面图标，打开“Graphics”窗口，如图 4-49 所示。

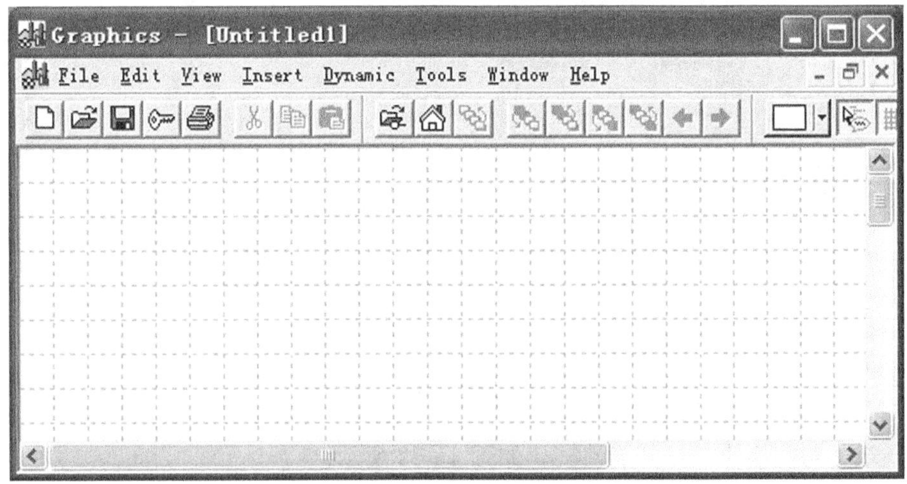

图 4-49

（2）选择“Insert”菜单中的“Information Block”创建 DI 或 DO 模块，如图 4-50 所示。

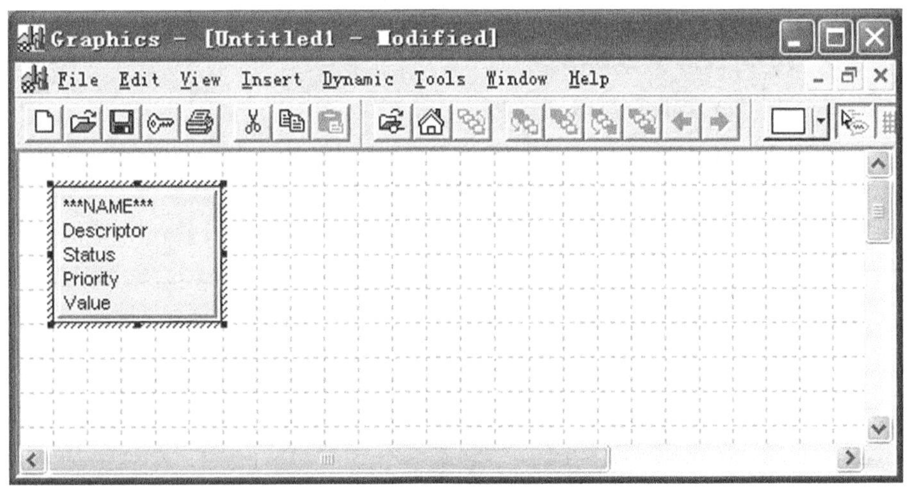

图 4-50

（3）创建 15 个“Information Block”，创建 3 个 DI、2 个 DO、6 个 AI 和 4 个 AO，如图 4-51 所示。

（4）功能模块配置 UI1（被动红外入侵探测器）属性。

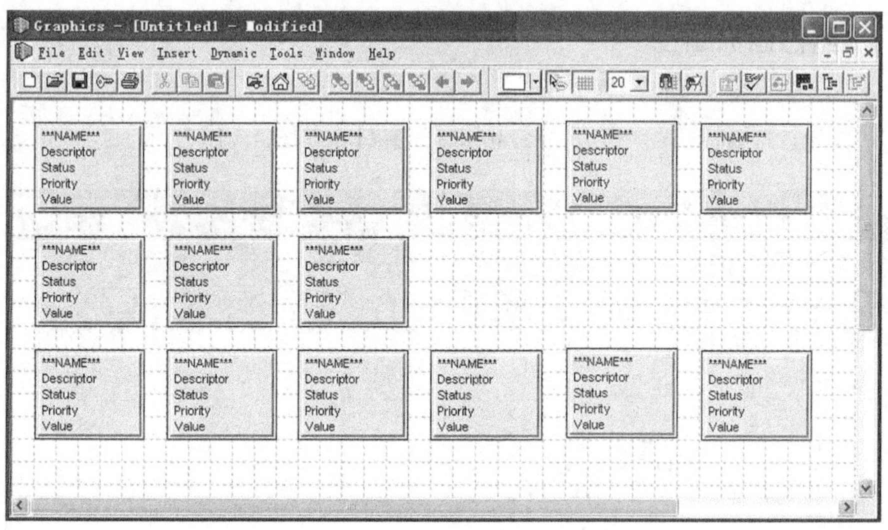

图 4 - 51

1）双击功能模块，打开属性框，如图 4 - 52 所示。

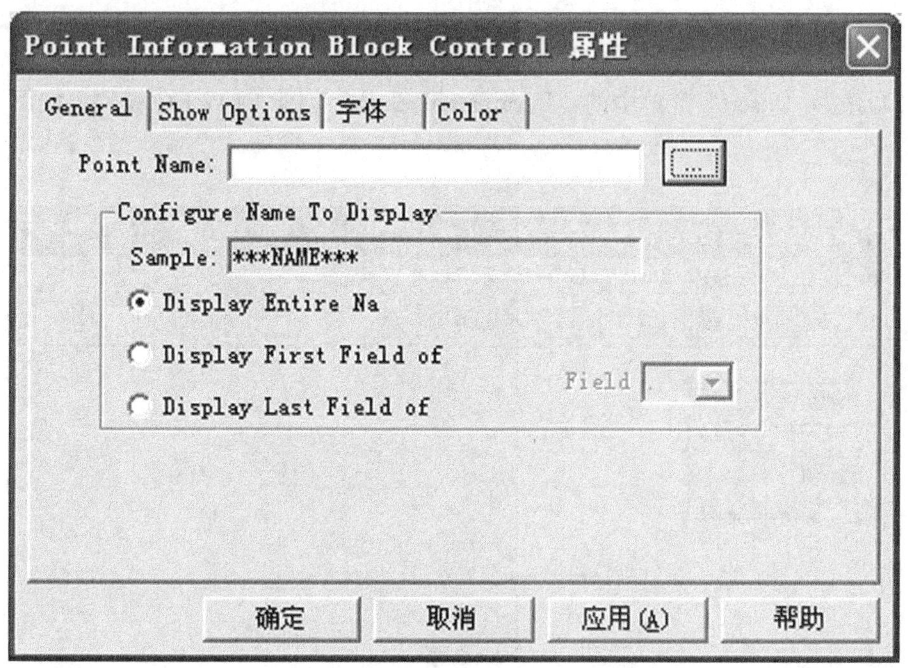

图 4 - 52

2）单击“Point Name”右边按钮，弹出“Object Selector”对话框，单击“Find now”按钮，选择“被动红外入侵探测器”，单击“OK”按钮，如图 4 - 53 所示。

3）选择“Show Options”选项卡，在“Fields”框中去掉“Descriptor”“Status”

图 4 - 53

及“Priority”选项，如图 4 - 54 所示。

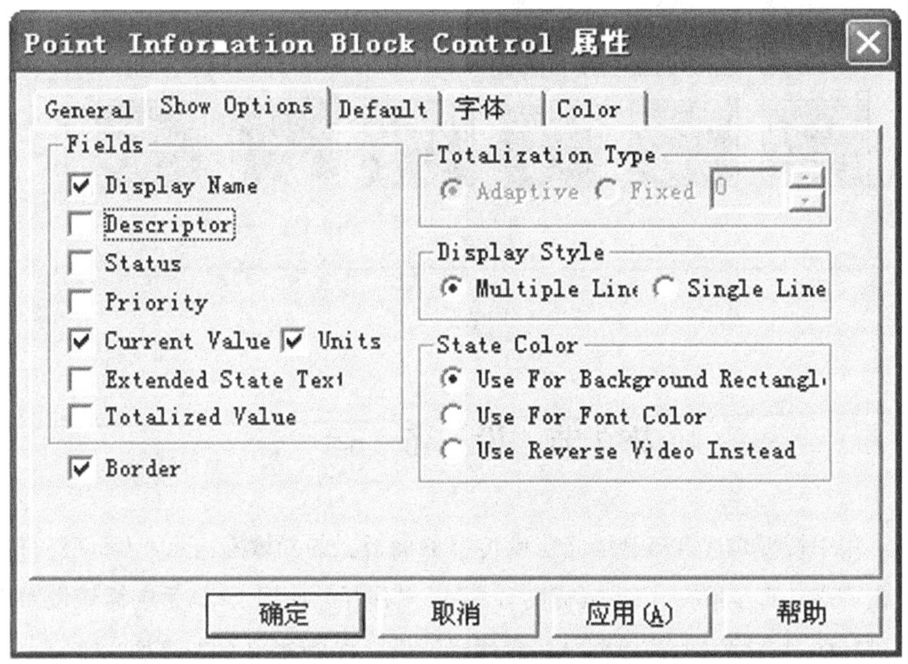

图 4 - 54

4）单击“确定”按钮，完成 UI1（被动红外入侵探测器）配置属性。

（5）其他属性配置同 UI1（被动红外入侵探测器），如图 4 - 55 所示。

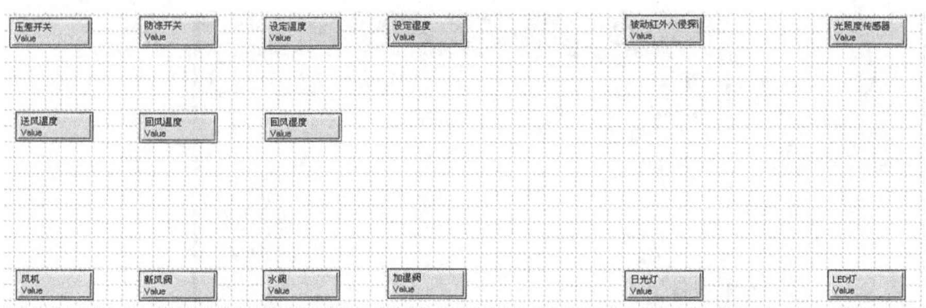

图 4-55

(6) 单击工具栏中的图标，运行监控画面，如图 4-56 所示。

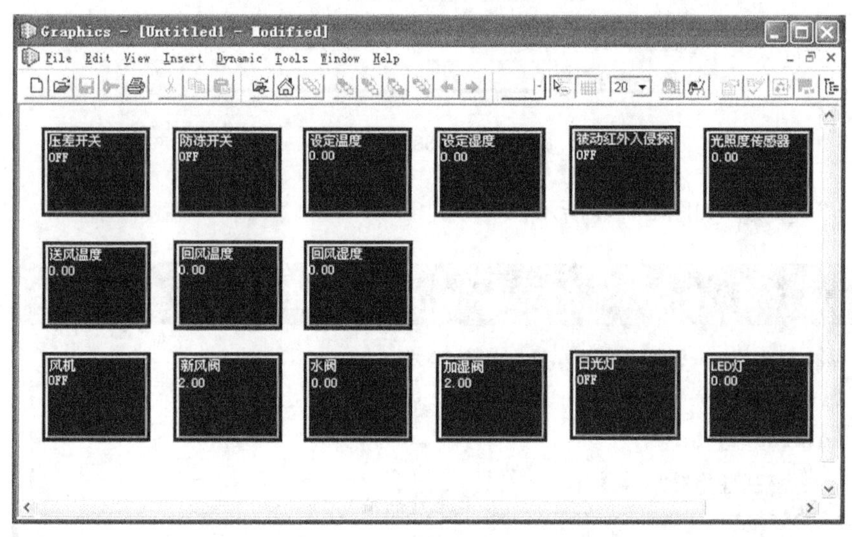

图 4-56

第7节 设 备 运 行

(1) 用手慢慢靠近直至遮挡光照度传感器面板上的光敏感应点，LED 灯将从当前亮度慢慢调高，直至最亮（100%亮度）；手慢慢移开并使用 LED 手电筒慢慢对准光敏感应点进行照射，LED 灯亮度将从最亮慢慢调低，直至熄灭（0%亮度）。

(2) 人走进被动红外探测器有效探测区域，其面板上的动作指示灯亮，DDC 控制模块的 DO2 指示灯亮，日光灯点亮；人走出被动红外探测器有效探测区域，其面板上的动作指示灯灭，等待 5s 后，DDC 控制模块的 DO2 指示灯灭，日光灯熄灭。

（3）设定房间目标温度 25°（制冷模式），系统能根据室内采集回风温度（模拟设置 30°）对水阀 PID 控制进行增加。

（4）设定房间目标湿度 30RH%（制冷模式），系统能根据室内采集回风湿度（模拟设置 20°）对加湿阀 PID 控制进行增加。

（5）模拟设置房间当前送风温度 30°（制冷模式），系统能根据室内采集送风温度（模拟设置 30°）对新风阀 PID 控制进行增加。

（6）当新风阀开度小于 3%时，风机不能运行，大于 3%时且压差开关与防冻开关无动作时，风机启动。

（7）模拟压差开关报警按下按钮后，停止送风机运行。

（8）模拟防冻开关报警按下按钮后，停止送风机运行。

（9）运行一段时间，送风温度下降（模拟设置 20°），新风阀开度小于 3%时，能停止送风机运行。

第 5 章　楼宇智能化火灾报警联动及其系统

第 1 节　系统拓扑结构

楼宇智能化火灾报警联动及其系统拓扑结构如图 5 - 1 所示。

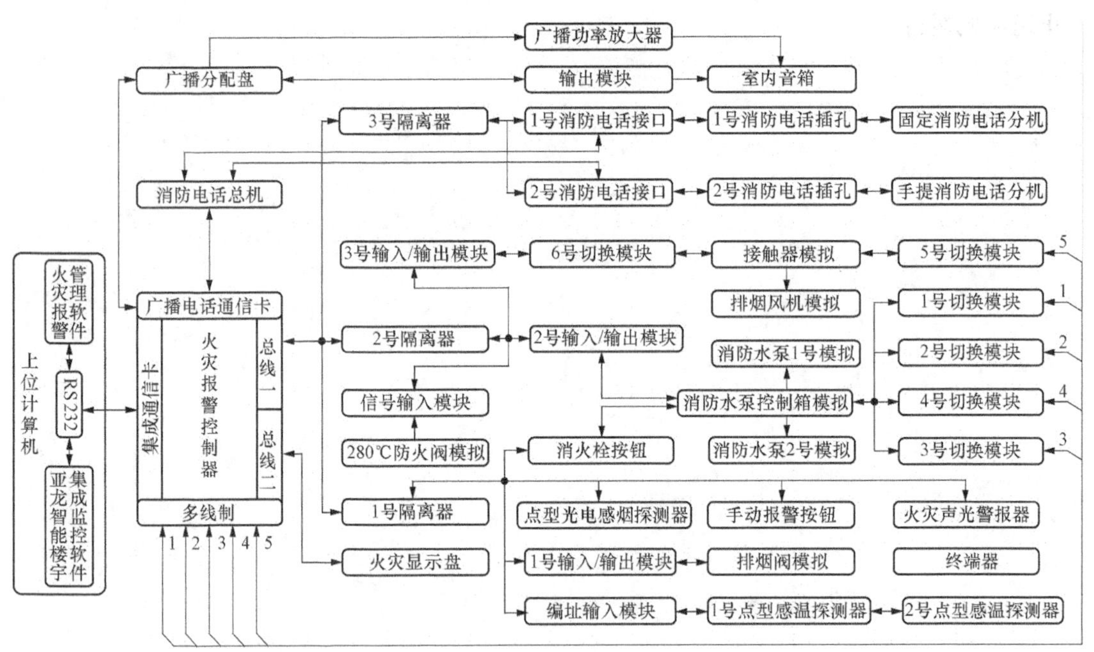

图 5 - 1

第 2 节　器　材　准　备

楼宇智能化火灾报警及联动器材准备清单见表 5 - 1。

表 5 - 1　　楼宇智能化火灾报警及联动器材准备清单

序号	器材名称	数量	单位
1	火灾报警控制器	1	台
2	集成通信卡	1	块
3	广播电话通信卡	1	块
4	消防电话总机	1	台
5	电话话筒	1	个
6	广播分配盘	1	台
7	广播话筒	1	个
8	广播功率放大器	1	台
9	电子编码器	1	个
10	信号输入模块	1	个
11	输入/输出模块	3	个
12	输出模块	1	个
13	消防电话接口	2	个
14	消防电话插孔	2	个
15	隔离器	3	个
16	编制输入模块	1	个
17	终端器	1	个
18	固定消防电话分机	1	个
19	手提消防电话分机	1	个
20	点型感温探测器	2	个
21	点型光电感烟探测器	1	个
22	通用底座	3	个
23	火灾显示盘	1	个
24	火灾声光警报器	1	个
25	消火栓按钮	1	个
26	手动报警按钮	1	个
27	通用复位钥匙	1	把
28	室内音箱	1	个
29	排烟阀模拟	1	个
30	切换模块	6	个
31	接触器模拟	1	个
32	消防水泵模拟	2	个

续表

序号	器材名称	数量	单位
33	排烟风机模拟	1	个
34	280℃防火阀模拟	1	个
35	消防水泵控制箱模拟	1	个
36	火灾报警管理软件	1	套
37	亚龙智能楼宇集成监控软件	1	套
38	上位计算机	1	台
39	UTP 超五类 4 对非屏蔽电缆	1	批
40	弱电线缆	1	批
41	膨胀紧固件	1	批
42	自攻螺钉	1	批

第3节　功　能　需　求

楼宇智能化火灾报警联动及其集成系统功能需求（评分标准）见表 5-2。

表 5-2　　楼宇智能化火灾报警联动及其集成系统功能需求（评分标准）表

序号	功能需求（评分标准）	分值
1	火灾报警控制器、消防电话总机、广播分配盘、广播功率放大器在待机状态时，无报警、无故障	6
2	广播电话的消防电话接口 1 号地址为“7”	1
3	广播电话的消防电话接口 2 号地址为“8”	1
4	广播电话的输出模块地址为“9”	1
5	探测报警的消火栓按钮地址为“10”	1
6	探测报警的手动报警按钮地址为“11”	1
7	探测报警的输入/输出模块地址为“12”	1
8	探测报警的输入模块地址为“13”	1
9	探测报警的点型光电感烟探测器地址为“14”	1
10	探测报警的火灾声光警报器地址为“15”	1
11	联动控制的输入模块地址为“16”	1
12	联动控制的输入/输出模块 1 号地址为“17”	1
13	联动控制的输入/输出模块 2 号地址为“18”	1
14	火灾报警控制器的“现场设备检查”总数为“12”	1

续表

序号	功能需求（评分标准）	分值
15	火灾报警控制器的“手动盘检查”总线有效为“5”	1
16	火灾报警控制器的“多线制检查”总数有效为“5”	1
17	火灾报警控制器的“广播电话盘检查”总数有效为“2”	1
18	按火灾报警控制器的键值“1”，启动消防广播	3
19	按火灾报警控制器的键值“2”，启动排烟阀模拟	3
20	按火灾报警控制器的键值“3”，启动火灾声光警报器	3
21	按火灾报警控制器的键值“4”，启动消防水泵 1 号模拟或消防水泵 2 号模拟	6
22	按火灾报警控制器的键值“5”，启动排烟风机模拟	3
23	按火灾报警控制器的多线制按钮“1”，启动消防水泵 1 号模拟	3
24	按火灾报警控制器的多线制按钮“2”，停止消防水泵 1 号模拟	3
25	按火灾报警控制器的多线制按钮“3”，启动消防水泵 2 号模拟	3
26	按火灾报警控制器的多线制按钮“4”，停止消防水泵 2 号模拟	3
27	按火灾报警控制器的多线制按钮“5”，控制排烟风机模拟的启动和停止	3
28	消防水泵控制箱模拟可以手动启动和停止消防水泵 1 号模拟和消防水泵 2 号模拟	3
29	按下手动报警按钮，立即启动火灾声光警报器	3
30	点型光电感烟探测器或点型感温探测器动作，延时 3s 启动排烟阀模拟	5
31	火灾报警控制器报警时，能自动打印报警信息	3
32	按下消火栓按钮，立即启动消防水泵 1 号模拟或消防水泵 2 号模拟	5
33	280℃防火阀模拟报警时，立即启动消防水泵 1 号模拟或消防水泵 2 号模拟，排烟风机模拟延时 5s 后启动	6
34	消防电话分机（100A）能呼叫消防电话总机，并能互相通话	2
35	消防电话分机（100B）能呼叫消防电话总机，并能互相通话	2
36	广播分配盘能实现应急广播	2
37	广播分配盘能实现正常广播	2
38	消防电话总机能呼叫地址为“7”的消防电话，并能互相通话	2
39	消防电话总机能呼叫地址为“8”的消防电话，并能互相通话	2
40	火灾报警管理软件能编写联动公式并下载到火灾报警控制器	3
41	火灾报警管理软件能上传火灾报警控制器的设置信息	3
42	火灾报警管理软件能控制设备负载和报警输出的启动与停止	2

第 4 节　线　路　连　接

楼宇智能化火灾报警联动及其集成系统如图 5 - 2 和图 5 - 3 所示。

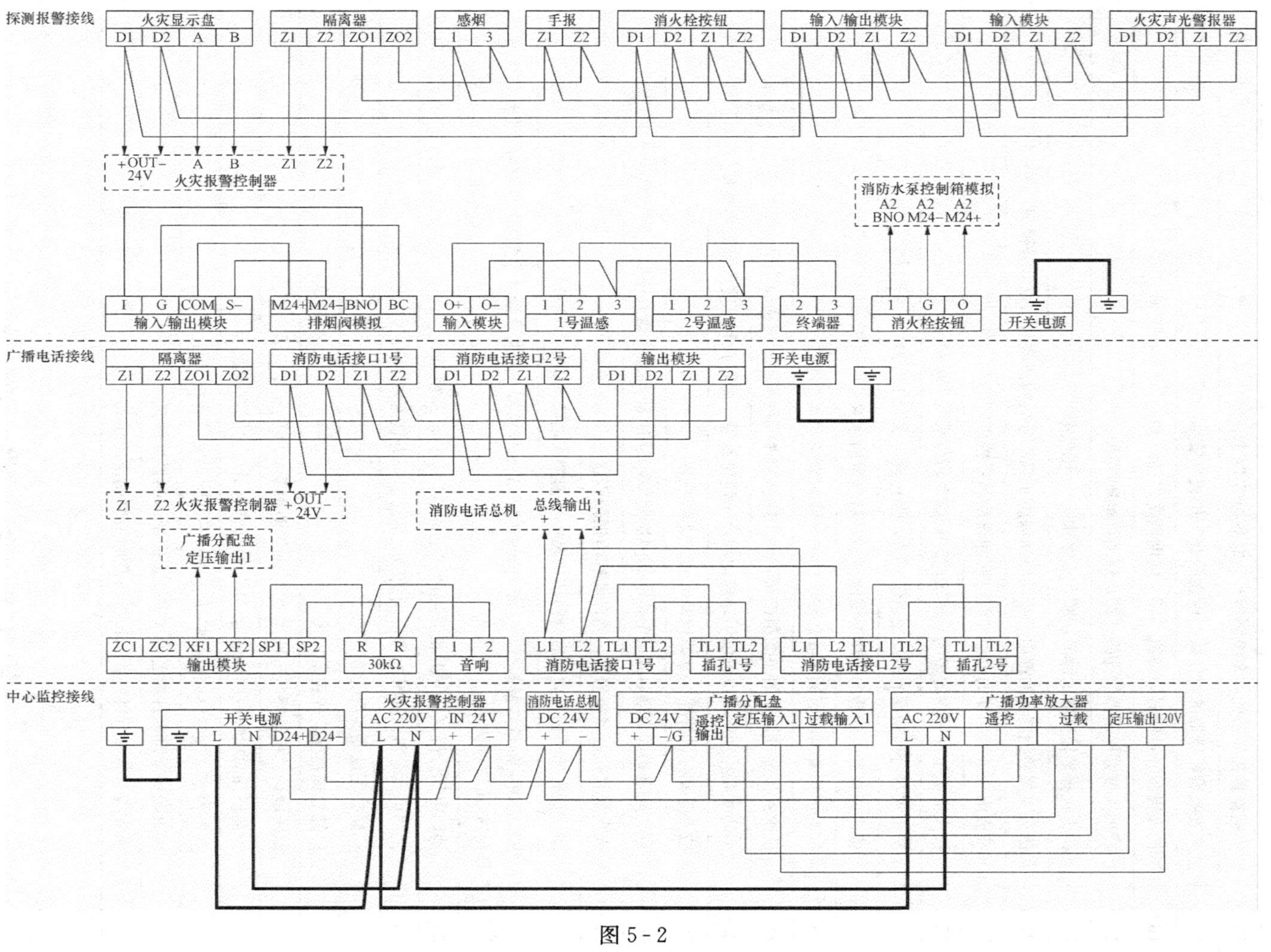
探测报警接线
火灾显示盘
隔离器
感烟
手报
消火栓按钮
输入/输出模块
输入模块
火灾声光警报器
火灾报警控制器
消防水泵控制箱模拟
输入/输出模块
排烟阀模拟
输入模块
1号温感
2号温感
终端器
消火栓按钮
开关电源
广播电话接线
隔离器
消防电话接口1号
消防电话接口2号
输出模块
开关电源
Z1 Z2 火灾报警控制器 +OUT− 24V
消防电话总机 总线输出
广播分配盘
定压输出1
输出模块
30kΩ
音响
消防电话接口1号
插孔1号
消防电话接口2号
插孔2号
中心监控接线
开关电源
火灾报警控制器
消防电话总机
广播分配盘
广播功率放大器

图 5－2

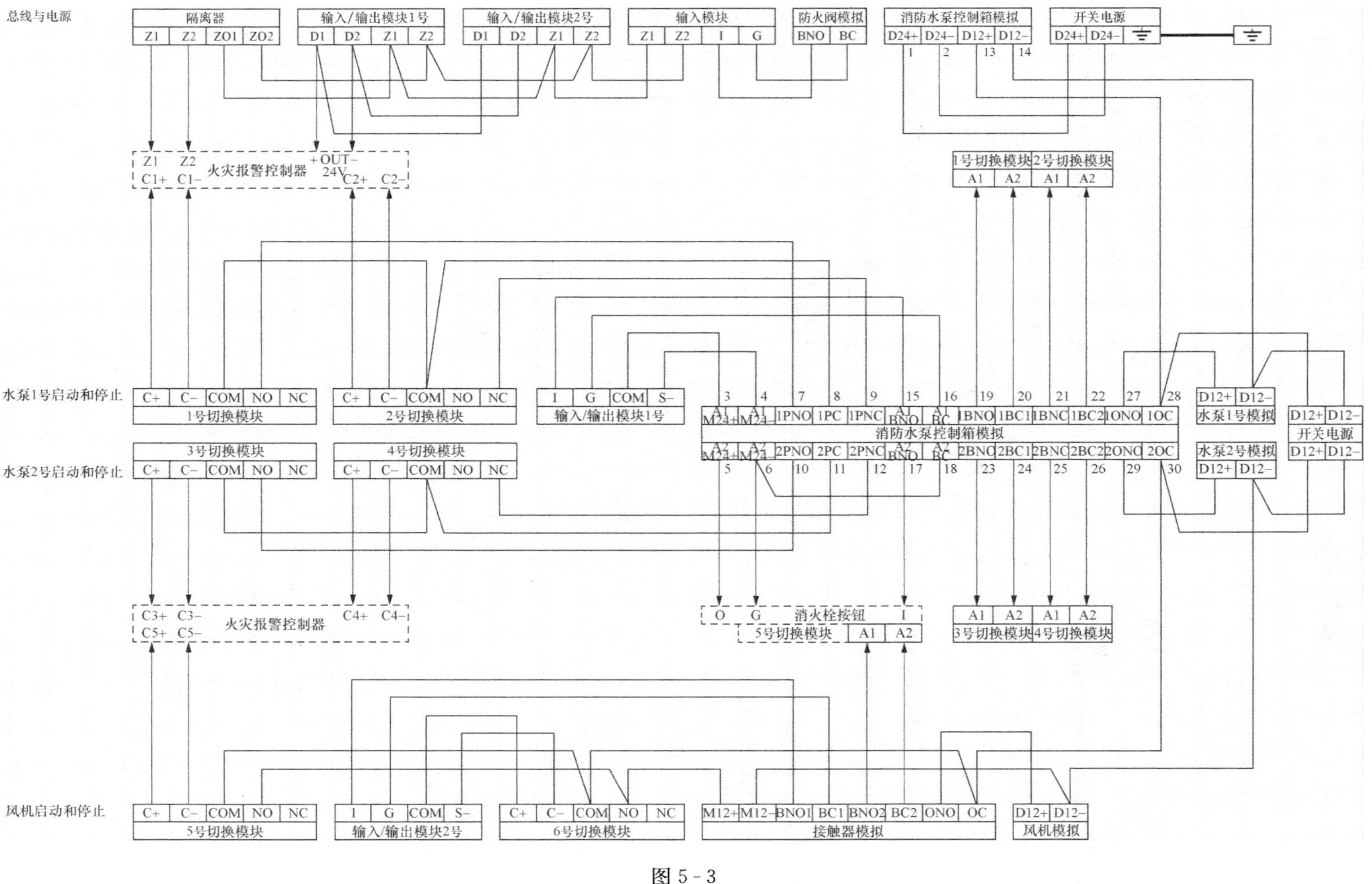
总线与电源
隔离器
输入/输出模块1号
输入/输出模块2号
输入模块
防火阀模拟
消防水泵控制箱模拟
开关电源
火灾报警控制器
1号切换模块
2号切换模块
水泵1号启动和停止
水泵2号启动和停止
3号切换模块
4号切换模块
输入/输出模块1号
消防水泵控制箱模拟
水泵1号模拟
水泵2号模拟
开关电源
火灾报警控制器
消火栓按钮
5号切换模块
3号切换模块
4号切换模块
风机启动和停止
5号切换模块
输入/输出模块2号
6号切换模块
接触器模拟
风机模拟

图 5－3

第5节 硬件设备配置

5.1 编码器使用

(1) 编码。打开编码器的电源，按“清除”键。将编码器连接线的一端插在编码器的总线插口内，另一端的两个夹子分别夹在设备总线端“Z1”“Z2”或点型光电感烟探测器的“1”“3”对角（不分极性）。按需要设置的编码地址（如“7”），再按“编码”键，显示“P”，即编码成功。

(2) 读码。打开编码器的电源，按“清除”键。将编码器连接线的一端插在编码器的总线插口内，另一端的两个夹子分别夹在设备总线端子“Z1”“Z2”或点型光电感烟探测器的“1”“3”对角（不分极性）。按“读码”键，即可显示此设备的编码地址。

5.2 编码设置

打开编码器的电源，按“清除”键。将编码器连接线的一端插在编码器的总线插口内，另一端的两个夹子分别夹在消防电话接口1号的“Z1”“Z2”。按“7”键，再按“编码”键，显示“P”，即编码成功。按上述操作，对本系统的总线设备进行编码设置，见表5-3所示。

表5-3 总线设备编码设置

系统	设备型号	设备名称	地址
广播电话	GST-LD-8304	消防电话接口1号	7
	GST-LD-8304	消防电话接口2号	8
	GST-LD-8305	输出模块	9
探测报警	J-SAM-GST9124	消火栓按钮	10
	J-SAM-GST9121	手动报警按钮	11
	GST-LD-8301	输入/输出模块	12
	GST-LD-8319	输入模块	13
	JTY-GD-G3	点型光电感烟探测器	14
	HX-100B	火灾声光警报器	15

续表

系统	设备型号	设备名称	地址
联动控制	GST - LD - 8300	输入模块	16
	GST - LD - 8301	输入/输出模块 1 号	17
	GST - LD - 8301	输入/输出模块 2 号	18

5.3　系统通电

（1）合上供电开关，火灾显示盘发出“嘀…”的声音，开始自检，稍等一下，进入正常待机，工作指示灯亮。

（2）消防水泵控制箱模拟的控制指示灯与动力指示灯亮，1 号停止指示灯和 2 号停止指示灯亮。

（3）打开火灾报警控制器的主电电源开关和备用电源开关，火灾报警控制器开始自检，等几分钟后，进入正常待机；主电源工作、备用电源工作指示灯全亮，多线制控制盘的多线制按钮“2”、多线制按钮“4”反馈灯全亮。

（4）打开广播分配盘的电源开关、消防电话总机的电源开关、广播功率放大器的电源开关，工作指示灯全亮，进入正常待机。

5.4　火灾报警控制器设置

1. 正常待机

火灾报警控制器正常待机，如图 5 - 4 所示。

2. 用户设置

（1）在正常待机状态下，按火灾报警控制器的“用户设置”键。默认密码，按“确认”键，进入设置界面，如图 5 - 5 所示。

海湾安全技术　　V1.2
系统工作正常
手动[√] 自动[√] 喷洒[×]　12：00

图 5 - 4

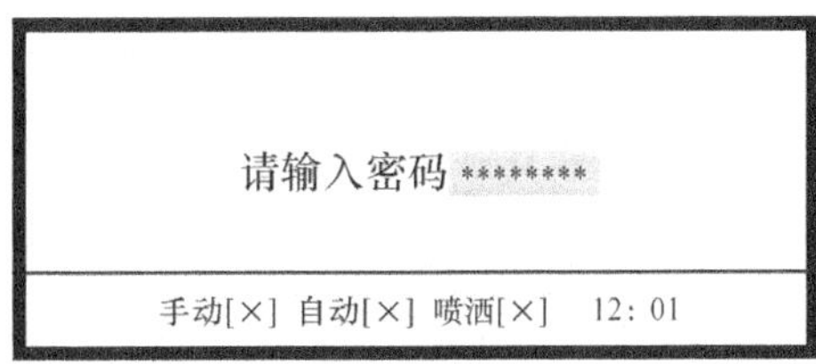

图 5 - 5

（2）按“1”键，选择“打印控制”，如图 5 - 6 所示。

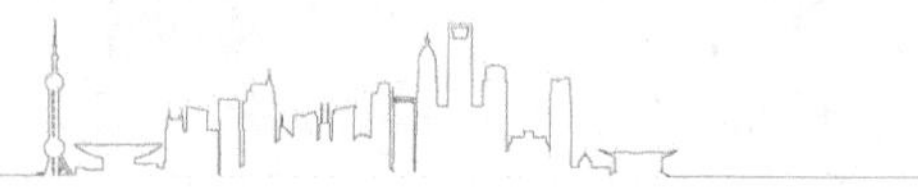

(3) 按“2”键，选择“自动”，按“确认”键，保存并返回，如图 5-7 所示。

用户设置
1 打印控制
2 启动控制
3 防盗控制
4 预警设置
5 工程名称
手动[×] 自动[×] 喷洒[×] 12:01

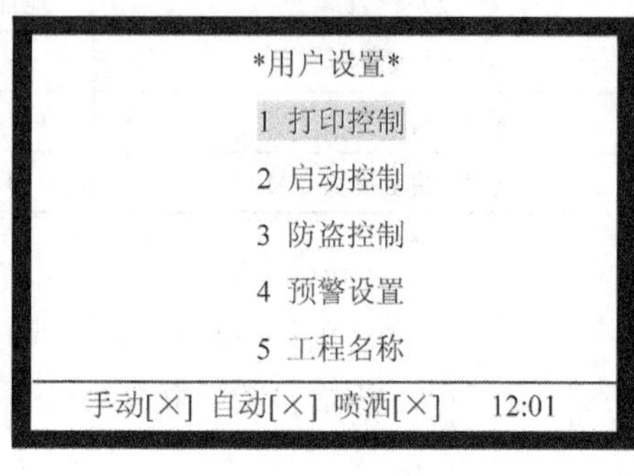

图 5-6

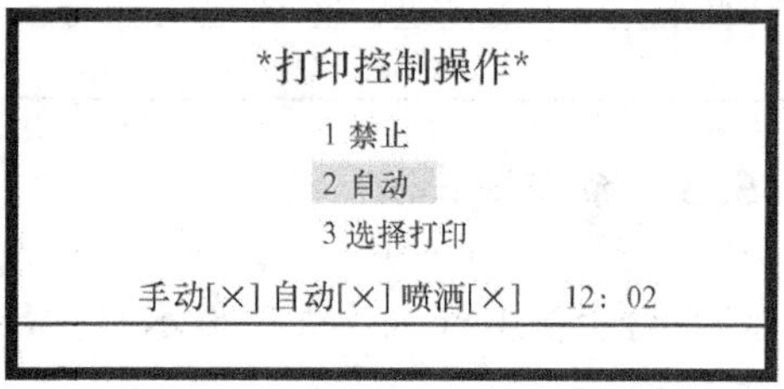

打印控制操作
1 禁止
2 自动
3 选择打印
手动[×] 自动[×] 喷洒[×] 12：02

图 5-7

(4) 返回“用户设置”界面，按“2”键，选择“启动控制”，如图 5-8 所示。

(5) 按“1”键，选择“手动控制”，如图 5-9 所示。

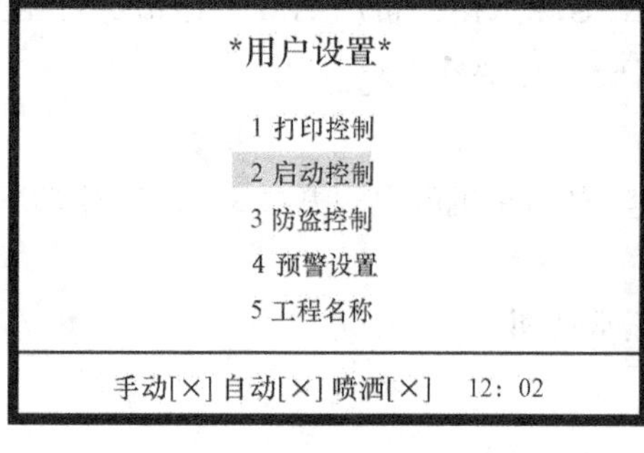

用户设置
1 打印控制
2 启动控制
3 防盗控制
4 预警设置
5 工程名称
手动[×] 自动[×] 喷洒[×] 12：02

图 5-8

启动控制操作
1 手动控制
2 自动控制
3 警报输出控制
4 消火栓设置
手动[×] 自动[×] 喷洒[×] 12：02

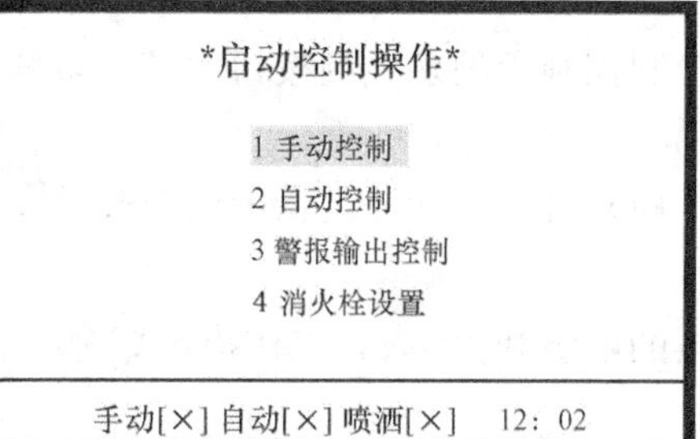

图 5-9

(6) 按“2”键，选择“允许”，按“确认”键，保存并返回，如图 5-10 所示。

(7) 返回“启动控制操作”界面，按“2”键，选择“自动控制”，如图 5-11 所示。

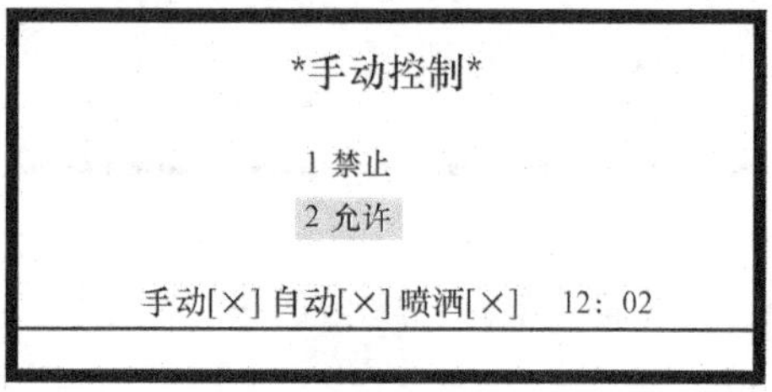

手动控制
1 禁止
2 允许
手动[×] 自动[×] 喷洒[×] 12：02

图 5-10

启动控制操作
1 手动控制
2 自动控制
3 警报输出控制
4 消火栓设置
手动[√] 自动[×] 喷洒[×] 12：03

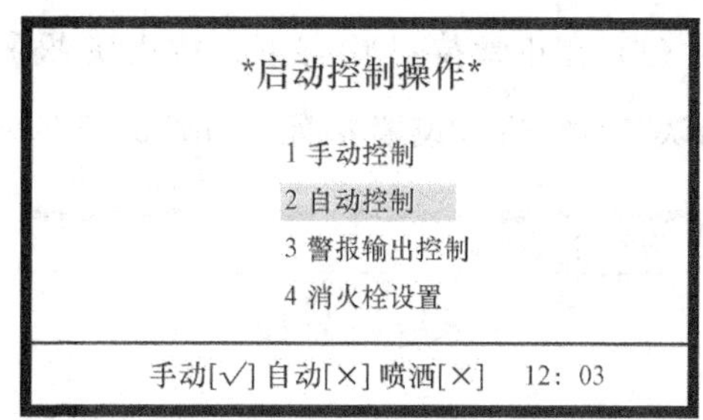

图 5-11

(8) 按“3”键，选择“全部自动”，按“确认”键，保存并返回，如图 5-12 所示。

(9) 返回“启动控制操作”界面，按“3”键，选择“警报输出控制”，如图 5-13

所示。

自动控制
1 禁止自动
2 部分自动
3 全部自动
手动[√] 自动[×] 喷洒[×]　12: 03

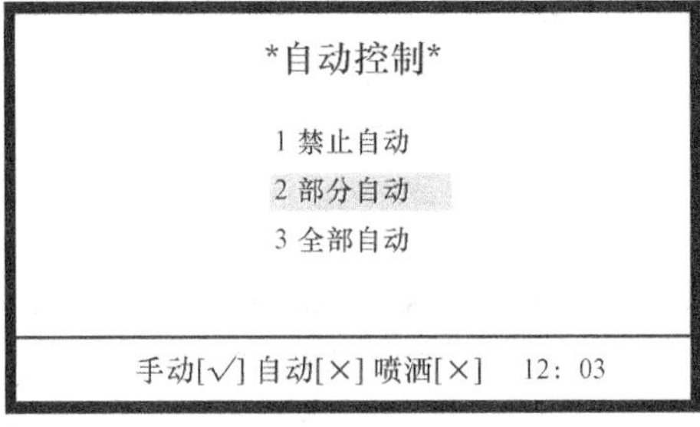

图 5 - 12

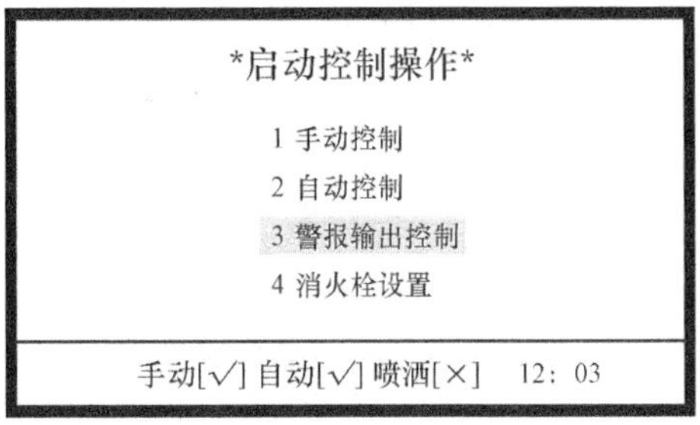

启动控制操作
1 手动控制
2 自动控制
3 警报输出控制
4 消火栓设置
手动[√] 自动[√] 喷洒[×]　12: 03

图 5 - 13

(10) 按“2”键，选择“联动公式控制”，按“确认”键保存，如图 5 - 14 所示。

(11) 再按“取消”键，返回到正常待机状态。

3. 系统设置

(1) 在正常待机状态下，按火灾报警控制器的“系统设置”键，使用默认密码，按“确认”键，进入设置界面，如图 5 - 15 所示。

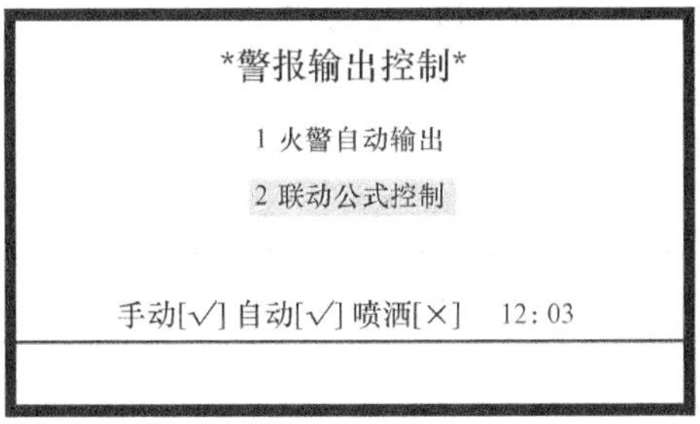

警报输出控制
1 火警自动输出
2 联动公式控制
手动[√] 自动[√] 喷洒[×]　12: 03

图 5 - 14

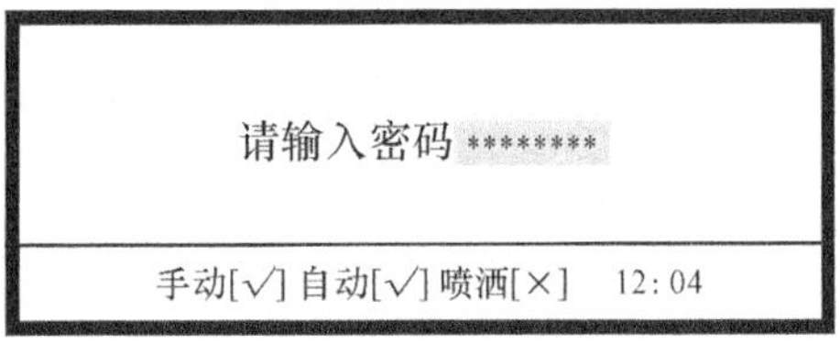

请输入密码 ********
手动[√] 自动[√] 喷洒[×]　12: 04

图 5 - 15

(2) 按“1”键，选择“时间设置”，如图 5 - 16 所示。

(3) 输入当前时间，按“确认”键，保存并返回，如图 5 - 17 所示。

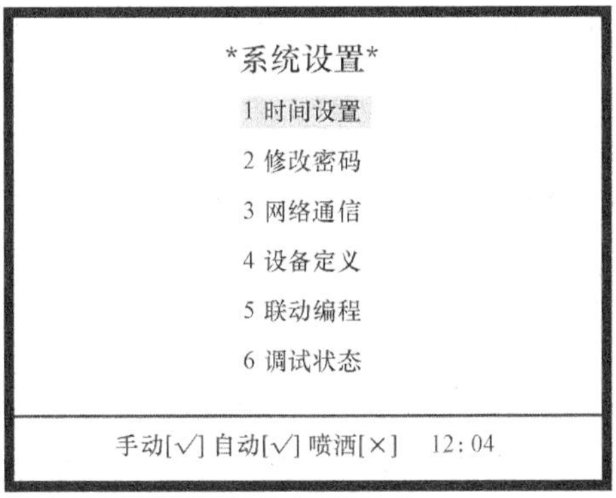

系统设置
1 时间设置
2 修改密码
3 网络通信
4 设备定义
5 联动编程
6 调试状态
手动[√] 自动[√] 喷洒[×]　12: 04

图 5 - 16

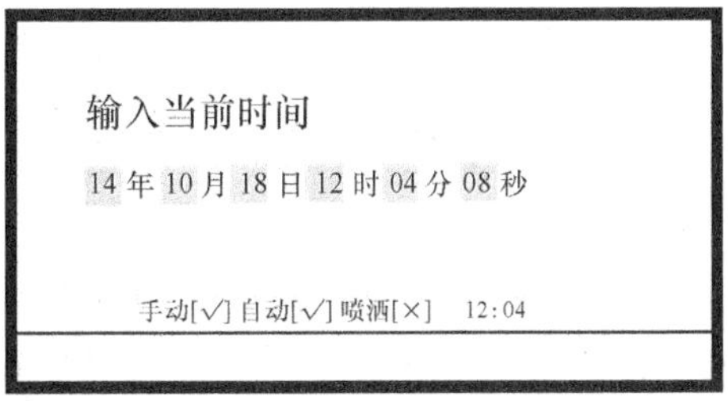

输入当前时间
14 年 10 月 18 日 12 时 04 分 08 秒
手动[√] 自动[√] 喷洒[×]　12: 04

图 5 - 17

(4) 返回“系统设置”界面，按“4”键，选择“设备定义”，如图 5 - 18 所示。

(5) 按“2”键，选择“继承定义”，如图 5 - 19 所示。

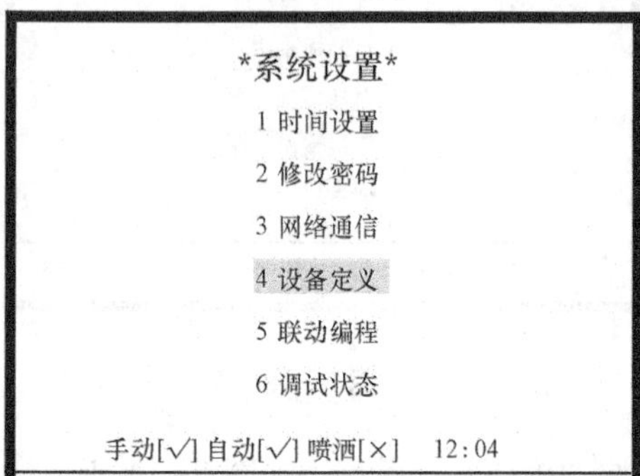

图 5 - 18

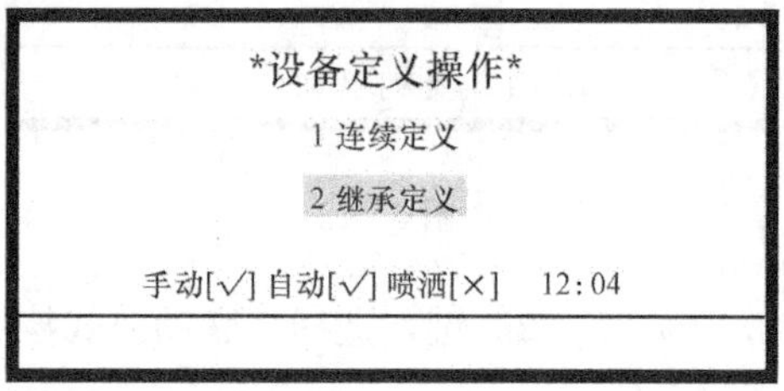

设备定义操作

1 连续定义

2 继承定义

手动[√] 自动[√] 喷洒[×] 12:04

图 5 - 19

(6) 按“1”键，选择“外部设备定义”，如图 5 - 20 所示。

(7) 选择原码“007”，二次码设为“000007—14 消防电话”，设备状态设为“1 [电平启]”，其他为默认值。按“确认”键，保存并跳到下一条设置，如图 5 - 21 所示。

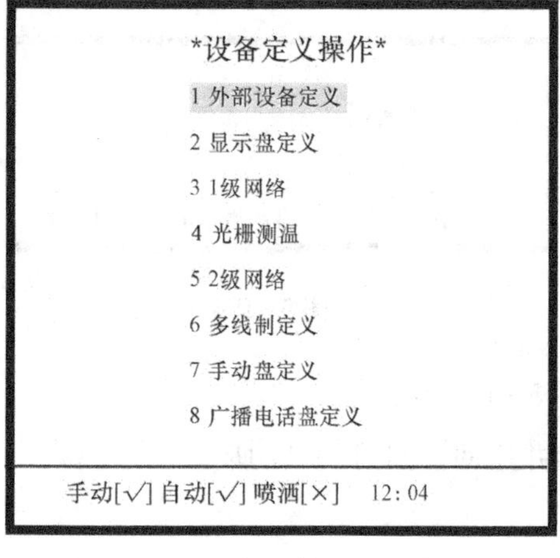

图 5 - 20

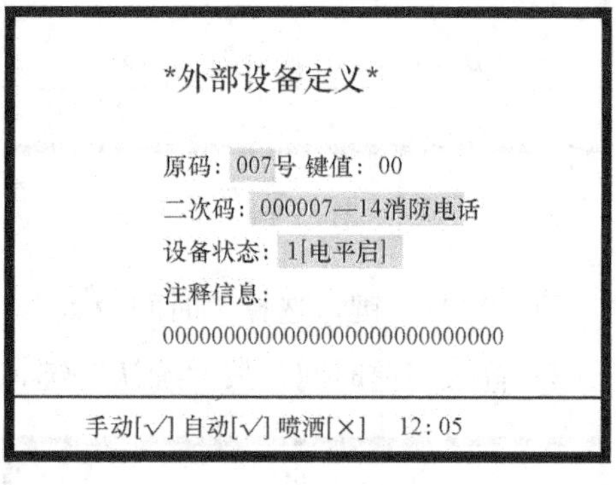

外部设备定义

原码: 007号 键值: 00

二次码: 000007—14消防电话

设备状态: 1[电平启]

注释信息:

0000000000000000000000000000

手动[√] 自动[√] 喷洒[×] 12:05

图 5 - 21

(8) 选择原码“008”，二次码设为“000008—14 消防电话”，设备状态设为“1 [电平启]”，其他保持默认值，按“确认”键，保存并跳到下一条设置，如图 5 - 22 所示。

(9) 选择原码“009”，二次码设为“000009—12 消防广播”，键值设为“01”，设备状态设为“1 [电平启]”，其他保持默认值，按“确认”键，保存并跳到下一条设置，如图 5 - 23 所示。

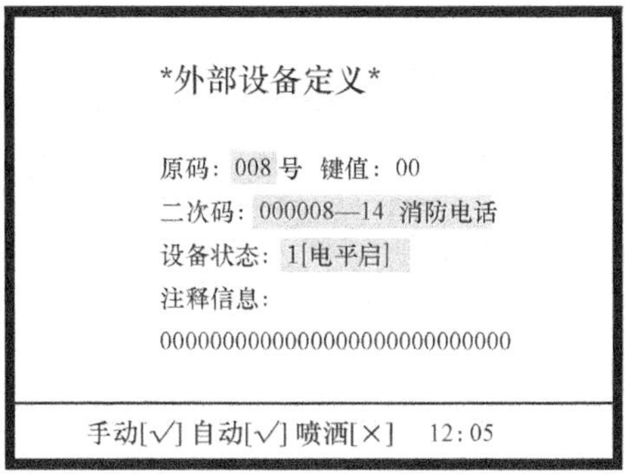

外部设备定义

原码：008 号　键值：00
二次码：000008—14　消防电话
设备状态：1[电平启]
注释信息：
00000000000000000000000000000

手动[√] 自动[√] 喷洒[×]　12:05

图 5 - 22

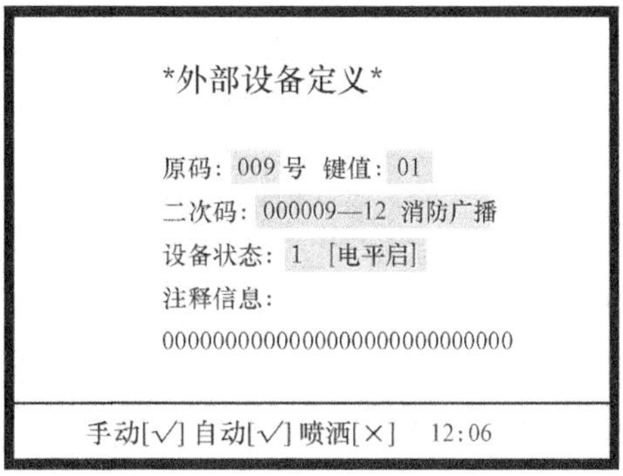

外部设备定义

原码：009 号　键值：01
二次码：000009—12　消防广播
设备状态：1　[电平启]
注释信息：
00000000000000000000000000000

手动[√] 自动[√] 喷洒[×]　12:06

图 5 - 23

(10) 选择原码“010”，二次码设为“000010—15 消火栓”，设备状态设为“1 [电平启]”，其他保持默认值，按“确认”键，保存并跳到下一条设置，如图 5 - 24 所示。

(11) 选择原码“011”，二次码设为“000011—11 手动按钮”，设备状态设为“1 [电平启]”，其他保持默认值，按“确认”键，保存并跳到下一条设置，如图 5 - 25 所示。

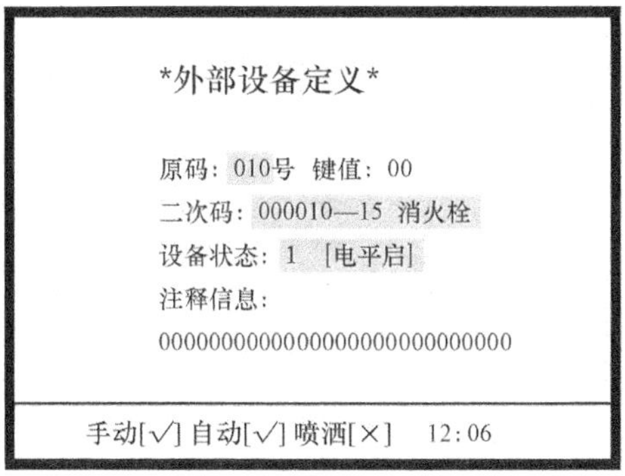

外部设备定义

原码：010号　键值：00
二次码：000010—15　消火栓
设备状态：1　[电平启]
注释信息：
00000000000000000000000000000

手动[√] 自动[√] 喷洒[×]　12:06

图 5 - 24

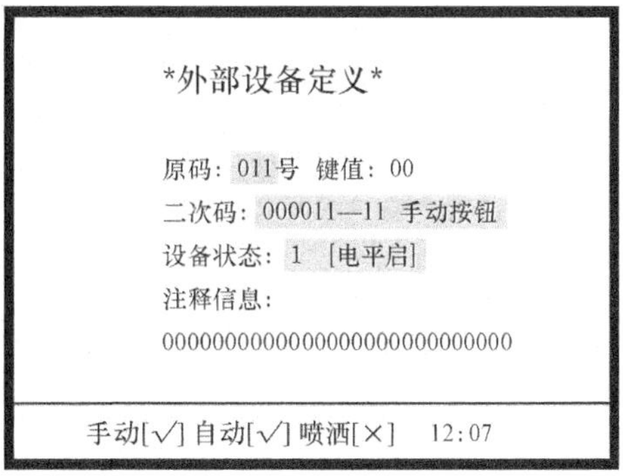

外部设备定义

原码：011号　键值：00
二次码：000011—11　手动按钮
设备状态：1　[电平启]
注释信息：
00000000000000000000000000000

手动[√] 自动[√] 喷洒[×]　12:07

图 5 - 25

(12) 选择原码“012”，二次码设为“000012—23 排烟阀”，键值设为“02”，设备状态设为“1 [电平启]”，其他保持默认值，按“确认”键，保存并跳到下一条设置，如图 5 - 26 所示。

(13) 选择原码“013”，二次码设为“000013—02 点型感温”，设备状态设为“1 [A1R]”，其他保持默认值，按“确认”键，保存并跳到下一条设置，如图 5 - 27 所示。

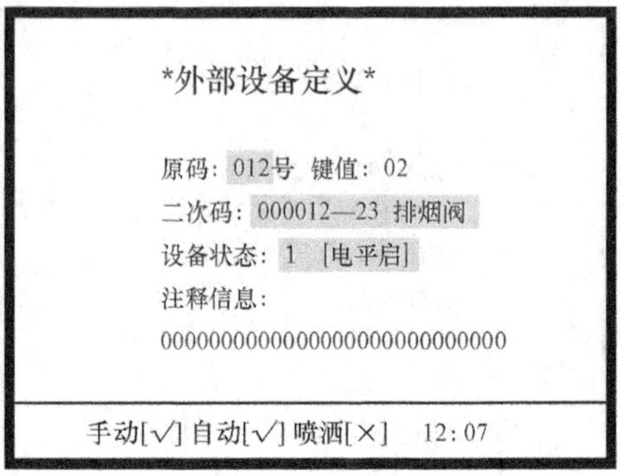

外部设备定义

原码：012号 键值：02

二次码：000012—23 排烟阀

设备状态：1 [电平启]

注释信息：

00000000000000000000000000000

手动[√] 自动[√] 喷洒[×] 12:07

图 5 - 26

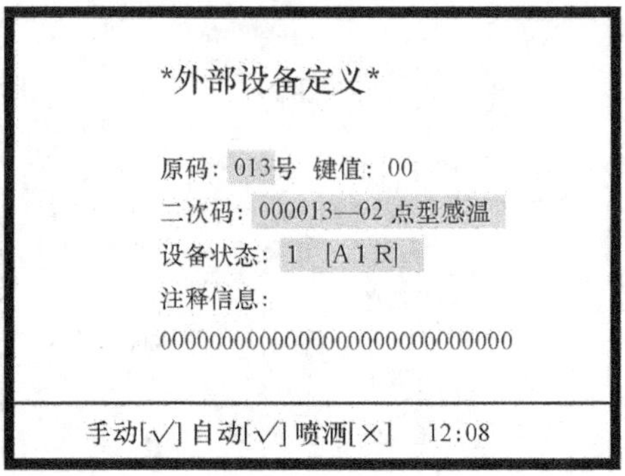

外部设备定义

原码：013号 键值：00

二次码：000013—02 点型感温

设备状态：1 [A1R]

注释信息：

00000000000000000000000000000

手动[√] 自动[√] 喷洒[×] 12:08

图 5 - 27

(14) 选择原码“014”，二次码设为“000014—03 点型感烟”，设备状态设为“1 [阈值 1]”，其他保持默认值，按“确认”键，保存并跳到下一条设置，如图 5 - 28 所示。

(15) 选择原码“015”，二次码设为“000015—13 讯响器”，键值设为“03”，设备状态设为“1 [电平启]”，其他保持默认值，按“确认”键，保存并跳到下一条设置，如图 5 - 29 所示。

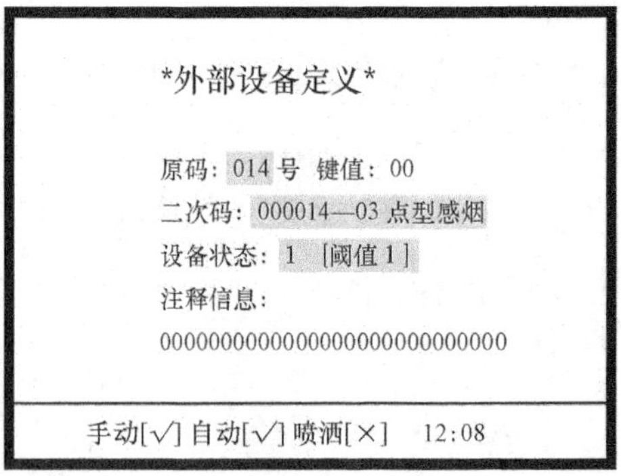

外部设备定义

原码：014 号 键值：00

二次码：000014—03 点型感烟

设备状态：1 [阈值 1]

注释信息：

00000000000000000000000000000

手动[√] 自动[√] 喷洒[×] 12:08

图 5 - 28

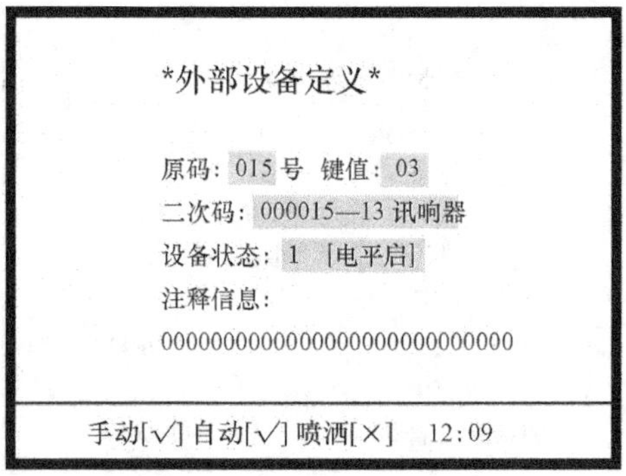

外部设备定义

原码：015 号 键值：03

二次码：000015—13 讯响器

设备状态：1 [电平启]

注释信息：

00000000000000000000000000000

手动[√] 自动[√] 喷洒[×] 12:09

图 5 - 29

(16) 选择原码“016”，二次码设为“000016—22 防火阀”，设备状态设为“1 [电平启]”，其他保持默认值，按“确认”键，保存并跳到下一条设置，如图 5 - 30 所示。

(17) 选择原码“017”，二次码设为“000017—16 消火栓泵”，键值设为“04”，设备状态设为“1 [电平启]”，其他保持默认值，按“确认”键，保存并跳到下一条设置，如图 5 - 31 所示。

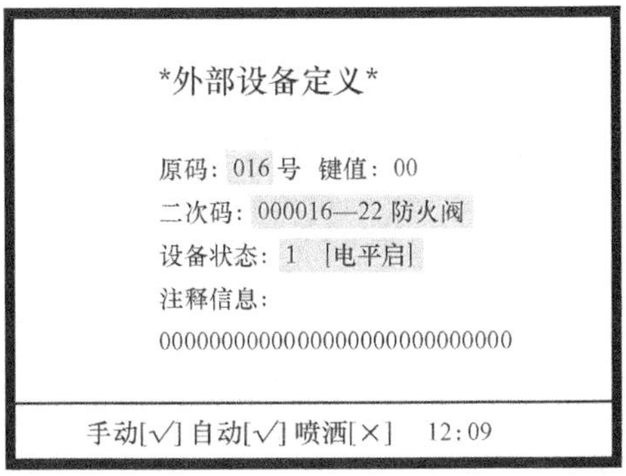

外部设备定义

原码：016 号　键值：00

二次码：000016—22 防火阀

设备状态：1 [电平启]

注释信息：

0000000000000000000000000000

手动[√] 自动[√] 喷洒[×]　12:09

图 5 - 30

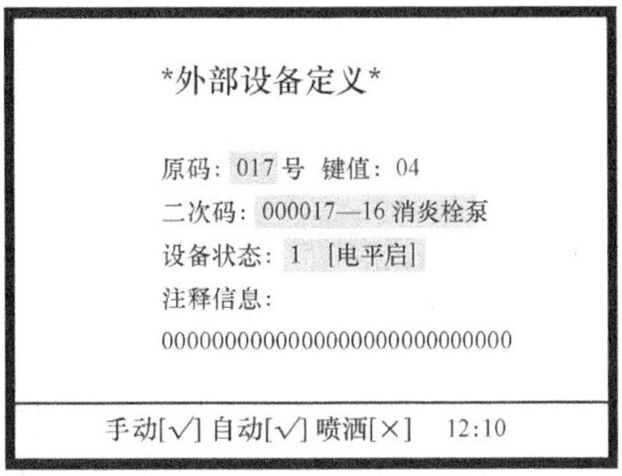

外部设备定义

原码：017 号　键值：04

二次码：000017—16 消炎栓泵

设备状态：1 [电平启]

注释信息：

0000000000000000000000000000

手动[√] 自动[√] 喷洒[×]　12:10

图 5 - 31

(18) 选择原码“018”，二次码设为“000018—19 排烟机”，键值设为“05”，设备状态设为“1 [电平启]”，其他保持默认值，按“确认”键，保存并跳到下一条设置，如图 5 - 32 所示。

(19) 按“取消”键，返回“设备定义操作”界面，按“2”键，选择“显示盘定义”，如图 5 - 33 所示。

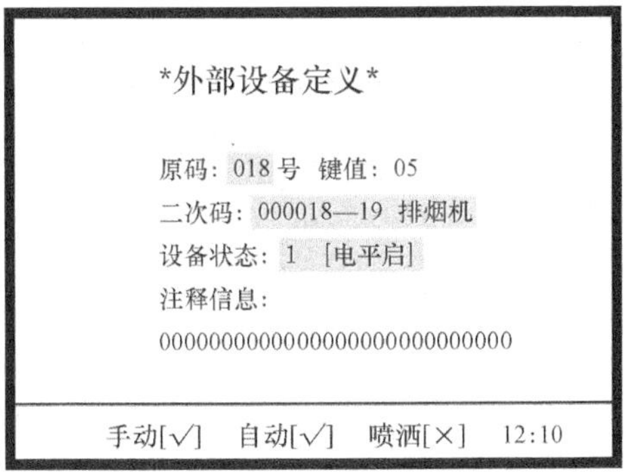

外部设备定义

原码：018 号　键值：05

二次码：000018—19 排烟机

设备状态：1 [电平启]

注释信息：

0000000000000000000000000000

手动[√]　自动[√]　喷洒[×]　12:10

图 5 - 32

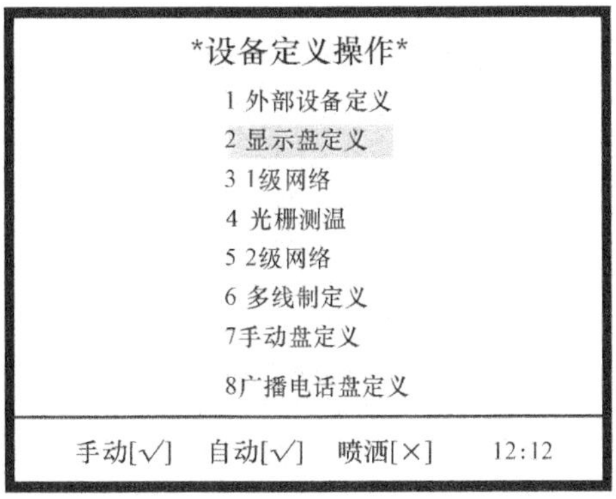

设备定义操作

1 外部设备定义

2 显示盘定义

3 1级网络

4 光栅测温

5 2级网络

6 多线制定义

7手动盘定义

8广播电话盘定义

手动[√]　自动[√]　喷洒[×]　12:12

图 5 - 33

(20) 其他保持默认设置，按“确认”键，保存并跳到下一条设置，如图 5 - 34 所示。

(21) 按“取消”键，返回“设备定义操作”界面，按“6”键，选择“多线制定义”，如图 5 - 35 所示。

(22) 选择原码“001”，二次码设为“000001—16 消火栓泵”，设备状态设为“0 [脉冲启]”，其他保持默认值，按“确认”键，保存并跳到下一条设置，如图 5 - 36 所示。

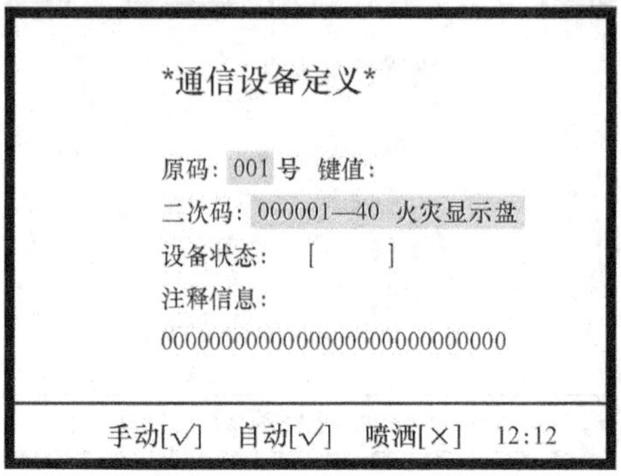

通信设备定义

原码：001号　键值：
二次码：000001—40　火灾显示盘
设备状态：［　　　］
注释信息：
0000000000000000000000000000

手动[√]　自动[√]　喷洒[×]　12:12

图 5 - 34

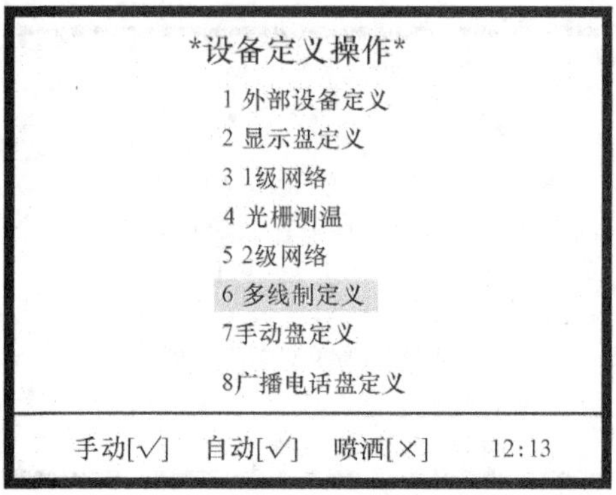

设备定义操作

1 外部设备定义
2 显示盘定义
3 1级网络
4 光栅测温
5 2级网络
6 多线制定义
7手动盘定义
8广播电话盘定义

手动[√]　自动[√]　喷洒[×]　12:13

图 5 - 35

（23）选择原码“002”，二次码设为“000002—16 消火栓泵”，设备状态设为“2［脉冲停］”，其他保持默认值，按“确认”键，保存并跳到下一条设置，如图 5 - 37 所示。

（24）选择原码“003”，二次码设为“000003—16 消火栓泵”，设备状态设为“0［脉冲启］”，其他保持默认值，按“确认”键，保存并跳到下一条设置，如图 5 - 38 所示。

（25）选择原码“004”，二次码设为“000004—16 消火栓泵”，设备状态设为“2［脉冲停］”，其他保持默认值，按“确认”键，保存并跳到下一条设置，如图 5 - 39 所示。

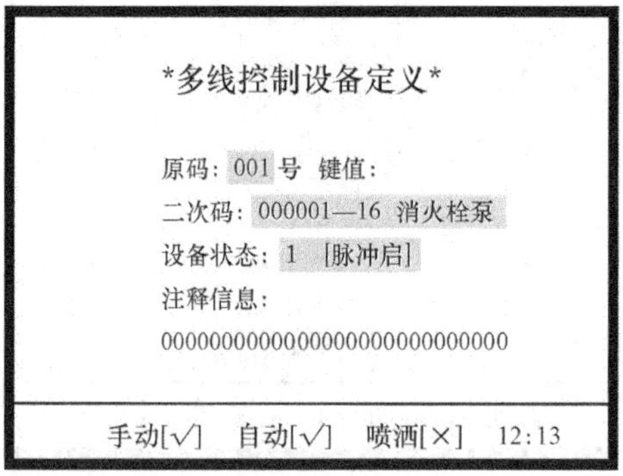

多线控制设备定义

原码：001号　键值：
二次码：000001—16　消火栓泵
设备状态：1　[脉冲启]
注释信息：
0000000000000000000000000000

手动[√]　自动[√]　喷洒[×]　12:13

图 5 - 36

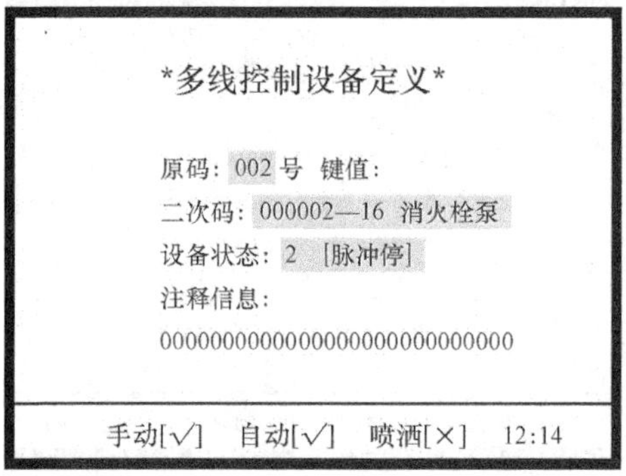

多线控制设备定义

原码：002号　键值：
二次码：000002—16　消火栓泵
设备状态：2　[脉冲停]
注释信息：
0000000000000000000000000000

手动[√]　自动[√]　喷洒[×]　12:14

图 5 - 37

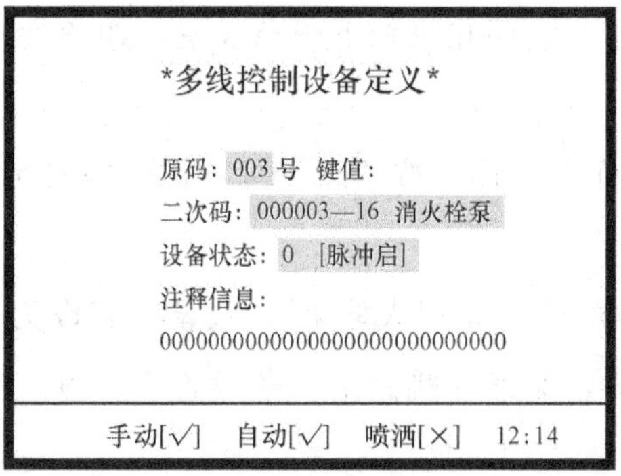

多线控制设备定义

原码：003号　键值：
二次码：000003—16　消火栓泵
设备状态：0　[脉冲启]
注释信息：
0000000000000000000000000000

手动[√]　自动[√]　喷洒[×]　12:14

图 5 - 38

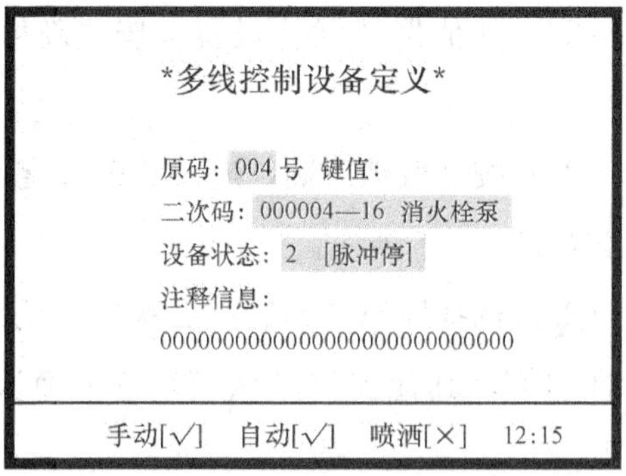

多线控制设备定义

原码：004号　键值：
二次码：000004—16　消火栓泵
设备状态：2　[脉冲停]
注释信息：
0000000000000000000000000000

手动[√]　自动[√]　喷洒[×]　12:15

图 5 - 39

（26）选择原码“005”，二次码设为“000005—19 排烟机”，设备状态设为“1［电平启］”，其他保持默认值，按“确认”键，保存并跳到下一条设置，如图 5-40 所示。

（27）按“取消”键，返回“设备定义操作”界面，按“7”键，选择“手动盘定义”，如图 5-41 所示。

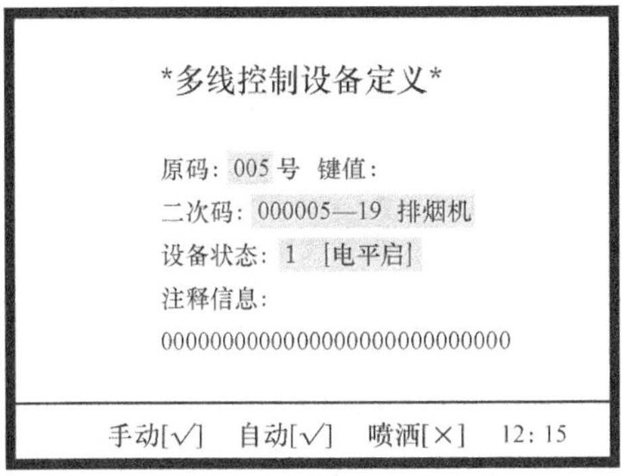

多线控制设备定义

原码：005 号　键值：
二次码：000005—19　排烟机
设备状态：1　[电平启]
注释信息：
000000000000000000000000000000

手动[√]　自动[√]　喷洒[×]　12：15

图 5-40

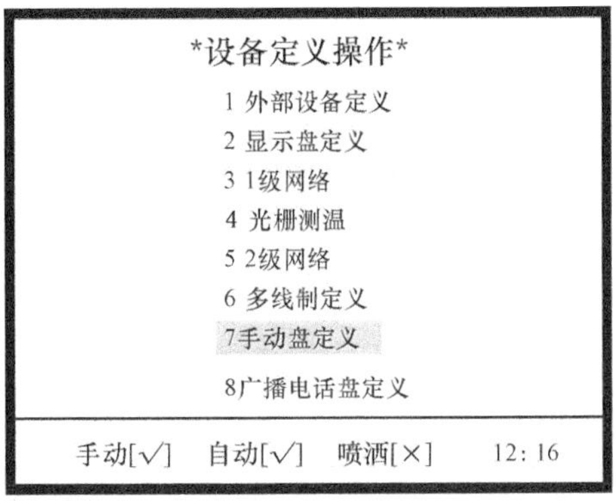

设备定义操作

1 外部设备定义
2 显示盘定义
3 1级网络
4 光栅测温
5 2级网络
6 多线制定义
7手动盘定义
8广播电话盘定义

手动[√]　自动[√]　喷洒[×]　12：16

图 5-41

（28）保持默认设置，按“确认”键，保存并跳到下一条设置，如图 5-42 所示。

（29）保持默认设置，按“确认”键，保存并跳到下一条设置，如图 5-43 所示。

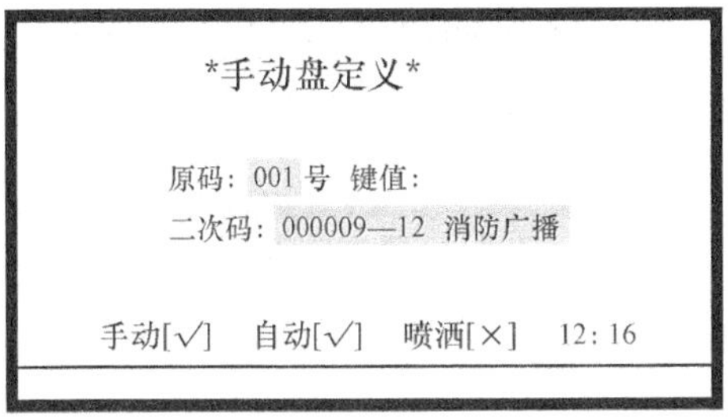

手动盘定义

原码：001 号　键值：
二次码：000009—12　消防广播

手动[√]　自动[√]　喷洒[×]　12：16

图 5-42

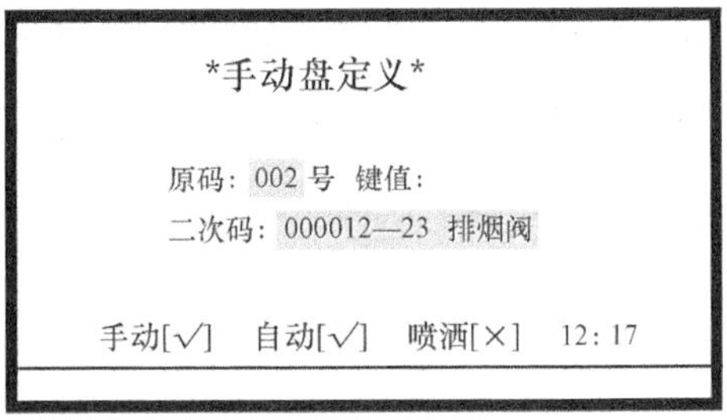

手动盘定义

原码：002 号　键值：
二次码：000012—23　排烟阀

手动[√]　自动[√]　喷洒[×]　12：17

图 5-43

（30）保持默认设置，按“确认”键，保存并跳到下一条设置，如图 5-44 所示。

（31）保持默认设置，按“确认”键，保存并跳到下一条设置，如图 5-45 所示。

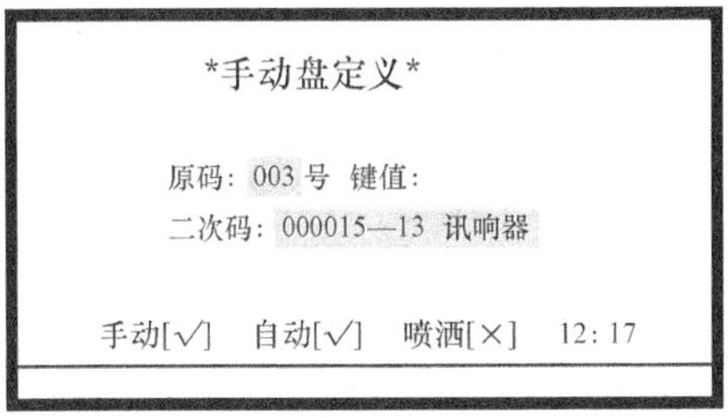

手动盘定义

原码：003 号　键值：
二次码：000015—13　讯响器

手动[√]　自动[√]　喷洒[×]　12：17

图 5-44

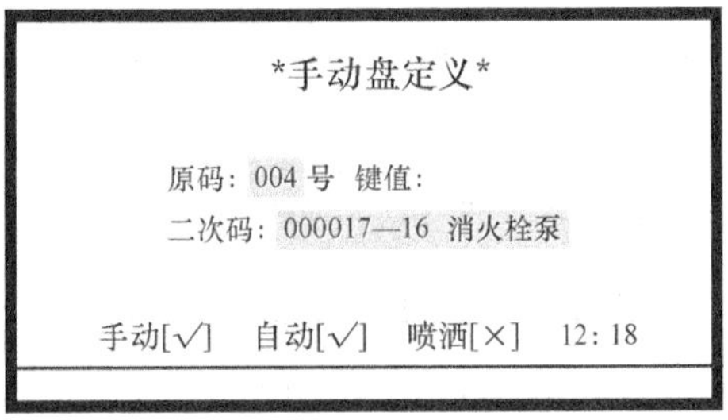

手动盘定义

原码：004 号　键值：
二次码：000017—16　消火栓泵

手动[√]　自动[√]　喷洒[×]　12：18

图 5-45

（32）保持默认设置，按“确认”键，保存并跳到下一条设置，如图 5 - 46 所示。

（33）按“取消”键，返回“设备定义操作”界面。按“8”键，选择“广播电话盘定义”，如图 5 - 47 所示。

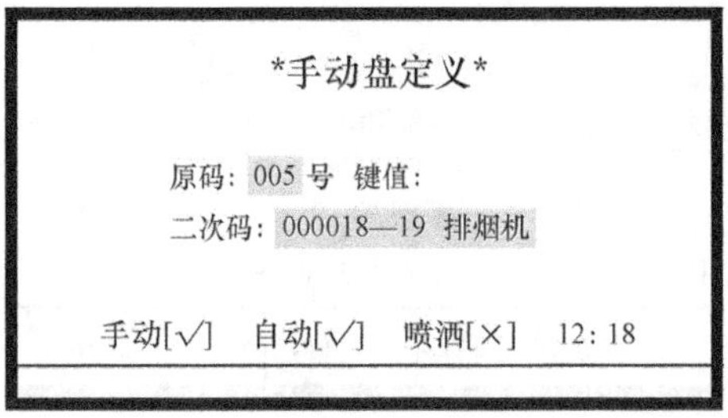

手动盘定义

原码：005 号　键值：

二次码：000018—19　排烟机

手动[√]　自动[√]　喷洒[×]　12：18

图 5 - 46

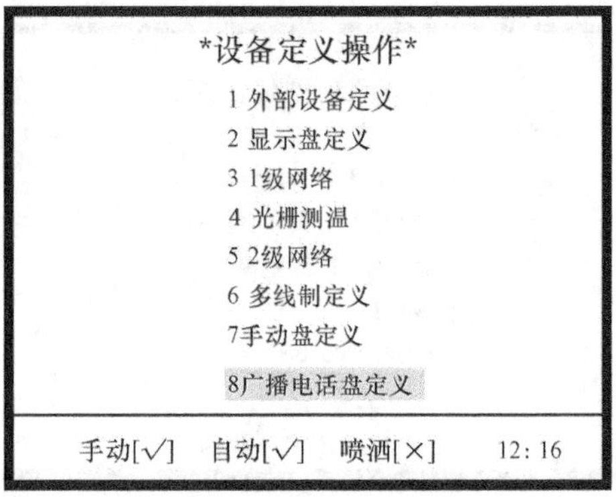

设备定义操作

1 外部设备定义

2 显示盘定义

3 1级网络

4 光栅测温

5 2级网络

6 多线制定义

7手动盘定义

8广播电话盘定义

手动[√]　自动[√]　喷洒[×]　12：16

图 5 - 47

（34）选择原码“007”，二次码设为“000007—14 消防电话”，其他保持默认值，按“确认”键，保存并跳到下一条设置，如图 5 - 48 所示。

（35）选择原码“008”，二次码设为“000008—14 消防电话”，其他保持默认值，按“确认”键，保存并跳到下一条设置，如图 5 - 49 所示。

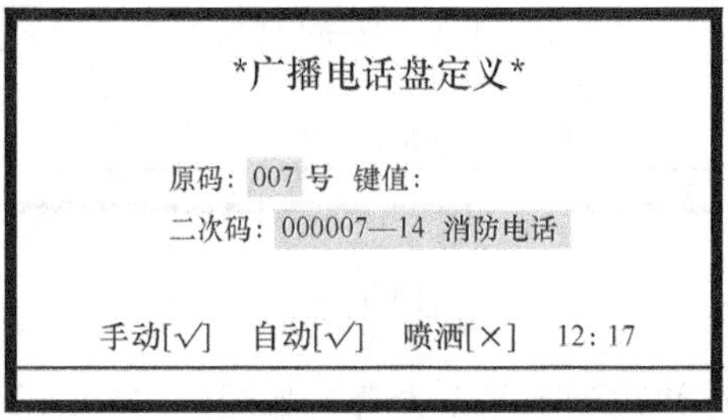

广播电话盘定义

原码：007 号　键值：

二次码：000007—14　消防电话

手动[√]　自动[√]　喷洒[×]　12：17

图 5 - 48

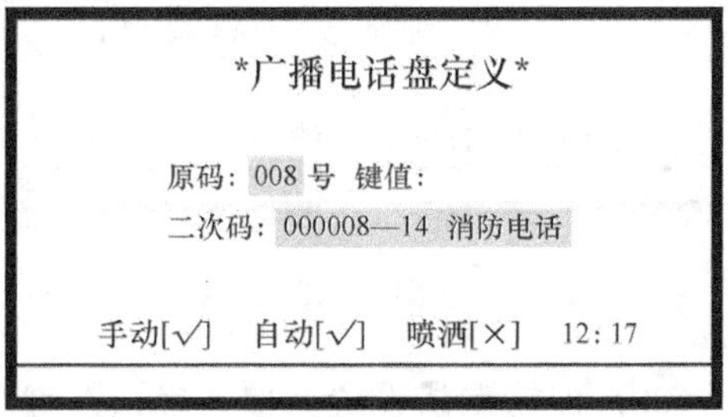

广播电话盘定义

原码：008 号　键值：

二次码：000008—14　消防电话

手动[√]　自动[√]　喷洒[×]　12：17

图 5 - 49

（36）按“取消”键，返回“系统设置”界面，按“5”键，选择“联动编程”，如图 5 - 50 所示。

（37）按“1”键，选择“常规联动编程”，如图 5 - 51 所示。

（38）按“1”键，选择“新建联动公式”，如图 5 - 52 所示。

（39）编写第一条联动公式为“00001111 ＝ 00001513 00”（按“3”键，选择“＝”号）按两次“确认”键，保存并跳到下一条设置，如图 5 - 53 所示。

系统设置
1 时间设置
2 修改密码
3 网络通信
4 设备定义
5 联动编程
6 调试状态
手动[√]　自动[√]　喷洒[×]　12:18

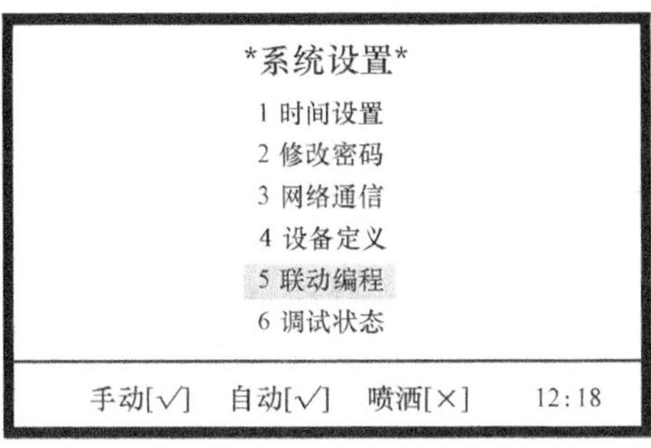

图 5 - 50

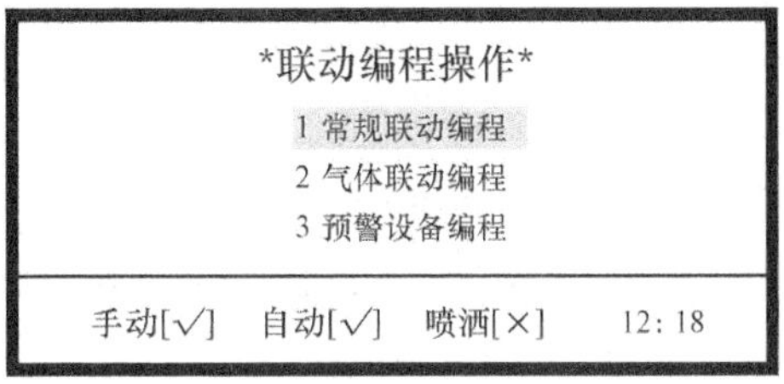

联动编程操作
1 常规联动编程
2 气体联动编程
3 预警设备编程
手动[√]　自动[√]　喷洒[×]　12:18

图 5 - 51

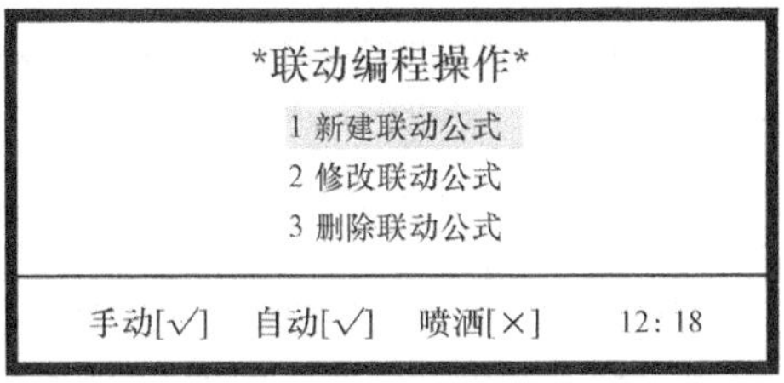

联动编程操作
1 新建联动公式
2 修改联动公式
3 删除联动公式
手动[√]　自动[√]　喷洒[×]　12:18

图 5 - 52

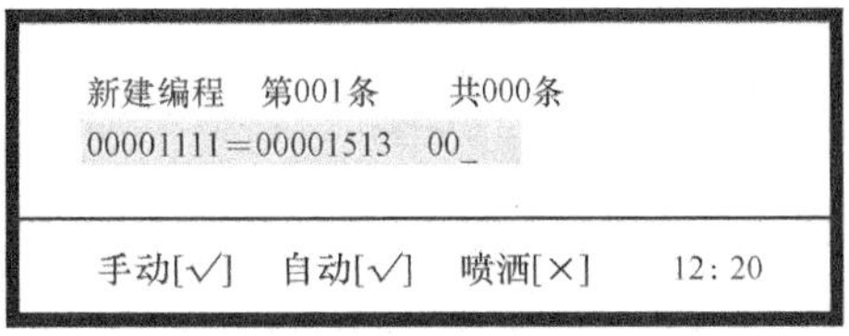

新建编程　第001条　共000条
00001111=00001513　00_
手动[√]　自动[√]　喷洒[×]　12:20

图 5 - 53

(40) 编写第二条联动公式为“00001302 + 00001403 = 00001223 03”（按“1”键，选择“+”号；按“3”键，选择“=”号)，按两次“确认”键，保存并跳到下一条设置，如图 5 - 54 所示。

(41) 编写第三条联动公式为“00001622 = 00001716 00 00001819 05”（按“3”键，选择“=”号)，按两次“确认”键，保存并跳到下一条设置，如图 5 - 55 所示。

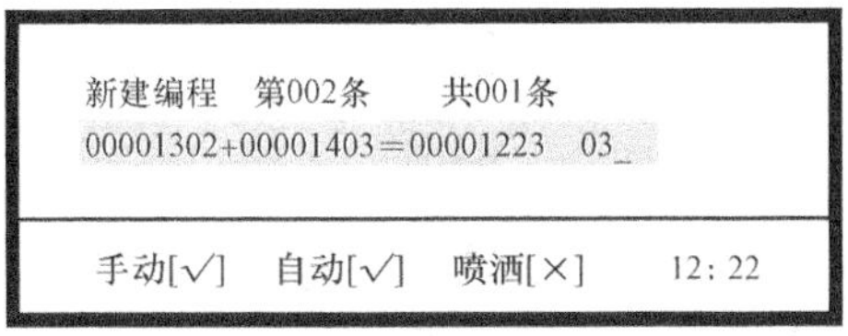

新建编程　第002条　共001条
00001302+00001403=00001223　03_
手动[√]　自动[√]　喷洒[×]　12:22

图 5 - 54

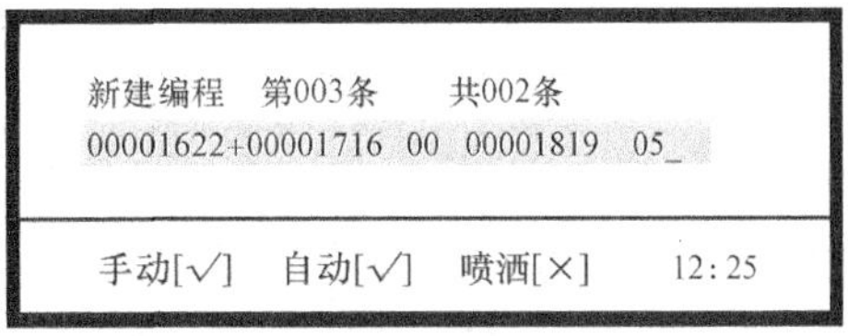

新建编程　第003条　共002条
00001622+00001716　00　00001819　05_
手动[√]　自动[√]　喷洒[×]　12:25

图 5 - 55

(42) 按“取消”键，返回“系统设置”界面。按“6”键，选择“调试状态”，如图 5 - 56 所示。

(43) 按“1”键，选择“设备直接注册”，如图 5 - 57 所示。

(44) 按“1”键，选择“外部设备注册”，如图 5 - 58 所示。

(45) 显示“总线设备注册”画面，完成后自动退出，如图 5 - 59 所示。

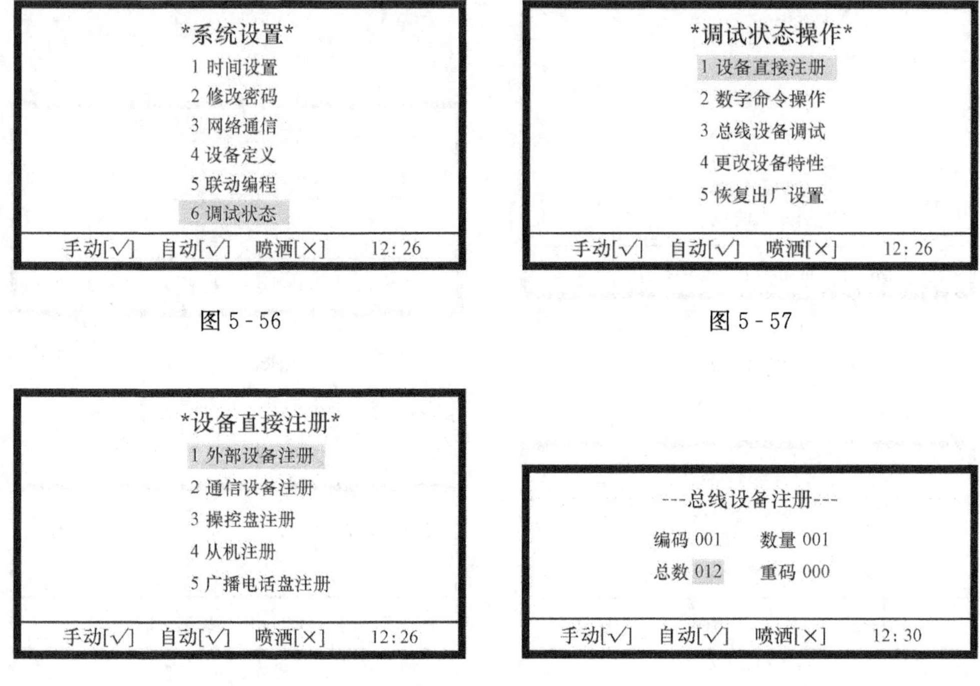

图 5-56　　图 5-57

图 5-58　　图 5-59

(46) 返回“设备直接注册”界面，按“2”键，选择“通信设备注册”，如图 5-60 所示。

(47) 显示“通信设备注册”画面，完成后自动退出，如图 5-61 所示。

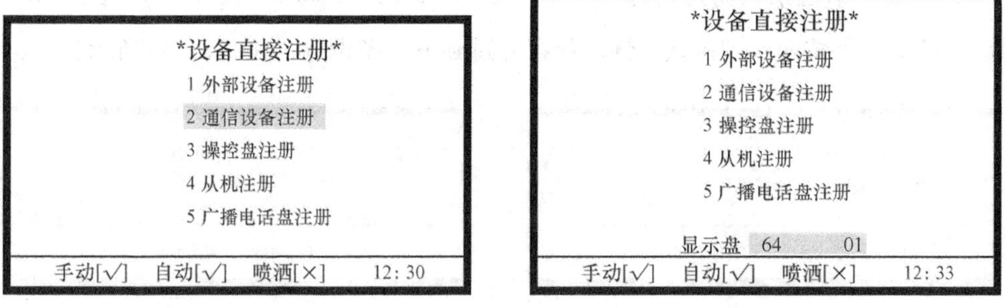

图 5-60　　图 5-61

(48) 按“3”键，选择“操控盘注册”，如图 5-62 所示。

(49) 显示“操控盘注册”画面，完成后自动退出，如图 5-63 所示。

(50) 返回“设备直接注册”界面，按“5”键，选择“广播电话盘注册”，如图 5-64 所示。

(51) 显示“广播电话盘注册”画面，完成后自动退出，如图 5-65 所示。

设备直接注册
1 外部设备注册
2 通信设备注册
3 操控盘注册
4 从机注册
5 广播电话盘注册
手动[√]　自动[√]　喷洒[×]　12: 33

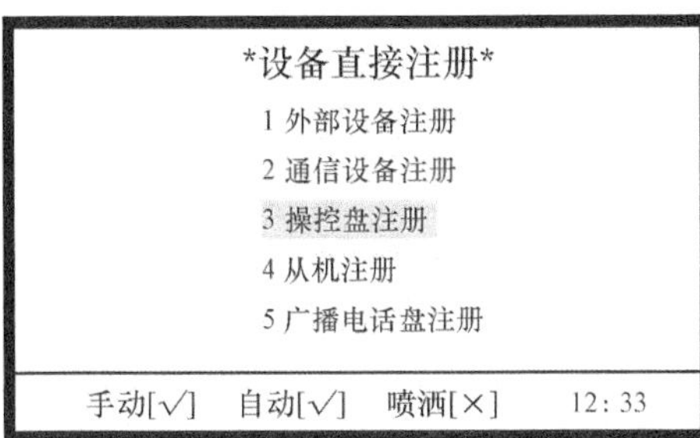

图 5 - 62

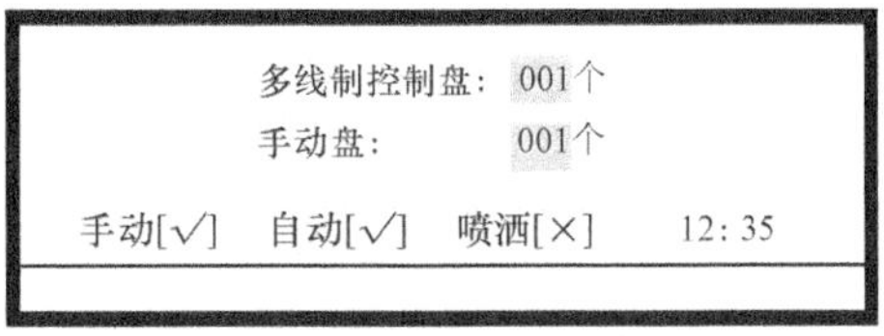

多线制控制盘: 001个
手动盘: 001个
手动[√]　自动[√]　喷洒[×]　12: 35

图 5 - 63

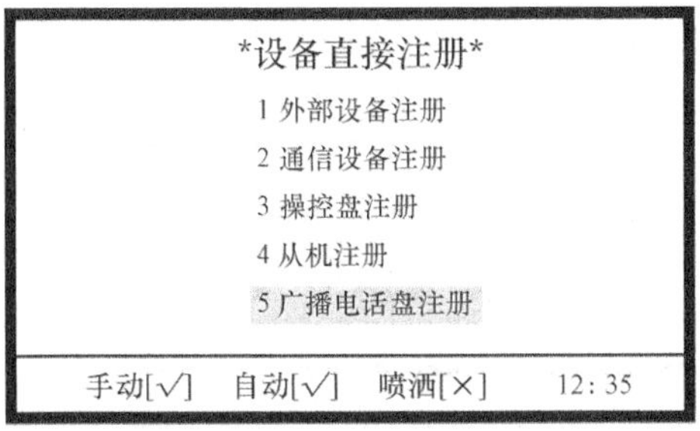

设备直接注册
1 外部设备注册
2 通信设备注册
3 操控盘注册
4 从机注册
5 广播电话盘注册
手动[√]　自动[√]　喷洒[×]　12: 35

图 5 - 64

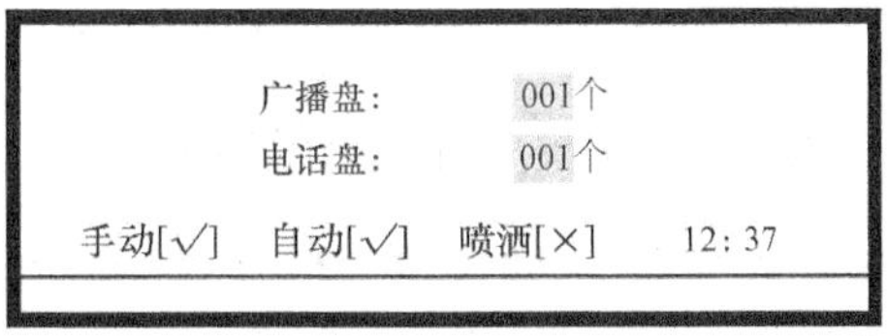

广播盘: 001个
电话盘: 001个
手动[√]　自动[√]　喷洒[×]　12: 37

图 5 - 65

(52) 再按“取消”键，返回到正常待机状态。

4. 附加功能

首次安装调试，需要以下操作。

(1) 软件使用前要先确认注册，与 RS 232 转 RJ 45 通信卡、广播电话通信卡建立通信。

(2) 在正常待机状态下，按火灾报警控制器的“系统设置”键，使用默认密码，按“确认”键，进入设置界面，如图 5 - 66 所示。

(3) 按“6”键，选择“调试状态”，如图 5 - 67 所示。

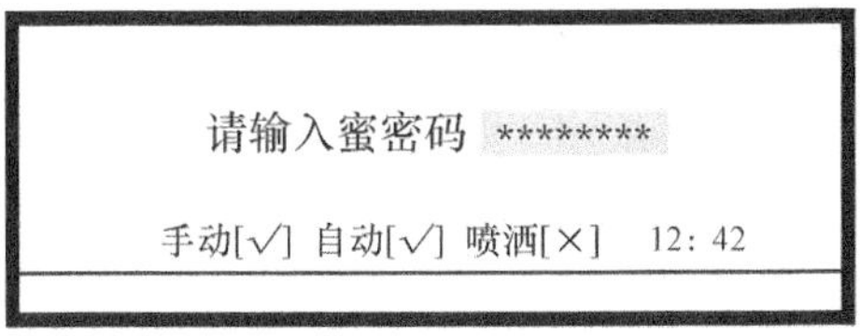

请输入蜜密码 ********
手动[√] 自动[√] 喷洒[×]　12: 42

图 5 - 66

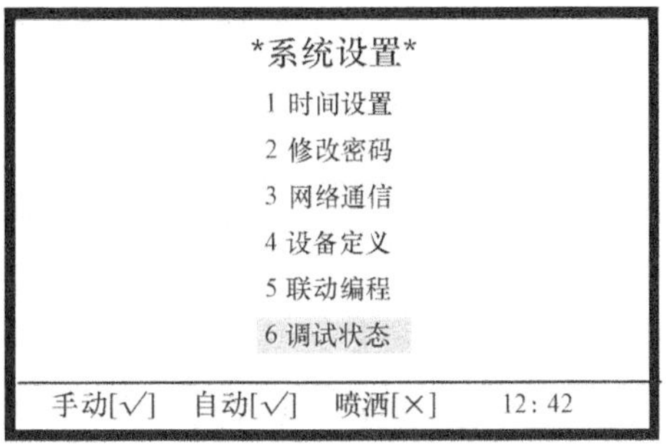

系统设置
1 时间设置
2 修改密码
3 网络通信
4 设备定义
5 联动编程
6 调试状态
手动[√]　自动[√]　喷洒[×]　12: 42

图 5 - 67

(4) 按“5”键，选择“恢复出厂设置”，如图 5 - 68 所示。

(5) 输入密码“24220001”，按“确认”键保存，如图 5 - 69 所示。

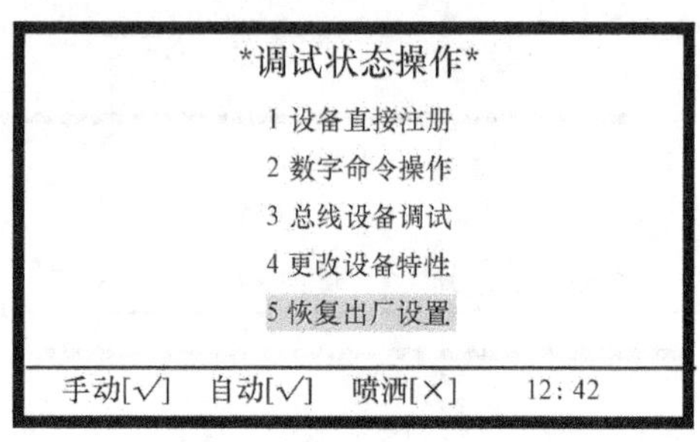

图 5 - 68

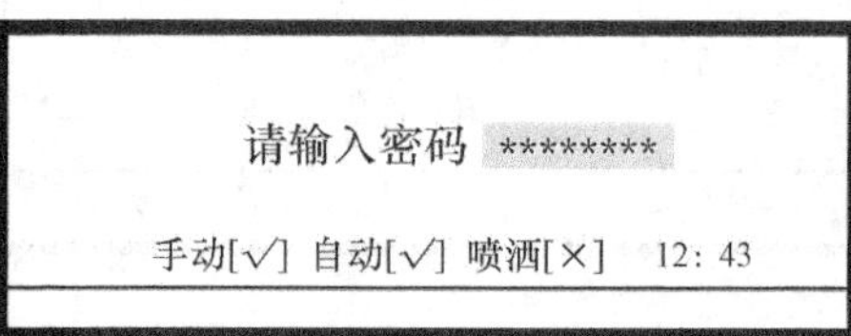

图 5 - 69

(6) 按“取消”键，返回到调试状态，如图 5 - 70 所示。

(7) 首先断开电源（即关闭火灾报警控制器的主电源开关和备用电源开关 ），然后按住“自检”键不放，再给火灾报警控制器上电，直到设备注册画面出现，并正在注册，然后松手，完成后进入调试画面，如图 5 - 71 所示。

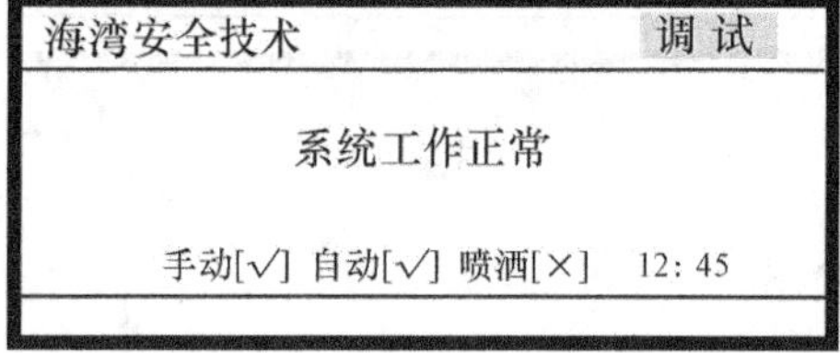

图 5 - 70

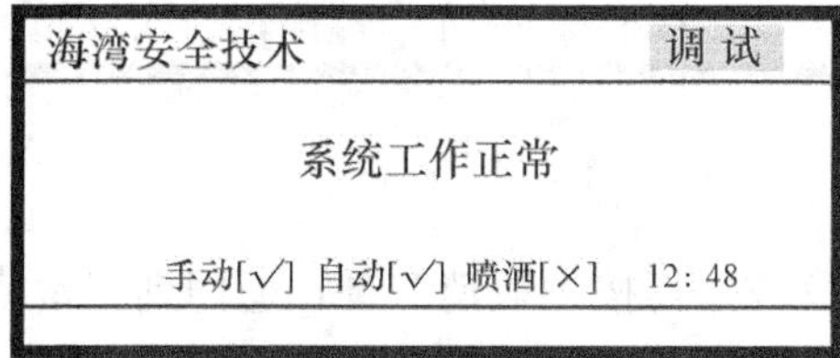

图 5 - 71

(8) 按“复位”键，再按“确认”键，回到正常待机状态，如图 5 - 72 所示。

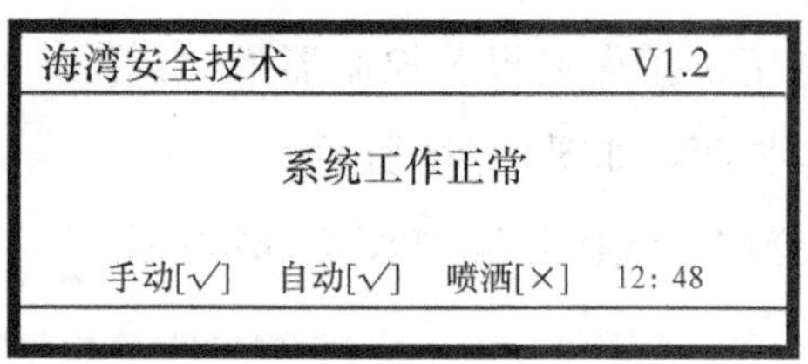

图 5 - 72

第 6 节 硬件设备运行

6.1 消防水泵控制箱模拟与消防设备联合演示

1. 手动控制

(1) 消防水泵控制箱模拟的“SAC1”转换开关转到“手动”挡。

（2）按下 SB1 启动按钮，继电器 KA5、KM1 闭合，启动消防水泵 1 号模拟，1 号启动指示灯亮、1 号停止指示灯灭。消火栓按钮回答灯亮，输入/输出模块 1 号输入灯亮，并把信息反馈给火灾报警控制器，面板反馈灯亮，键值“4”反馈灯亮，多线制按钮 1 号反馈灯亮、多线制按钮 2 号反馈灯灭。火灾报警控制器显示如图 5-73 所示。

（3）按下 SB2 停止按钮，继电器 KA5、KM1 断开，停止消防水泵 1 号模拟，全部灯复位。

（4）按下 SB3 启动按钮，继电器 KA6、KM2 闭合，启动消防水泵 2 号模拟，2 号启动指示灯亮、2 号停止指示灯灭。消火栓按钮回答灯亮，输入/输出模块 1 号输入灯亮，并把信息反馈给火灾报警控制器，面板反馈灯亮，键值“4”反馈灯亮，多线制按钮 3 号反馈灯亮、多线制按钮 4 号反馈灯灭。火灾报警控制器显示如图 5-74 所示。

无火警信息
[反馈] 总数：002
001 10-18 12:49 000017 消火栓泵
002 10-18 12:49 000001 消火栓泵
手动[√] 自动[√] 喷洒[×] 12：50

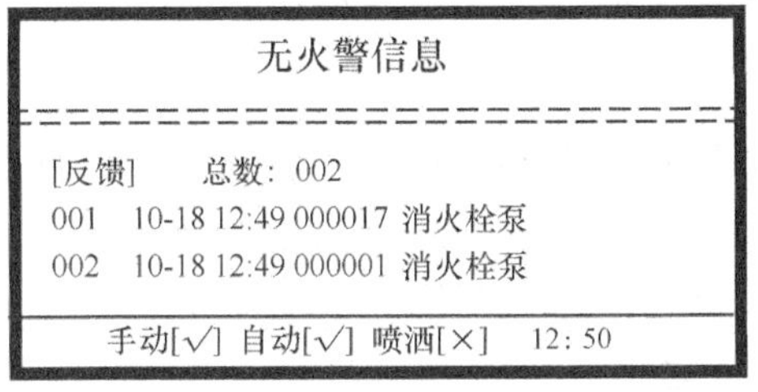

图 5-73

无火警信息
[反馈] 总数：002
001 10-18 12:51 000017 消火栓泵
002 10-18 12:51 000003 消火栓泵
手动[√] 自动[√] 喷洒[×] 12：52

图 5-74

（5）按下 SB4 停止按钮，继电器 KA6、KM2 断开，停止消防水泵 2 号模拟，全部灯复位。

2. 自动控制

（1）消防水泵控制箱模拟的“SAC1”转换开关转到“自动”挡。

（2）与火灾报警控制器、输入/输出模块 1 号、消火栓按钮配合使用。

（3）通过 SAC2 转换开关，进行“1 号用/2 号用”之间切换，实现消防水泵 1 号模拟和消防水泵 2 号模拟的控制。

6.2 消火栓按钮与消防设备联合演示

（1）按下消火栓按钮，其启动灯亮。火灾报警控制器收到启动信号，灯亮。

（2）消防水泵控制箱模拟动作（转到自动控制；继电器 KA2、KA5、KM1 或继电器 KA2、KA6、KM2 闭合；1 号启动指示灯亮、1 号停止指示灯灭或 2 号启动指示灯亮、2 号停止指示灯灭），启动消防水泵 1 号模拟或消防水泵 2 号模拟。

（3）消火栓按钮回答灯亮，输入/输出模块 1 号输入灯亮，并把信息反馈给火灾报

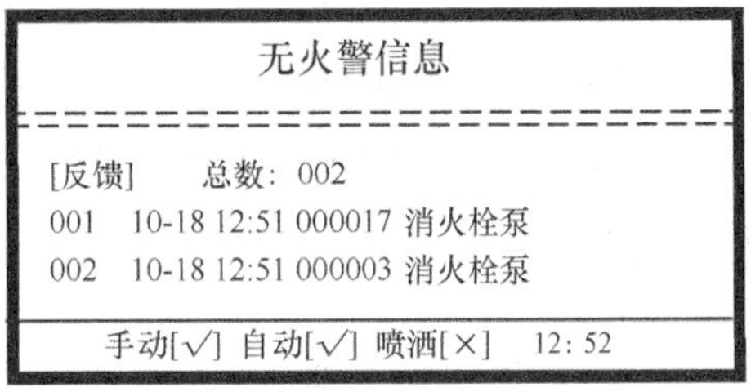

警控制器，面板反馈灯亮，键值“4”反馈灯亮，多线制按钮1号反馈灯亮、多线制按钮2号反馈灯灭或多线制按钮3号反馈灯亮、多线制按钮4号反馈灯灭。火灾报警控制器显示如图5-75所示。

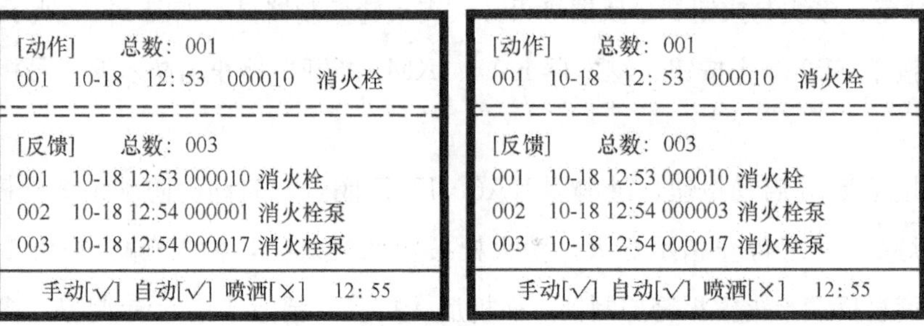

图5-75

（4）用通用复位钥匙将消火栓按钮复位，停止消防水泵1号模拟或消防水泵2号模拟，消防水泵控制箱模拟、全部灯复位。

（5）按火灾报警控制器的“复位”键，使用默认密码，再按“确认”键，即可消除显示信息。

6.3　火灾报警控制器与外部设备联合演示

1. 手动盘控制

（1）按火灾报警控制器的键值“1”，键值“1”启动灯亮，面板启动灯亮。输出模块动作灯亮，启动消防广播。火灾报警控制器显示如图5-76所示。

（2）再按一次键值“1”，停止消防广播，全部灯复位。

（3）按火灾报警控制器的键值“2”，键值“2”启动灯亮，面板启动灯亮。

（4）输入/输出模块输出灯亮，启动排烟阀模拟。

（5）输入/输出模块输入灯亮，并把信息反馈给火灾报警控制器，面板反馈灯亮，键值“2”反馈灯亮。火灾报警控制器显示如图5-77所示。

无火警信息

[启动]　总数：001

001　10-18 12:56 000009 消防广播

手动[√] 自动[√] 喷洒[×]　12:56

图5-76

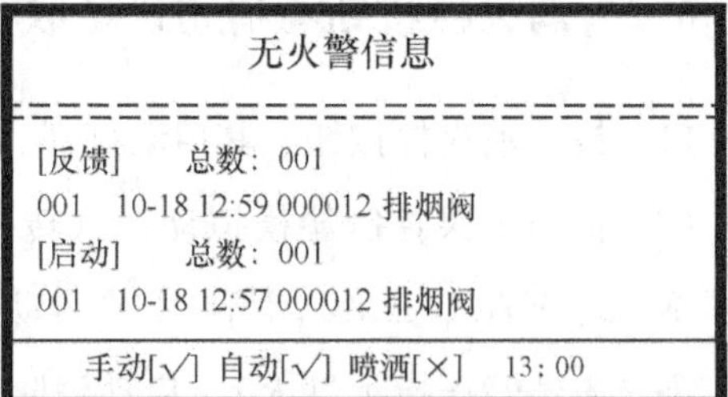

图5-77

（6）再按一次键值“2”，停止排烟阀模拟，全部灯复位。

（7）按火灾报警控制器的键值“3”，键值“3”启动灯亮，面板启动灯亮，火灾声光警报器响。火灾报警控制器显示如图 5-78 所示。

（8）再按一次键值“3”，启动灯灭，停止火灾声光警报器。

（9）按火灾报警控制器的键值“4”，键值“4”启动灯亮，面板启动灯亮。

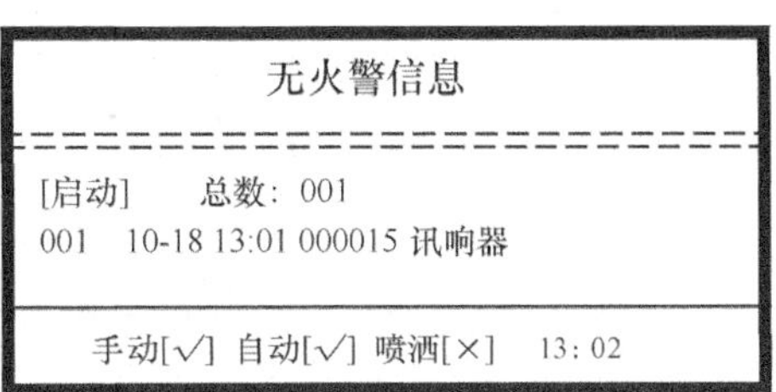

图 5-78

（10）输入/输出模块 1 号输出灯亮，消防水泵控制箱模拟动作（转到自动控制；继电器 KA1、KA5、KM1 或继电器 KA1、KA6、KM2 闭合；1 号启动指示灯亮、1 号停止指示灯灭或 2 号启动指示灯亮、2 号停止指示灯灭），启动消防水泵 1 号模拟或消防水泵 2 号模拟。

（11）消火栓按钮回答灯亮，输入/输出模块 1 号输入灯亮，并把信息反馈给火灾报警控制器，面板反馈灯亮，键值“4”反馈灯亮，多线制按钮 1 号反馈灯亮、多线制按钮 2 号反馈灯灭或多线制按钮 3 号反馈灯亮、多线制按钮 4 号反馈灯灭。火灾报警控制器显示如图 5-79 所示。

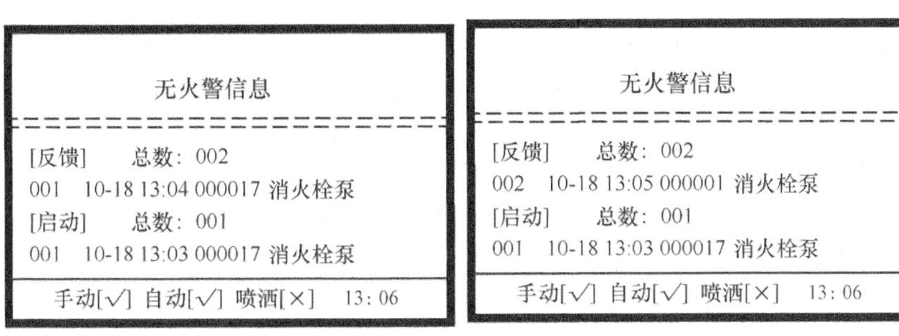

图 5-79

（12）再按一次键值“4”，停止消防水泵 1 号模拟或消防水泵 2 号模拟，消防水泵控制箱模拟、全部灯复位。

（13）按火灾报警控制器的键值“5”，键值“5”启动灯亮，面板启动灯亮。

（14）输入/输出模块 2 号输出灯亮，6 号切换模块、接触器模拟闭合，启动排烟风机模拟。

（15）输入/输出模块 2 号输入灯亮，并把信息反馈给火灾报警控制器，面板反馈灯亮，键值“5”反馈灯亮，多线制按钮 5 号反馈灯亮。火灾报警控制器显示如图 5-80

所示。

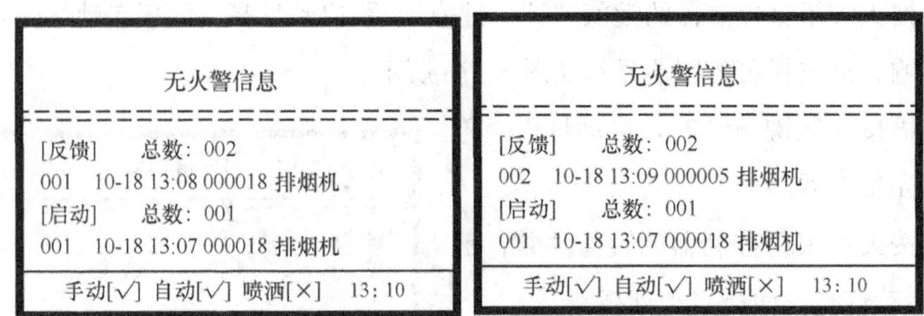

图 5 - 80

（16）再按一次键值“5”，停止排烟风机模拟，6 号切换模块、接触器模拟及全部灯复位。

2. 多线制控制盘控制

（1）按火灾报警控制器的多线制按钮 1 号，多线制按钮 1 号启动灯亮，面板启动灯亮。

（2）1 号切换模块闭合，消防水泵控制箱模拟动作（转到自动控制；继电器 KA3、KA5、KM1 闭合；1 号启动指示灯亮、1 号停止指示灯灭），启动消防水泵 1 号模拟。

（3）消火栓按钮回答灯亮，输入/输出模块 1 号输入灯亮，并把信息反馈给火灾报警控制器，面板反馈灯亮，多线制按钮 1 号反馈灯亮、多线制按钮 2 号反馈灯灭，键值“4”反馈灯亮。火灾报警控制器显示如图 5 - 81 所示。

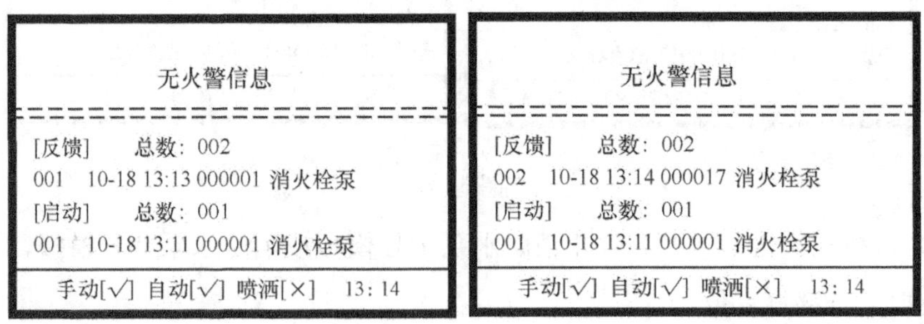

图 5 - 81

（4）按火灾报警控制器的多线制按钮 2 号，多线制按钮 2 号启动灯亮。2 号切换模块闭合，停止消防水泵 1 号模拟，消防水泵控制箱模拟、全部灯复位。再按一次多线制按钮 2 号，取消按钮自锁。

（5）按火灾报警控制器的多线制按钮 3 号，多线制按钮 3 号启动灯亮，面板启动

灯亮。

(6) 3 号切换模块闭合，消防水泵控制箱模拟动作（转到自动控制；继电器 KA4、KA6、KM2 闭合；2 号启动指示灯亮，2 号停止指示灯灭），启动消防水泵 2 号模拟。

(7) 消火栓按钮回答灯亮，输入/输出模块 1 号输入灯亮，并把信息反馈给火灾报警控制器，面板反馈灯亮，多线制按钮 3 号反馈灯亮、多线制按钮 4 号反馈灯灭，键值“4”反馈灯亮。火灾报警控制器显示如图 5－82 所示。

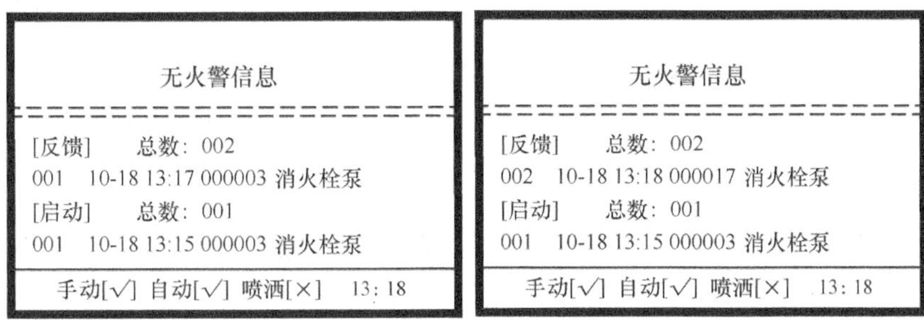

图 5－82

(8) 按火灾报警控制器的多线制按钮 4 号，多线制按钮 4 号启动灯亮。4 号切换模块闭合，停止消防水泵 2 号模拟，消防水泵控制箱模拟、全部灯复位。再按一次多线制按钮 4 号，取消按钮自锁。

(9) 按火灾报警控制器的多线制按钮 5 号，多线制按钮 5 号启动灯亮，面板启动灯亮。

(10) 5 号切换模块、接触器模拟闭合，启动排烟风机模拟。

(11) 输入/输出模块 2 号输入灯亮，并把信息反馈给火灾报警控制器，面板反馈灯亮，多线制按钮 5 号反馈灯亮，键值“5”反馈灯亮。火灾报警控制器显示如图 5－83 所示。

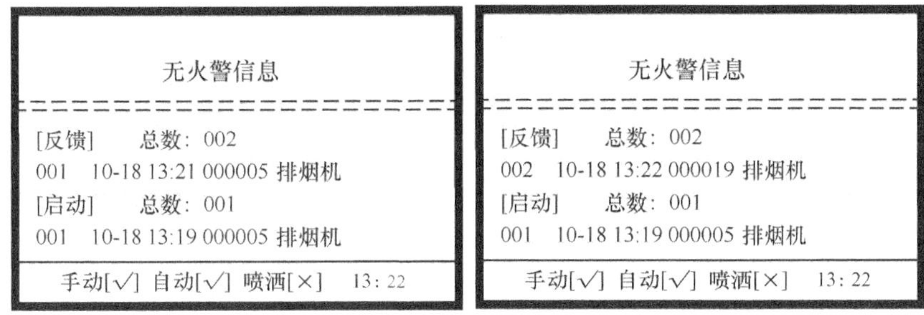

图 5－83

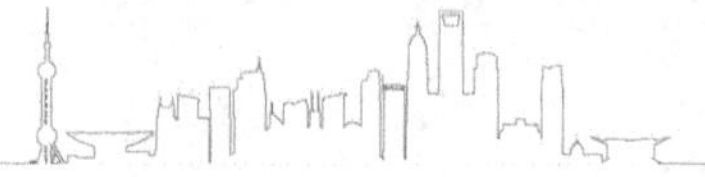

(12) 再按一次多线制按钮 5 号，停止排烟风机模拟，5 号切换模块、接触器模拟及全部灯复位。

3. 设备检查

(1) 在正常待机状态下，按火灾报警控制器的“设备检查”键。使用默认密码，按“确认”键，进入设置界面，如图 5-84 所示。

请输入密码 ********
手动[√] 自动[√] 喷洒[×] 13: 23

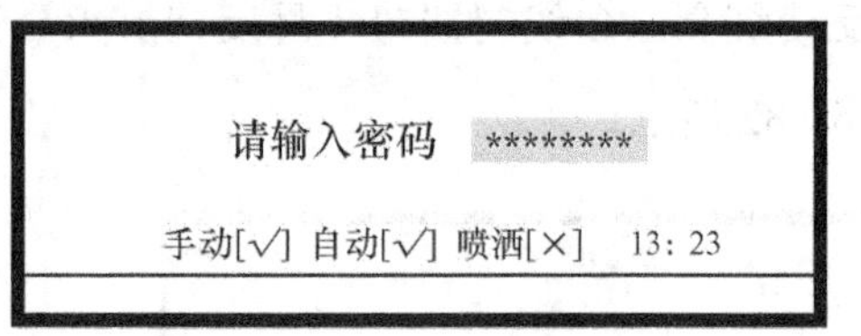

图 5-84

(2) 按“1”键，选择“现场设备检查”，如图 5-85 所示。

(3) 按“1”键，选择“总线设备检查”，如图 5-86 所示。

(4) 显示“总线设备检查”画面，如图 5-87 所示。

(5) 按“取消”键，返回“现场设备检查”界面，按“2”键，选择“显示盘检查”，如图 5-88 所示。

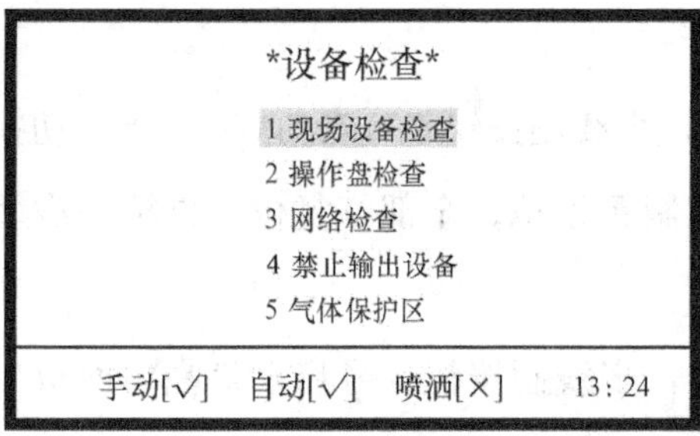

设备检查
1 现场设备检查
2 操作盘检查
3 网络检查
4 禁止输出设备
5 气体保护区
手动[√] 自动[√] 喷洒[×] 13: 24

图 5-85

现场设备检查
1 总线设备检查
2 显示盘检查
3 光栅测温检查
手动[√] 自动[√] 喷洒[×] 13: 25

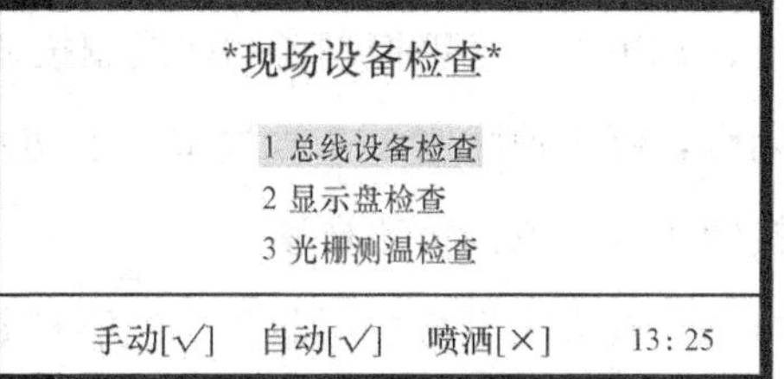

图 5-86

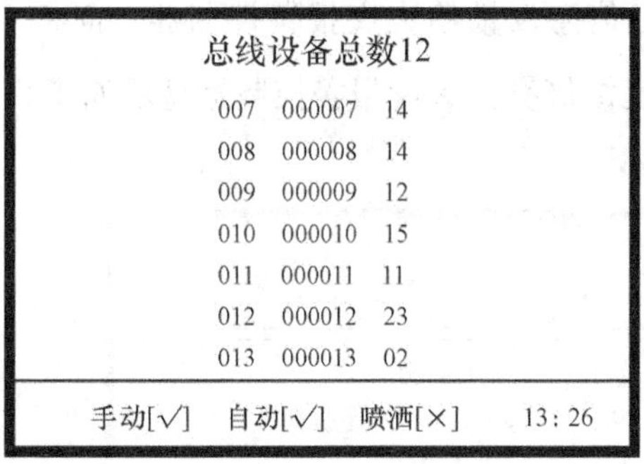

总线设备总数12
007 000007 14
008 000008 14
009 000009 12
010 000010 15
011 000011 11
012 000012 23
013 000013 02
手动[√] 自动[√] 喷洒[×] 13: 26

图 5-87

现场设备检查
1 总线设备检查
2 显示盘检查
3 光栅测温检查
手动[√] 自动[√] 喷洒[×] 13: 27

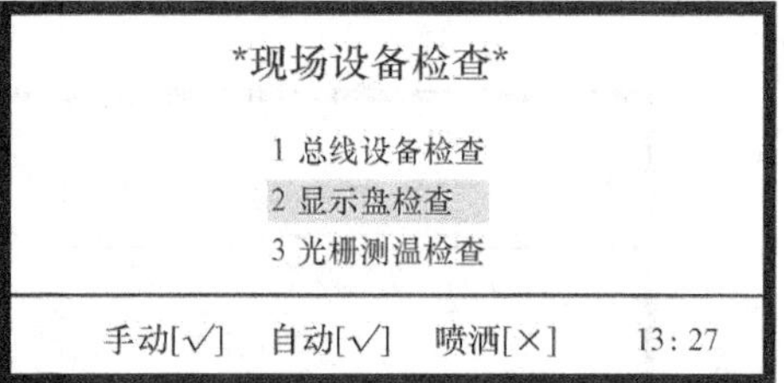

图 5-88

(6) 显示“显示盘检查”画面，如图 5-89 所示。

(7) 按“取消”键，返回“设备检查”界面，按“2”键，选择“操作盘检查”，如图 5 - 90 所示。

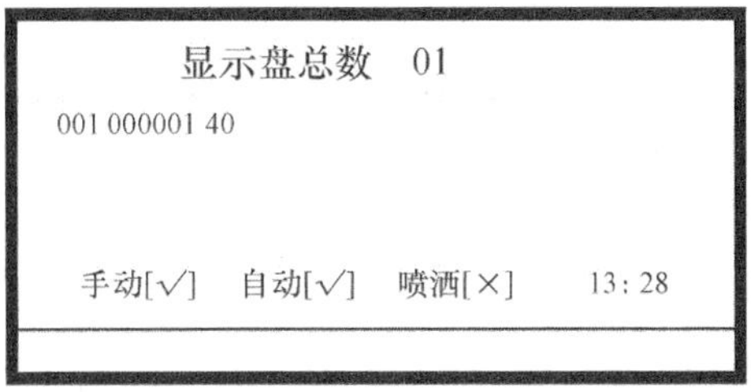

显示盘总数　01

001 000001 40

手动[√]　自动[√]　喷洒[×]　13:28

图 5 - 89

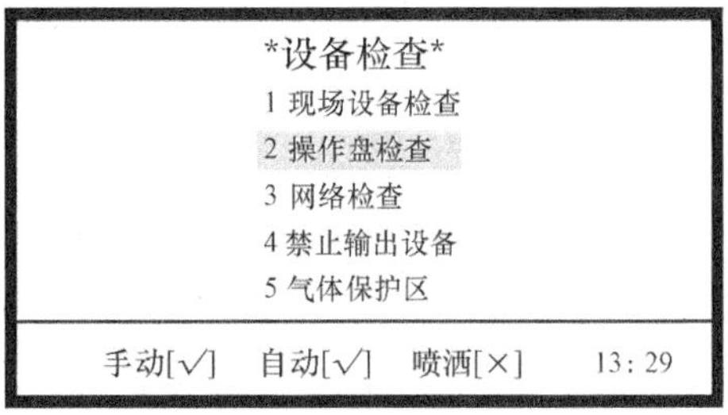

设备检查

1 现场设备检查

2 操作盘检查

3 网络检查

4 禁止输出设备

5 气体保护区

手动[√]　自动[√]　喷洒[×]　13:29

图 5 - 90

（8）按“1”键，选择“手动盘检查”，如图 5 - 91 所示。

（9）显示“手动盘检查”画面，如图 5 - 92 所示。

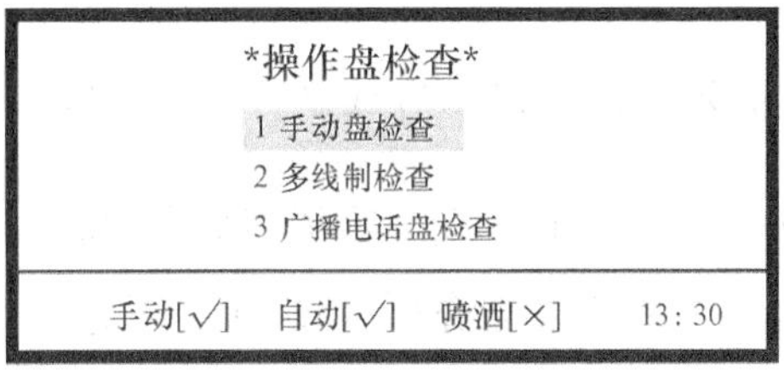

操作盘检查

1 手动盘检查

2 多线制检查

3 广播电话盘检查

手动[√]　自动[√]　喷洒[×]　13:30

图 5 - 91

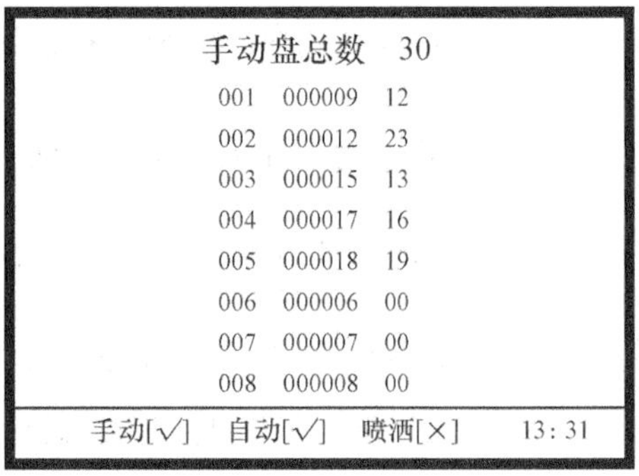

手动盘总数　30

001　000009　12

002　000012　23

003　000015　13

004　000017　16

005　000018　19

006　000006　00

007　000007　00

008　000008　00

手动[√]　自动[√]　喷洒[×]　13:31

图 5 - 92

（10）按“取消”键，返回“操作盘检查”界面，按“2”键，选择“多线制检查”，如图 5 - 93 所示。

（11）显示“多线制检查”画面，如图 5 - 94 所示。

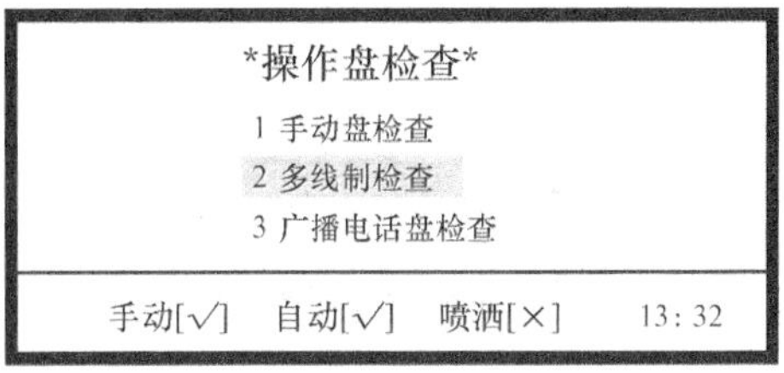

操作盘检查

1 手动盘检查

2 多线制检查

3 广播电话盘检查

手动[√]　自动[√]　喷洒[×]　13:32

图 5 - 93

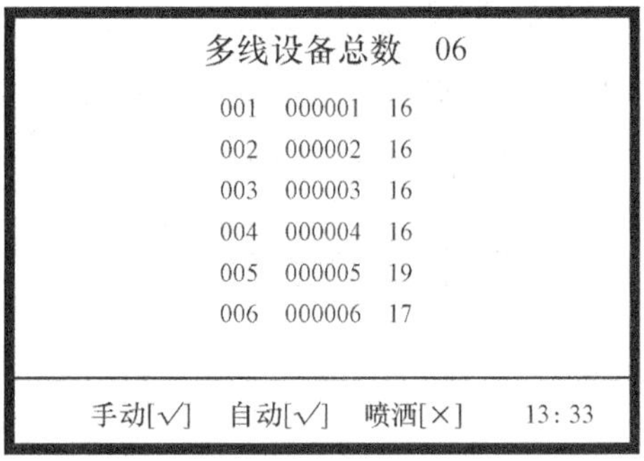

多线设备总数　06

001　000001　16

002　000002　16

003　000003　16

004　000004　16

005　000005　19

006　000006　17

手动[√]　自动[√]　喷洒[×]　13:33

图 5 - 94

（12）按“取消”键，返回“操作盘检查”界面，按“3”键，选择“广播电话盘

检查”，如图 5 - 95 所示。

（13）显示“广播电话盘检查”画面，如图 5 - 96 所示。

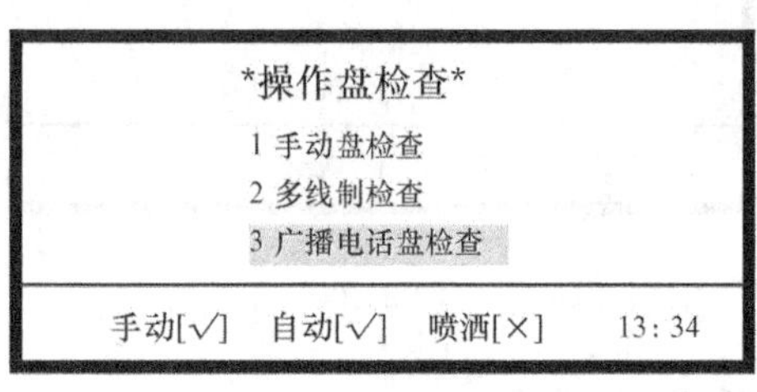

图 5 - 95

广播电话总数 90 MP3广播1
001 000001 14
002 000002 14
007 000007 14
008 000008 14
手动[√] 自动[√] 喷洒[×] 13: 35

图 5 - 96

6.4 消防电话总机与外部设备联合演示

1. 消防电话分机呼叫消防电话总机

（1）提起消防电话分机（100A），并插入消防电话接口 1 号或 2 号，其动作灯亮，消防电话总机响。提起消防电话总机的话筒，并按住话筒的“通话”键，可相互之间进行通话，消防电话总机通话灯亮。将消防电话分机（100A）从消防电话接口 1 号或 2 号拔出并挂在固定架上，或消防电话总机的话筒挂机、按消防电话总机的“挂机”键，即可结束通话，全部灯复位。

（2）提起消防电话分机（100B），并插入消防电话插孔 1 号或 2 号，消防电话接口 1 号或 2 号动作灯亮，消防电话总机响。提起消防电话总机的话筒，并按住话筒的“通话”键，可相互之间进行通话，消防电话总机通话灯亮。将消防电话分机（100B）从消防电话插孔 1 号或 2 号拔出，或消防电话总机的话筒挂机、按消防电话总机的“挂机”键，即可结束通话，全部灯复位。

（3）消防电话总机显示如图 5 - 97 所示。

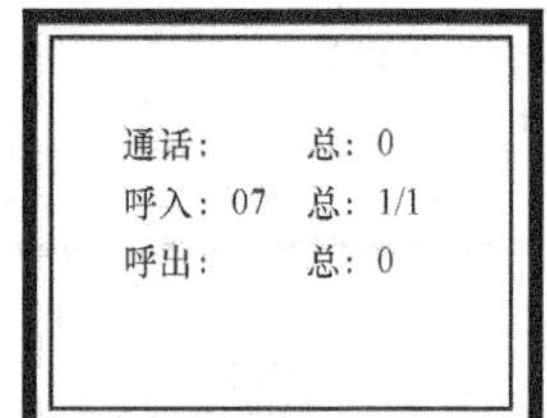

通话: 总: 0
呼入: 08 总: 1/1
呼出: 总: 0

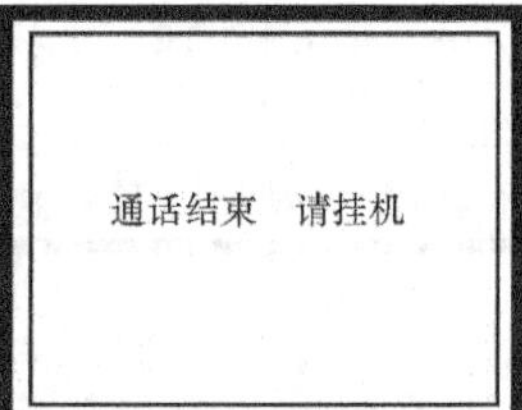

图 5 - 97

2. 消防电话总机呼叫消防电话分机

消防电话总机屏幕显示状态如图 5 - 98 所示。

(1) 提起消防电话总机的话筒，输入密码“111111”，如图 5 - 99 所示。

图 5 - 98

图 5 - 99

(2) 按消防电话总机的“7”或“8”键，即可呼叫地址为“7”或“8”的消防电话，消防电话总机呼叫灯亮，其相对应的消防电话接口动作灯亮。

(3) 提起消防电话分机（100A），并插入消防电话接口 1 号或 2 号。提起消防电话总机的话筒，并按住话筒的“通话”键，可相互之间进行通话，消防电话总机通话灯亮。

(4) 也可以提起消防电话分机（100B），并插入消防电话插孔 1 号或 2 号。提起消防电话总机的话筒，并按住话筒的“通话”键，可相互之间进行通话，消防电话总机通话灯亮。

(5) 消防电话总机显示如图 5 - 100 所示。

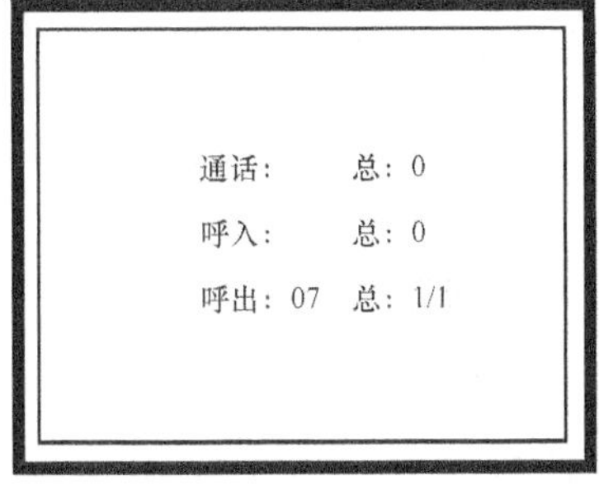

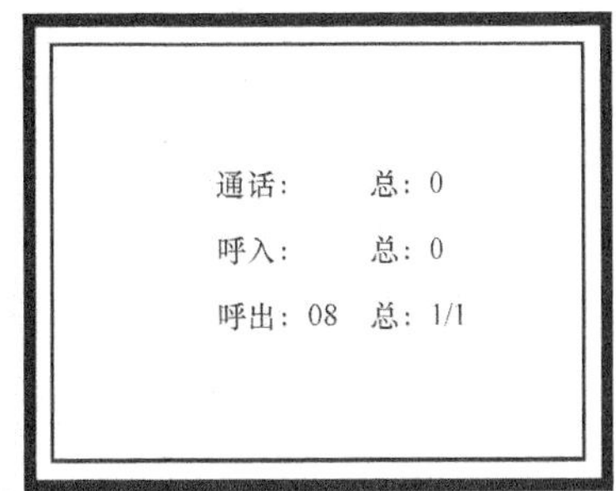

图 5 - 100

(6) 将消防电话分机（100A）从消防电话接口 1 号或 2 号拔出并挂在固定架上，或消防电话总机的话筒挂机、按消防电话总机的“挂机”键，即可结束通话。

(7) 将消防电话分机 (100B) 从消防电话插孔 1 号或 2 号拔出，或消防电话总机的话筒挂机、按消防电话总机的“挂机”键，即可结束通话。

(8) 消防电话总机显示如图 5-101 所示。

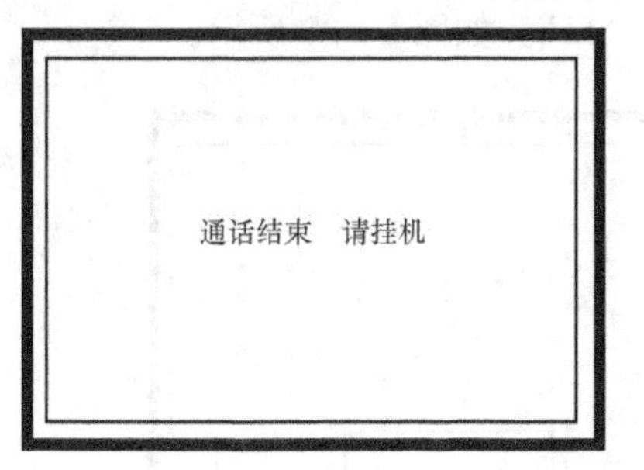

图 5-101

6.5 广播分配盘与外部设备联合演示

1. 正常待机

(1) 广播分配盘正常开机，如图 5-102 所示。

(2) 输入密码“123456”，按“确认”键，如图 5-103 所示。

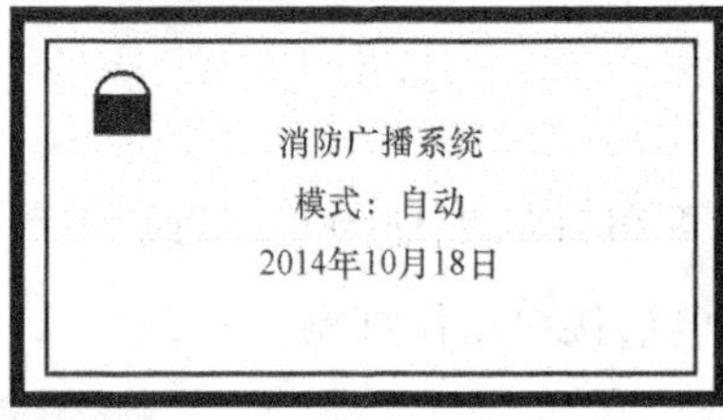

图 5-102

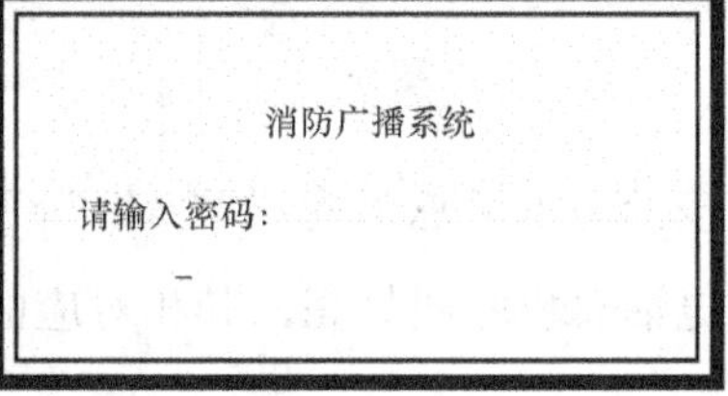

图 5-103

(3) 广播分配盘正常待机，如图 5-104 所示。

2. 应急广播

(1) 广播分配盘正常待机状态下，按“应急广播”键，如图 5-105 所示。

图 5-104

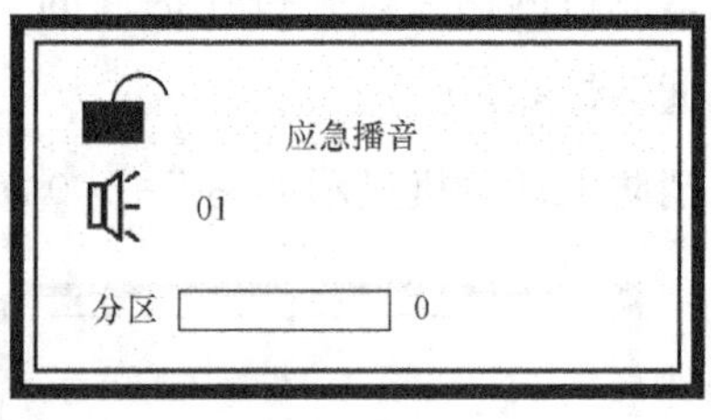

图 5-105

(2) 广播功率放大器音量为最大，播放应急广播声音。

(3) 输出模块动作，其动作灯亮，播放应急广播。

(4) 最后再按一次“应急广播”键，停止应急广播。

3. 话筒

(1) 广播分配盘正常待机状态下，按“话筒”键或提起话筒，按话筒的“通话”键。

(2) 输入音箱的地址“000009”，如图 5 - 106 所示。

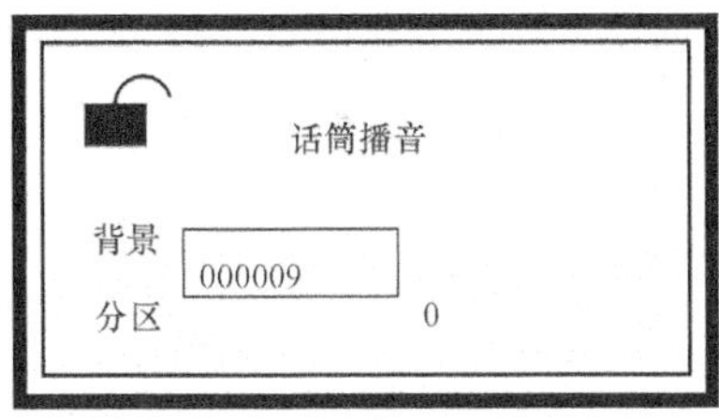

图 5 - 106

(3) 按“确认”键，即可进行人工说话播音，如图 5 - 107 所示。

(4) 按火灾报警控制器的“复位”键，再按“确认”键，停止话筒播音。

4. MP3

需自备 SD 大卡及 USB 转 SD 卡读卡器，才可正常广播。未播卡状态如图 5 - 108 所示。

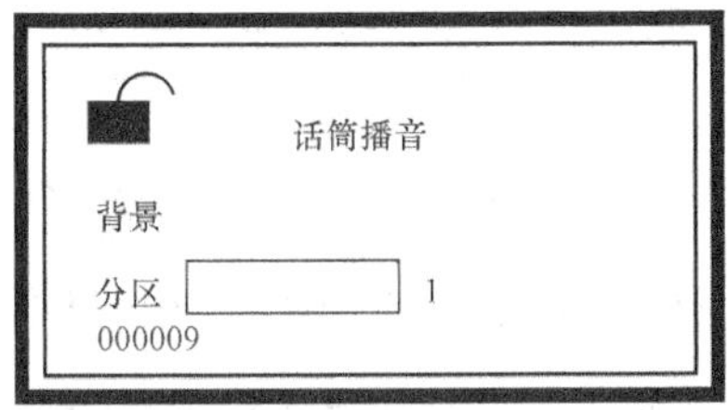

图 5 - 107

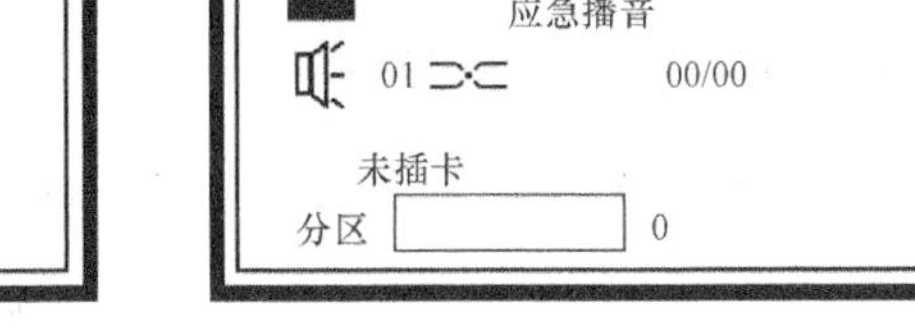

图 5 - 108

6.6　消防设备联动报警演示

1. 手动报警按钮

(1) 按下手动报警按钮，其火警指示灯亮，启动火灾声光警报器。手动报警按钮反馈灯亮，并把信息反馈给火灾显示盘，且发出报警声。火灾显示盘显示如图 5 - 109 所示。

(2) 同时把信息反馈给火灾报警控制器，面板启动灯亮。火灾报警控制器显示如图 5 - 110 所示。

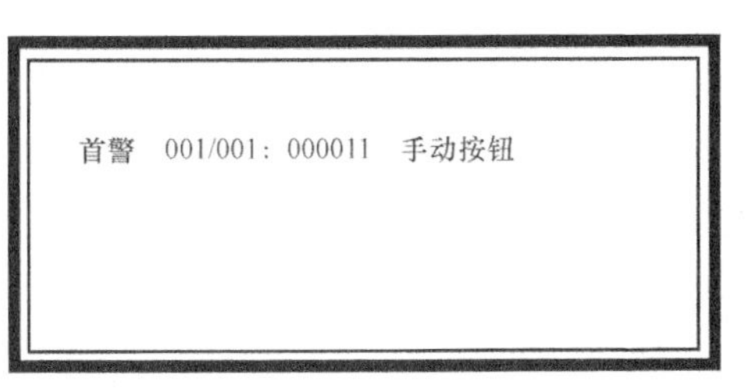

图 5 - 109

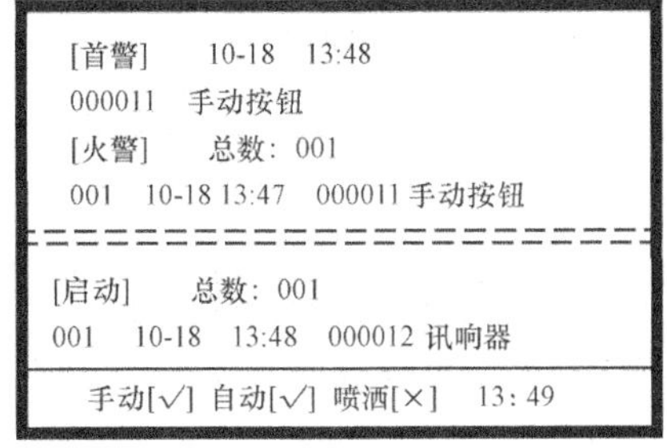

图 5 - 110

（3）用通用复位钥匙将手动报警按钮复位，停止火灾声光警报器，全部灯复位。

（4）按火灾报警控制器的“复位”键，使用默认密码，按“确认”键，即可消除警报。

2. 点型光电感烟探测器

（1）当发生火灾所产生的烟雾达到点型光电感烟探测器探测浓度时（点燃一张普通的纸，把火灭掉，产生的烟对着探测器即可），点型光电感烟探测器指示灯亮，排烟阀模拟动作，并把信息反馈给火灾显示盘，且发出报警声。火灾显示盘显示如图 5-111 所示。

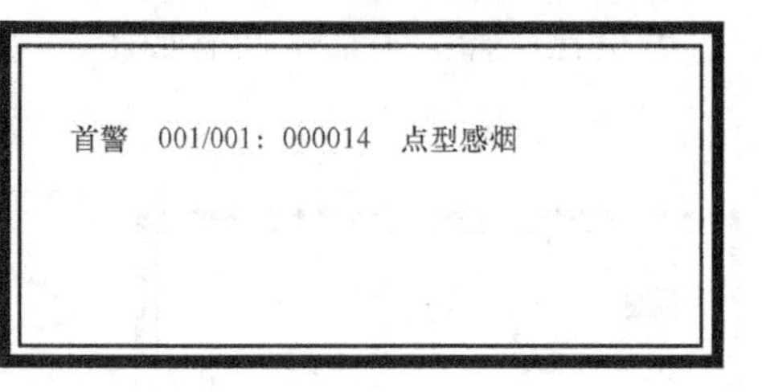

图 5-111

（2）同时把信息反馈给火灾报警控制器，面板启动、反馈灯亮。火灾报警控制器显示如图 5-112 所示。

（3）按火灾报警控制器的“复位”键，使用默认密码，按“确认”键消除警报。

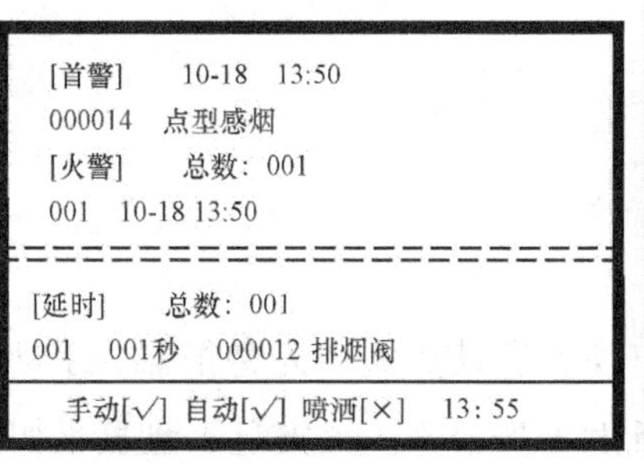

[首警] 10-18 13:50
000014 点型感烟
[火警] 总数：001
001 10-18 13:50
[反馈] 总数：001
001 10-18 13：54 000012 排烟阀
[启动] 总数：001
001 10-18 13：53 000012 排烟阀
手动[√] 自动[√] 喷洒[×] 13：55

图 5-112

3. 点型感温探测器

（1）当发生火灾温度升高达到点型感温探测器探测浓度时（用电吹风对着探测器即可），点型感温探测器指示灯亮，排烟阀模拟动作，并把信息反馈给火灾显示盘，且发出报警声。火灾显示盘显示如图 5-113 所示。

（2）同时把信息反馈给火灾报警控制器，面板启动，反馈灯亮，火灾报警控制器显示如图 5-114 所示。

（3）按火灾报警控制器的“复位”键，

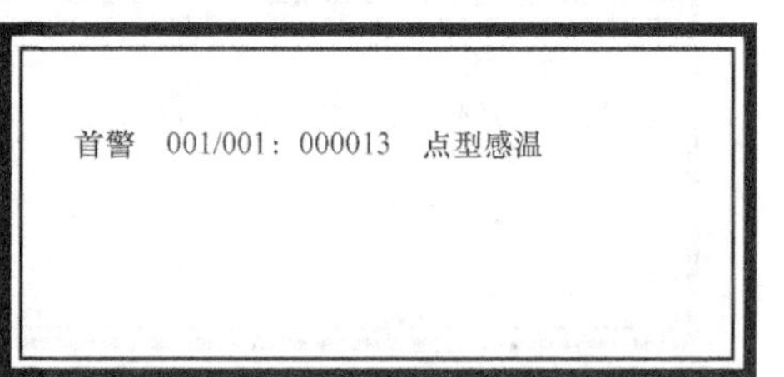

图 5-113

使用默认密码，按“确认”键消除警报。

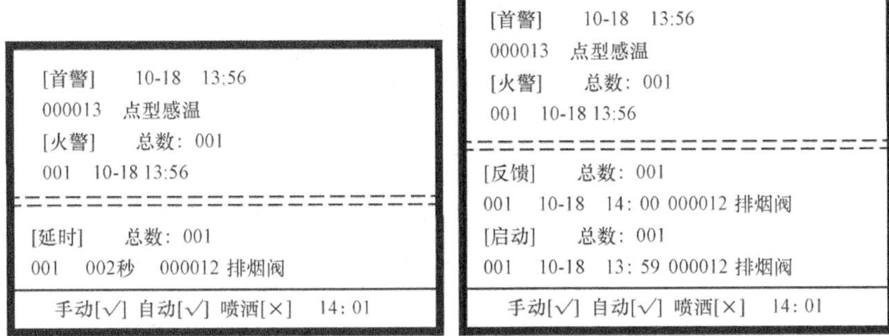

图 5-114

4. 280℃防火阀模拟控制

（1）将 280℃防火阀模拟按钮按为“ON”。

（2）消防水泵控制箱模拟动作（转到自动控制；继电器 KA5、KM1 或继电器 KA6、KM2 闭合；1 号启动指示灯亮、1 号停止指示灯灭或 2 号启动指示灯亮、2 号停止指示灯灭），启动消防水泵 1 号模拟或消防水泵 2 号模拟。

（3）消火栓按钮回答灯亮，输入/输出模块 1 号输入灯亮，并把信息反馈给火灾报警控制器，面板反馈灯亮，键值“4”反馈灯亮，多线制按钮 1 号反馈灯亮、多线制按钮 2 号反馈灯灭或多线制按钮 3 号反馈灯亮、多线制按钮 4 号反馈灯灭。

（4）延时 5s 后，接触器模拟闭合，启动排烟风机模拟。

（5）输入/输出模块 2 号输入灯亮，并把信息反馈给火灾报警控制器，面板反馈灯亮，键值“5”反馈灯亮，多线制按钮 5 号反馈灯亮。火灾报警控制器显示如图 5-115 和图 5-116 所示。

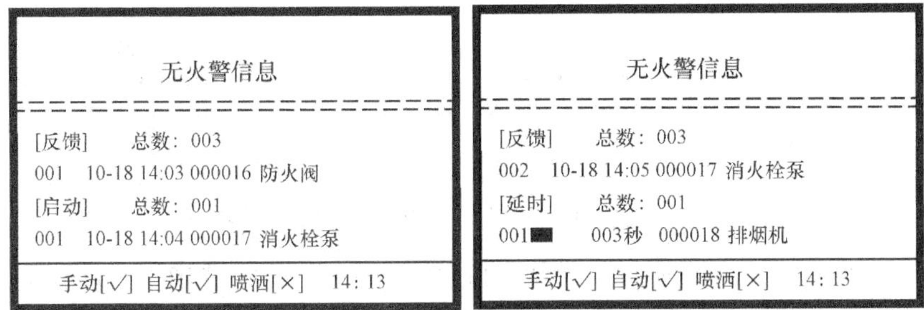

图 5-115

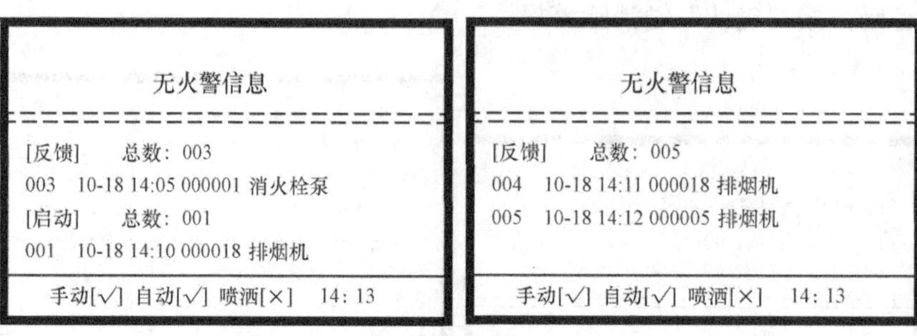

图 5-116

（6）将 280℃防火阀模拟按钮复位，停止消防水泵 1 号模拟或消防水泵 2 号模拟，同时停止排烟风机模拟。消防水泵控制箱模拟、接触器模拟、全部灯复位。

（7）按火灾报警控制器的“复位”键，使用默认密码，再按“确认”键，即可消除显示信息。

6.7 恢复出厂设置

（1）在正常待机状态下，按火灾报警控制器的“系统设置”键。使用默认密码，按“确认”键，进入设置界面，如图 5-117 所示。

（2）按“6”键，选择“调试状态”，如图 5-118 所示。

请输入密码 ********

手动[√] 自动[√] 喷洒[×] 14：14

图 5-117

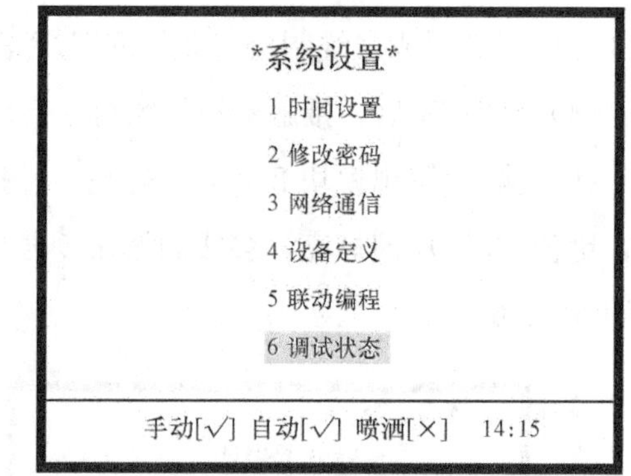

图 5-118

（3）按“5”键，选择“恢复出厂设置”，如图 5-119 所示。

（4）输入密码为“20080808”（不可直接按“确认”键），如图 5-120 所示。

（5）按“2”选择“整机初始化”，如图 5-121 所示。

（6）等待初始化完成，如图 5-122 所示。

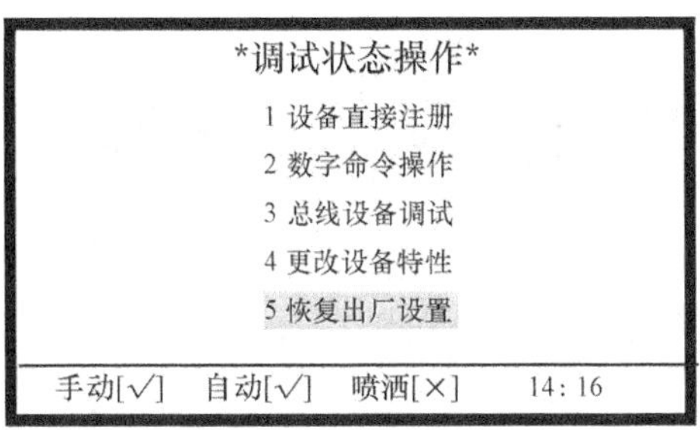

图 5 - 119

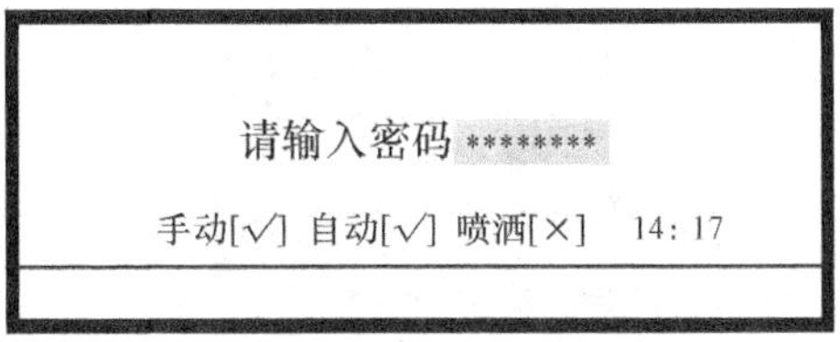

请输入密码 ********

手动[√] 自动[√] 喷洒[×]　14: 17

图 5 - 120

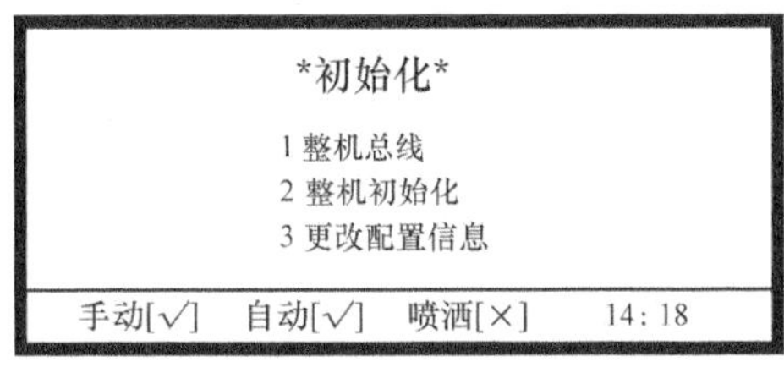

图 5 - 121

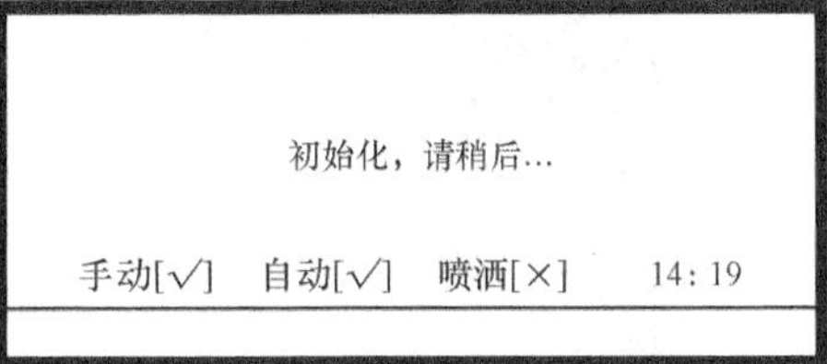

图 5 - 122

第 7 节　管理软件配置运行

7.1　软件安装

(1) 解压压缩包，双击图标 setup Setup Launcher 海湾安全技术有限，如图 5 - 123 所示。

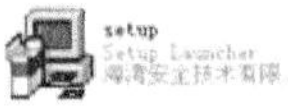

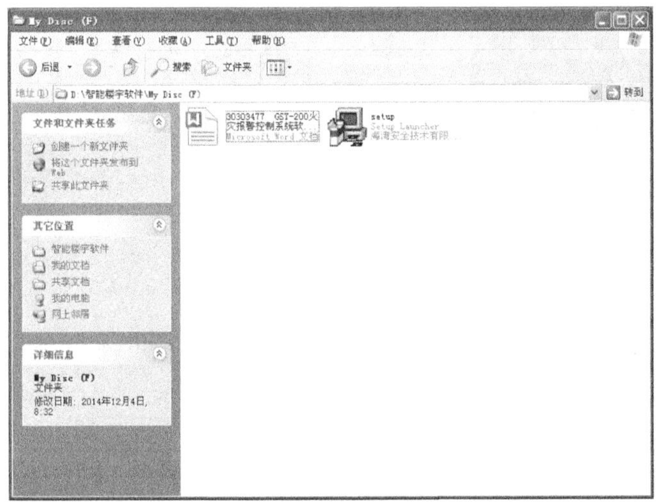

图 5 - 123

（2）准备安装，如图 5 - 124 所示。

图 5 - 124

（3）单击“下一步”按钮，如图 5 - 125 所示。

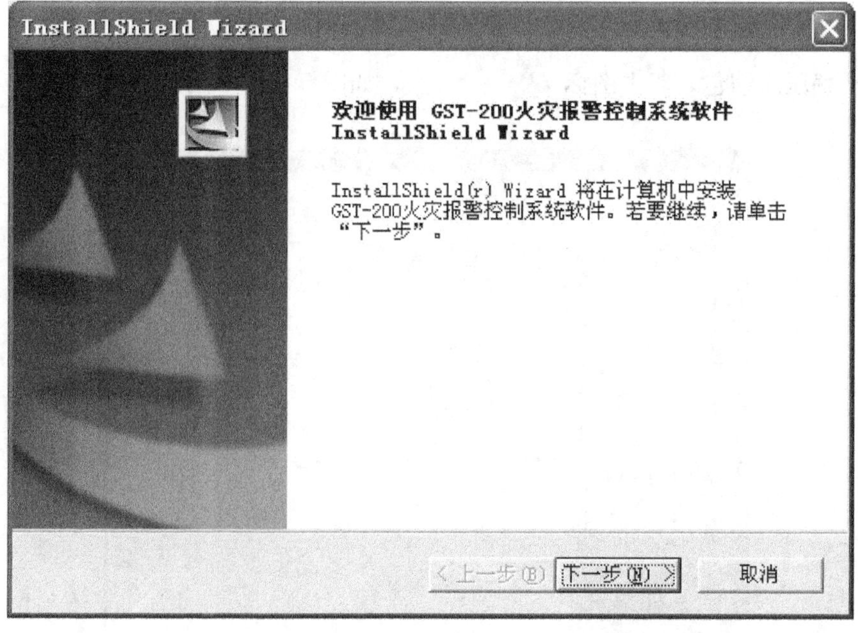

图 5 - 125

(4) 单击“是”按钮，如图 5 - 126 所示。

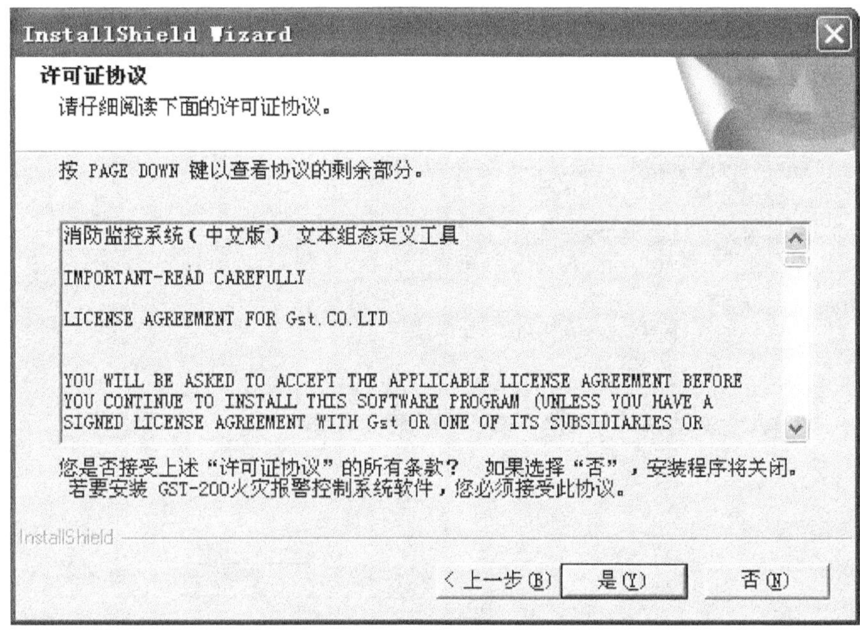

图 5 - 126

(5) 使用默认安装路径，单击“下一步”按钮，如图 5 - 127 所示。

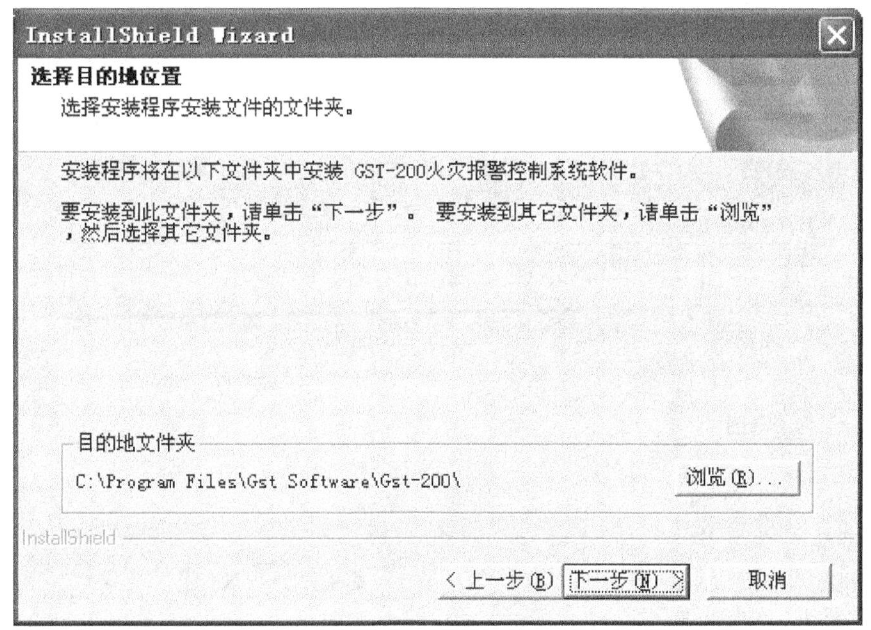

图 5 - 127

（6）选择“典型”安装，单击“下一步”按钮，如图 5-128 所示。

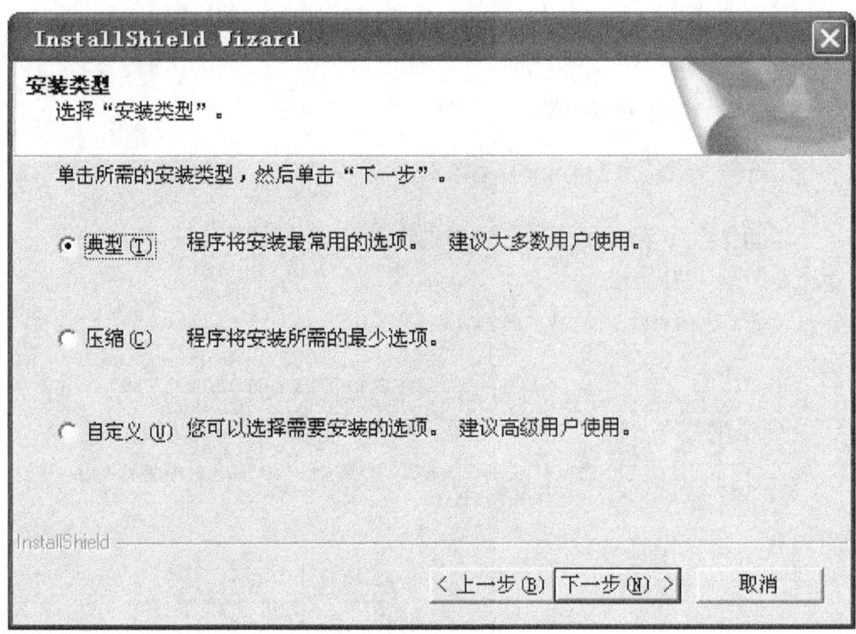

图 5-128

（7）选择默认文件夹，单击“下一步”，如图 5-129 所示。

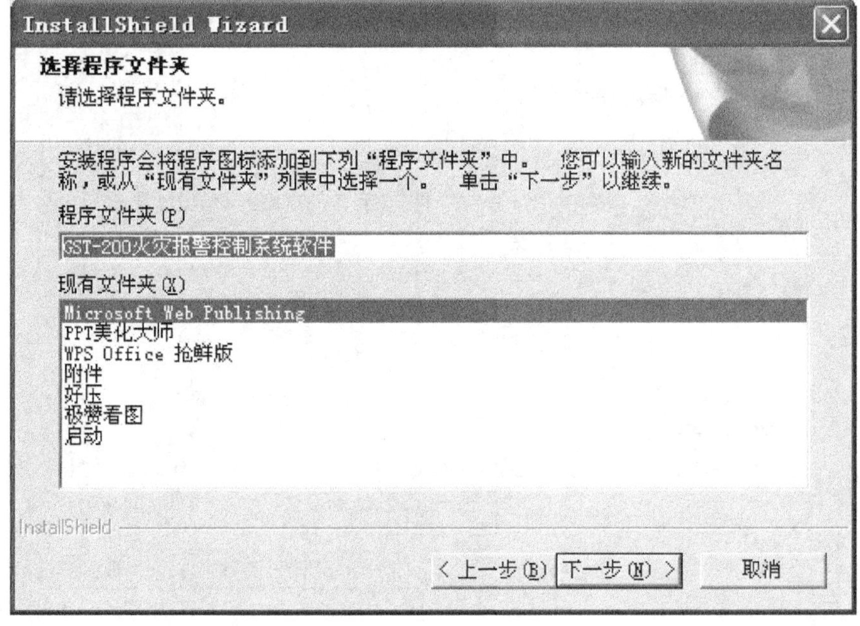

图 5-129

（8）单击“下一步”，如图 5－130 所示。

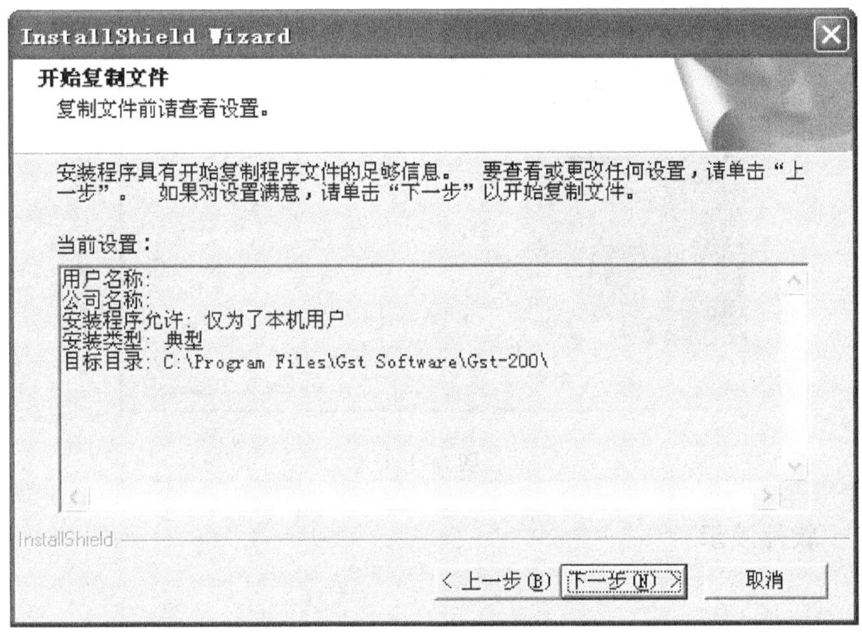

图 5－130

（9）等待安装，如图 5－131 所示。

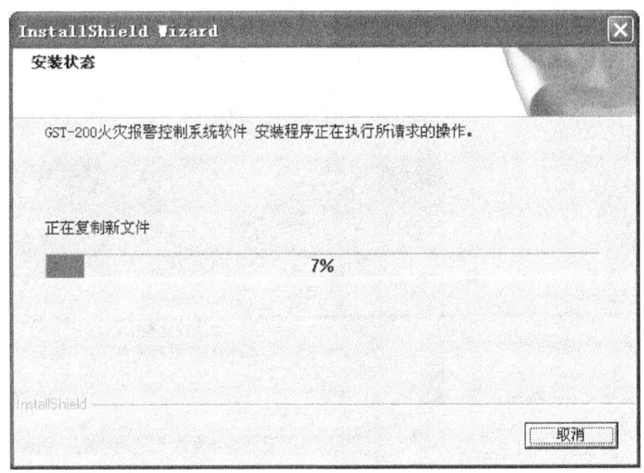

图 5－131

（10）单击“完成”按钮，安装完毕，如图 5－132 所示。

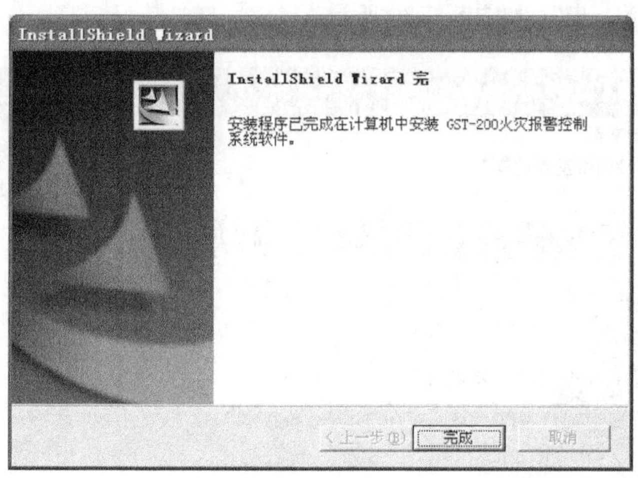

图 5 - 132

7.2 软件演示

1. 软件功能

火灾报警管理软件可以实现火灾报警控制器的远程控制。软件中可以定义系统中的控制器，定义联动公式，还能对定义信息的上传、下载及设备实时操作。

2. 软件使用

(1) 单击“开始”菜单，选择“程序”→“海湾消防监控系统”→“GST 火灾报警监控系统”→“发送到”→“桌面快捷方式”，如图 5 - 133 所示。

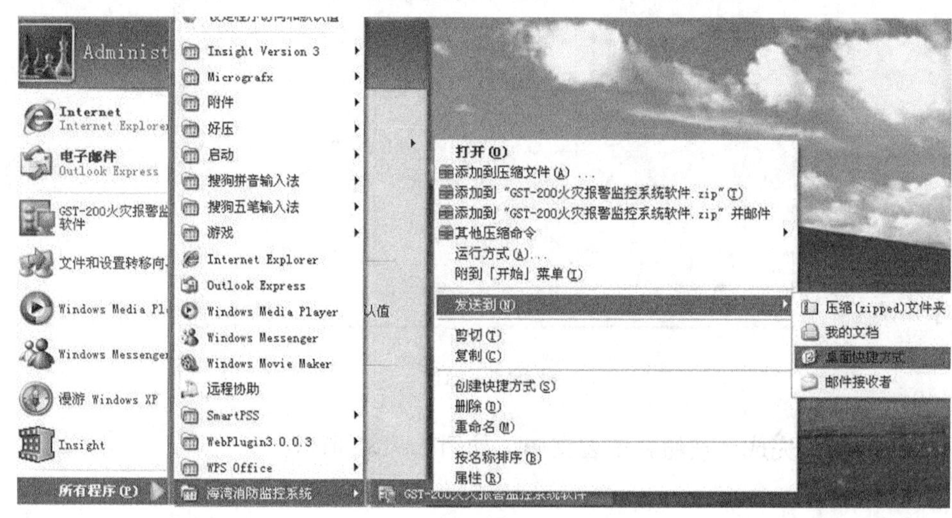

图 5 - 133

(2) 选中“我的电脑”右击，单击“管理”，然后单击“设备管理器”，再单击“端口（COM 和 LPT)”，查看通信端口为“COM1”，如图 5 - 134 所示。

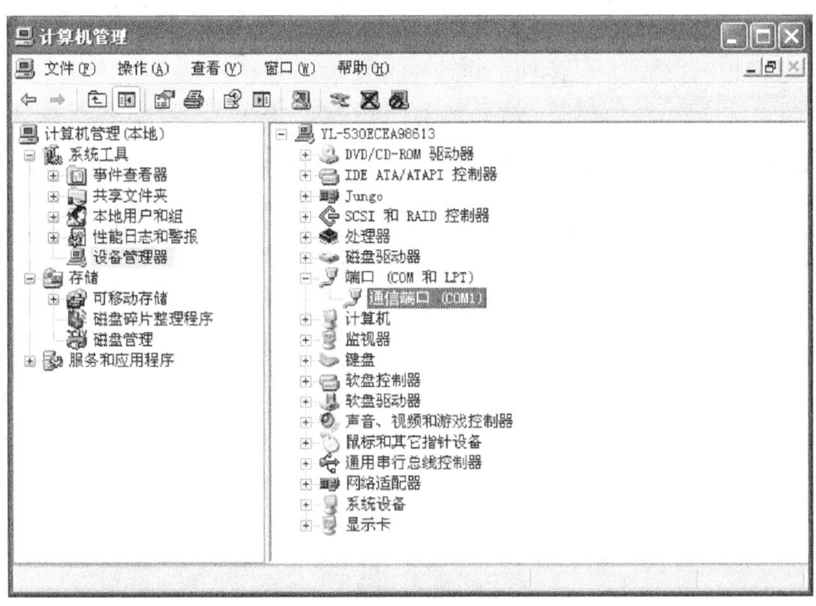

图 5 - 134

(3) 双击桌面图标打开软件，单击“串口设置”菜单，如图 5 - 135 所示。

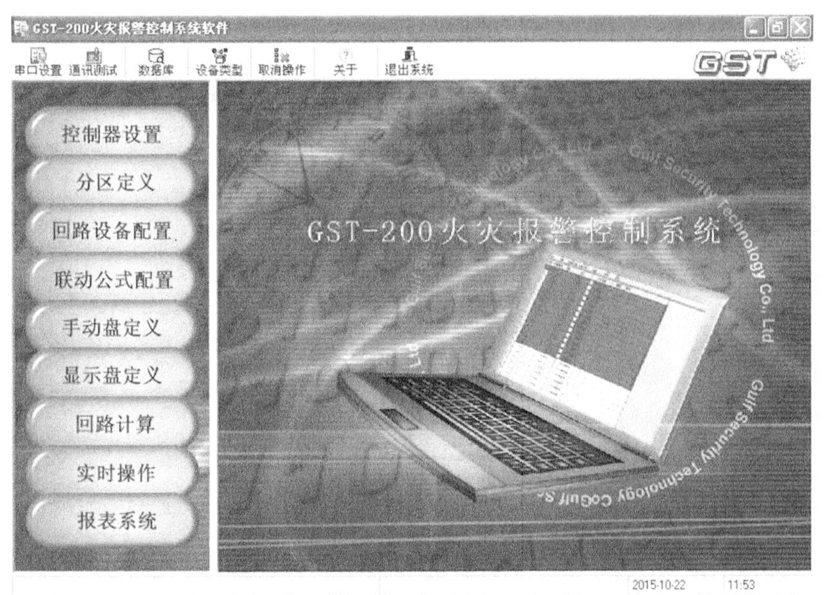

图 5 - 135

(4) 选择串口号“COM1”，单击“确定”按钮，如图 5 - 136 所示。

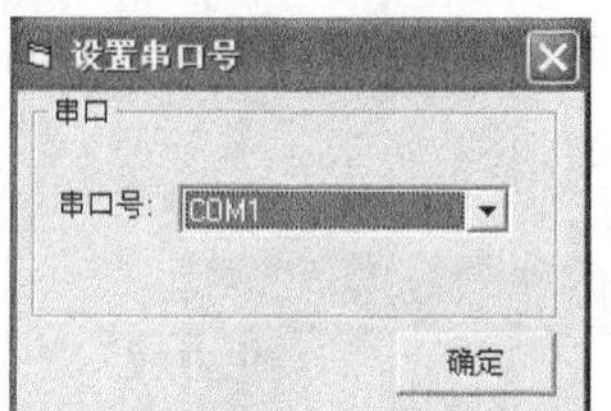

图 5-136

(5) 单击“通信测试”按钮，再单击“开始”按钮，如图 5-137 所示。

(6) 通信详细信息里显示“OK”表示通信成功，单击“关闭”按钮，如图 5-138 所示。

(7) 单击“控制器设置”，控制器名称为“控制器 200”，控制器地址选择“1”，单击保存，如图 5-139 所示。

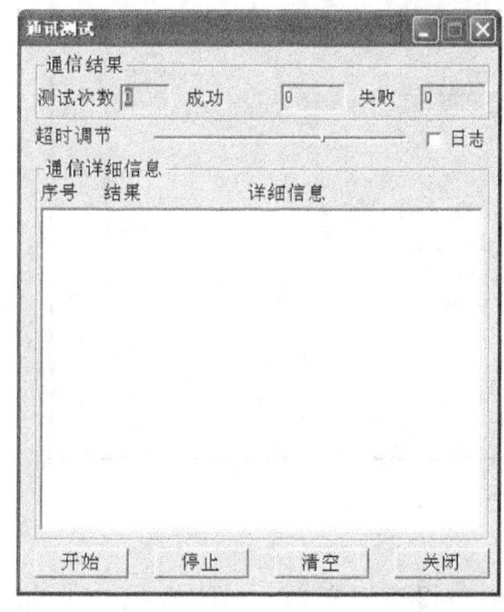

图 5-137

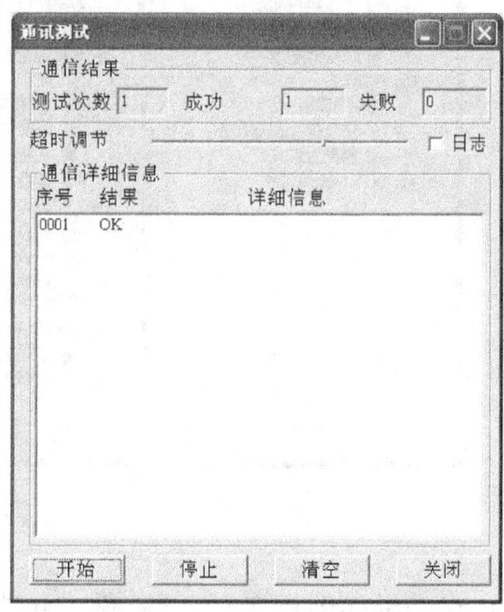

图 5-138

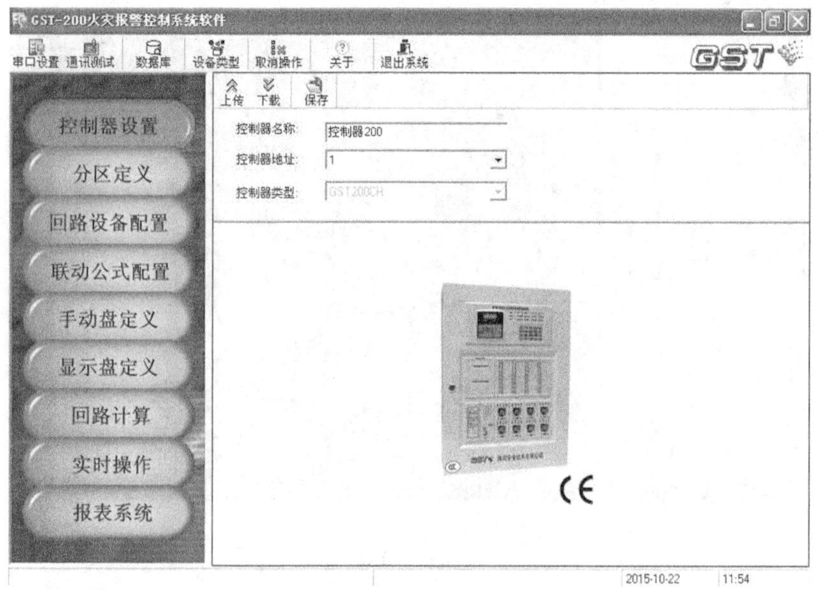

图 5-139

(8) 单击“回路设备配置”。选择“设备编码 000007～000018”，单击“上传”按钮，如图 5-140 所示。

GST-200火灾报警控制系统软件

串口设置 通讯测试 数据库 设备类型 取消操作 关于 退出系统 GST

控制器设置 分区定义 回路设备配置 联动公式配置 手动盘定义 显示盘定义 回路计算 实时操作 报表系统

上传 下载 全部上传 全部下载 检查 保存 载入

一次码	设备编码	回路	分区	设备类型	属性	描述
1	101001	1	000-未定义	03-光电感烟	6	
2	101002	1	000-未定义	03-光电感烟	6	
3	101003	1	000-未定义	03-光电感烟	6	
4	101004	1	000-未定义	03-光电感烟	6	
5	101005	1	000-未定义	03-光电感烟	6	
6	101006	1	000-未定义	03-光电感烟	6	
7	000007	1	000-未定义	03-光电感烟	6	
8	000008	1	000-未定义	03-光电感烟	6	
9	000009	1	000-未定义	03-光电感烟	6	
10	000010	1	000-未定义	03-光电感烟	6	
11	000011	1	000-未定义	03-光电感烟	6	
12	000012	1	000-未定义	03-光电感烟	6	
13	000013	1	000-未定义	03-光电感烟	6	
14	000014	1	000-未定义	03-光电感烟	6	
15	000015	1	000-未定义	03-光电感烟	6	
16	000016	1	000-未定义	03-光电感烟	6	
17	000017	1	000-未定义	03-光电感烟	6	
18	000018	1	000-未定义	03-光电感烟	6	
19	101019	1	000-未定义	03-光电感烟	6	
20	101020	1	000-未定义	03-光电感烟	6	
21	101021	1	000-未定义	03-光电感烟	6	
22	101022	1	000-未定义	03-光电感烟	6	
23	101023	1	000-未定义	03-光电感烟	6	
24	101024	1	000-未定义	03-光电感烟	6	

2014-12-8　11:00

图 5-140

(9) 上传设备成功，单击“关闭”按钮，如图 5-141 所示。

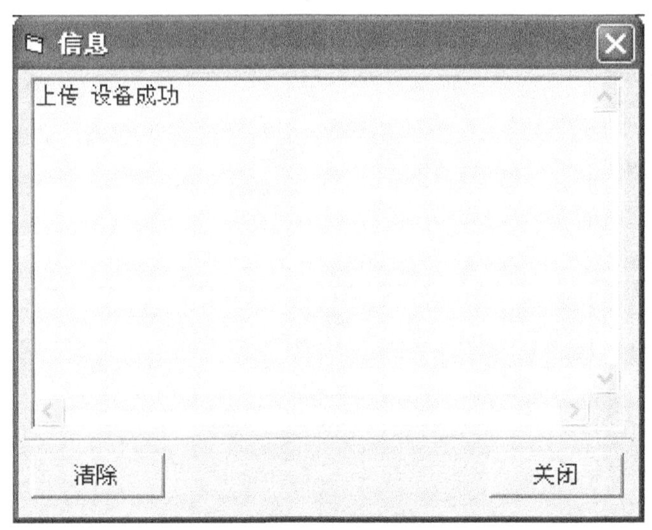

图 5-141

(10) “设备编码 000007～000018”的上传信息与火灾报警控制器里的设置统一，单击保存，如图 5-142 所示。

一次码	设备编码	回路	分区	设备类型	属性	描述
1	101001	1	000未定义	03-光电感烟	6	
2	101002	1	000未定义	03-光电感烟	6	
3	101003	1	000未定义	03-光电感烟	6	
4	101004	1	000未定义	03-光电感烟	6	
5	101005	1	000未定义	03-光电感烟	6	
6	101006	1	000未定义	03-光电感烟	6	
7	000007	1	000未定义	14-消防电话	1-Level	
8	000008	1	000未定义	14-消防电话	1-Level	
9	000009	1	000未定义	12-消防广播	1-Level	
10	000010	1	000未定义	15-消火栓	1-Level	
11	000011	1	000未定义	11-手动按钮	1-Level	
12	000012	1	000未定义	23-排烟阀	1-Level	
13	000013	1	000未定义	02-差定温	1	
14	000014	1	000未定义	03-光电感烟	1	
15	000015	1	000未定义	13-讯响器	1-Level	
16	000016	1	000未定义	22-防火阀	1-Level	
17	000017	1	000未定义	16-消火栓泵	1-Level	
18	000018	1	000未定义	19-排烟机	1-Level	
19	101019	1	000未定义	03-光电感烟	6	
20	101020	1	000未定义	03-光电感烟	6	
21	101021	1	000未定义	03-光电感烟	6	
22	101022	1	000未定义	03-光电感烟	6	
23	101023	1	000未定义	03-光电感烟	6	
24	101024	1	000未定义	03-光电感烟	6	

图 5-142

（11）单击“联动公式配置”，单击“全部上传”按钮，如图 5-143 所示。

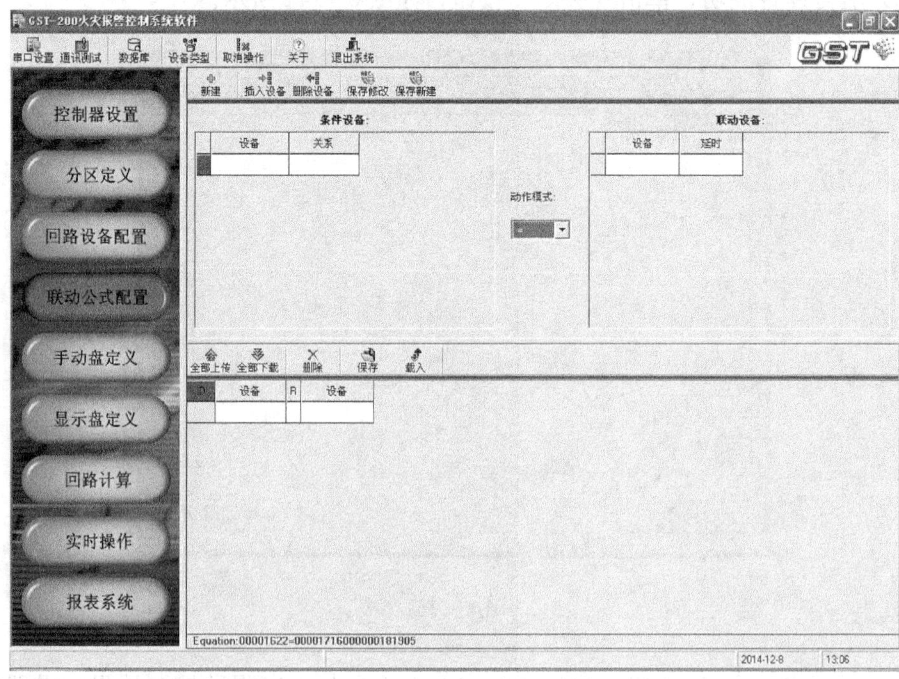

图 5-143

(12) 上传联动公式成功，单击“关闭”按钮，如图 5 - 144 所示。

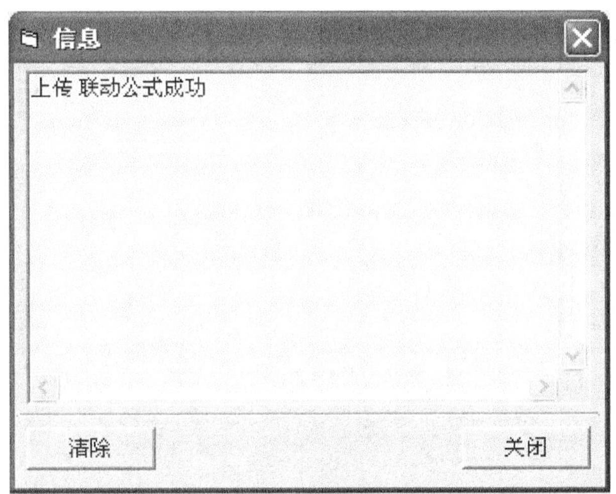

图 5 - 144

(13) 上传信息与火灾报警控制器里的设置统一，如图 5 - 145 所示。

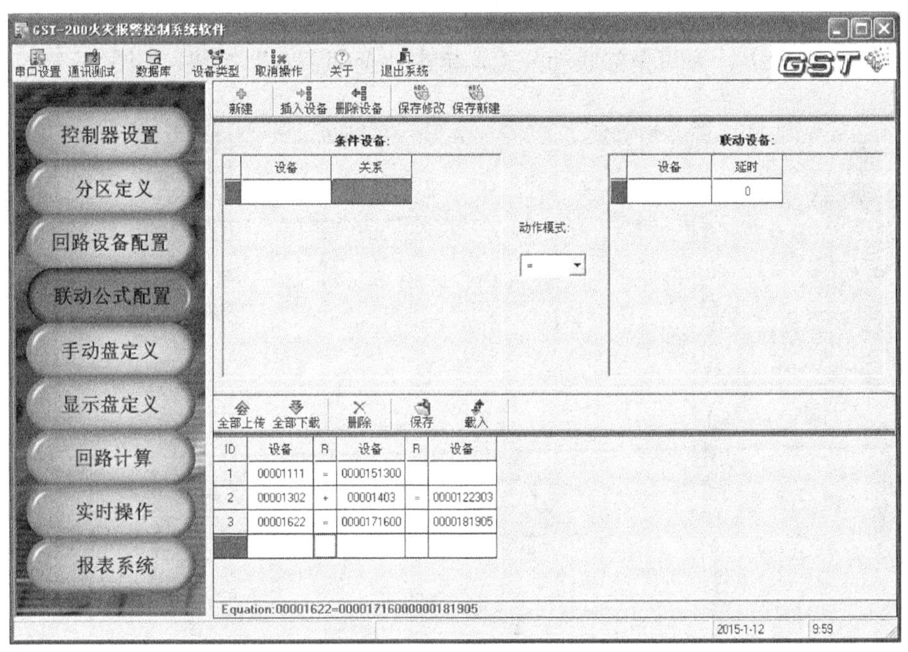

图 5 - 145

(14) 新建联动公式，在“条件设备”下的“设备”里填写“00001111”，在“联动设备”下的“设备”里填写“00001513”，在“延时”选项里填写“0”，单击“保存修改”按钮，如图 5 - 146 所示。

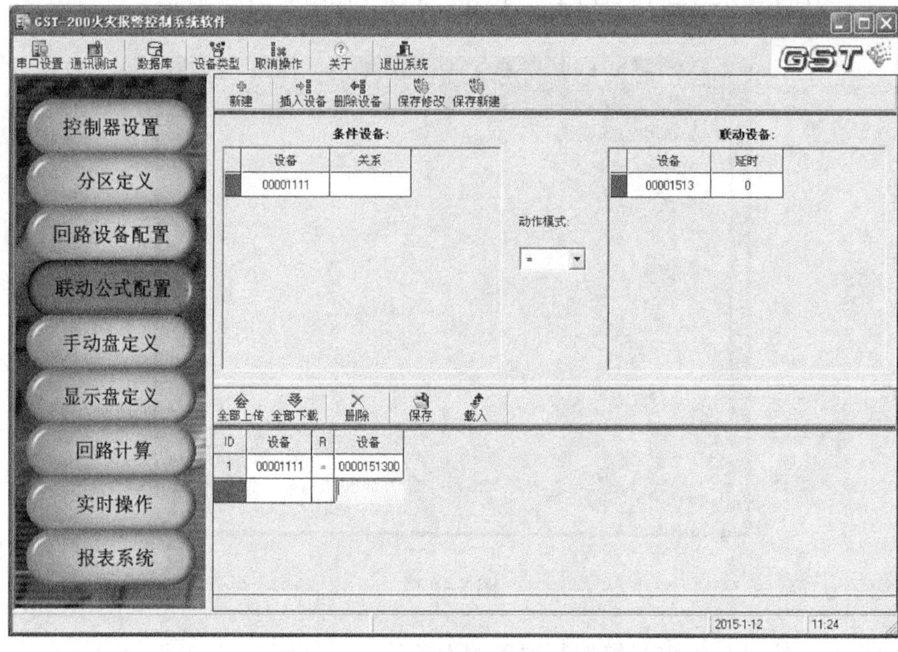

图 5 - 146

(15) 方法同上，编写全部联动公式，单击“全部下载”按钮，如图 5 - 147 所示。

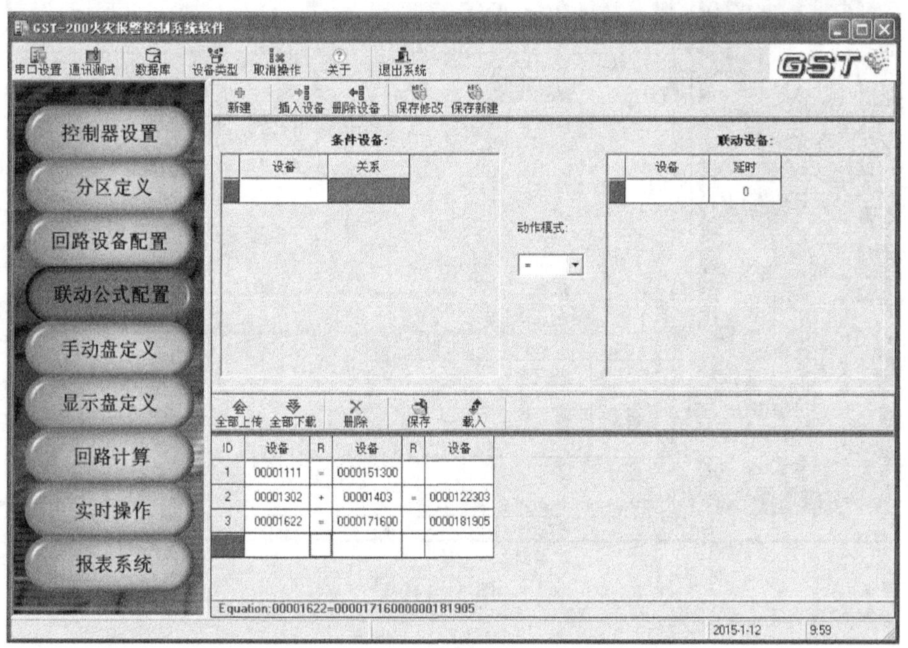

图 5 - 147

(16) 下载联动公式成功，单击“关闭”按钮，如图 5 - 148 所示。

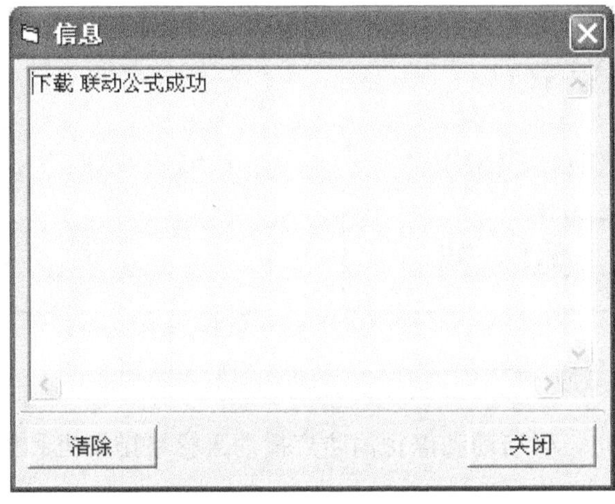

图 5 - 148

(17) 单击“实时操作”，单击设备编码为“000015”的讯响器，再单击上面的“启动▶”按钮，启动火灾声光警报器，开始报警，如图 5 - 149 所示。

图 5 - 149

(18) 单击“确定”，如图 5 - 150 所示。

(19) 再单击上面的“停动■”按钮，此时火灾声光警报器停止，单击“确定”按

钮，如图 5－151 所示。

图 5－150

图 5－151

（20）按上述操作，可启动和停止消防广播消火栓泵排烟机和排烟阀。

7.3　软件退出

（1）单击“退出系统”按钮，如图 5－152 所示。

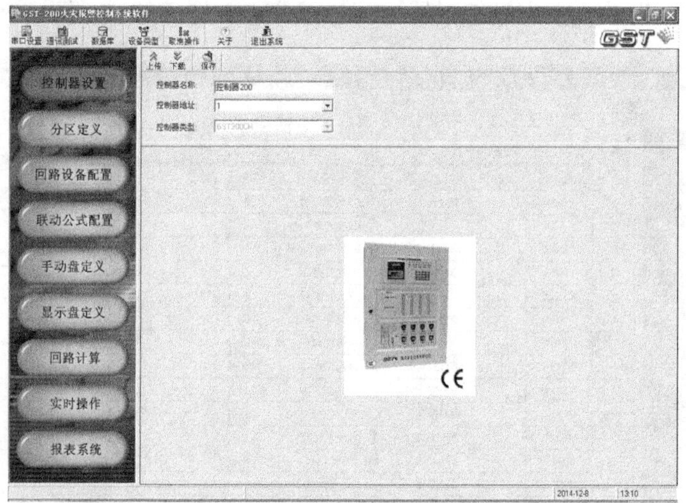

图 5－152

（2）单击“是”按钮，如图 5－153 所示。

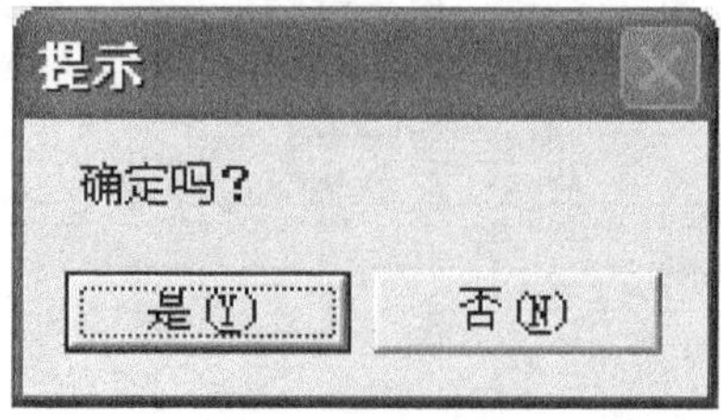

图 5－153

附录A　2017年中国技能大赛——全国住房城乡建设行业“亚龙杯”智能楼宇职业技能竞赛评分表

（竞赛用时：240分钟；试卷总分：100分）

智能楼宇职业技能竞赛评分表

项目	考核内容	任务要求	分值
综合布线系统安装、缆线连接与测试	一、水平子系统的安装、缆线连接与测试	1. 安装1个数据信息点并布线到管理子系统的RJ 45配线架得1分。 2. 安装2个语音信息点并布线连接到管理子系统的110配线架得1分。 3. 自制2根用于连接高清网络红外枪型摄像机和POE高清网络半球摄像机的通信网络线缆得1分。 4. 自制2根用于连接HDCVI高清同轴高速球型摄像机和HDCVI高清同轴一体化枪型摄像机的视频线缆得1分。 5. 线缆敷设到线槽并已上盖得1分	5
	二、干线子系统的安装、缆线连接与测试	1. 光纤跳线的安装与连接得1分。 2. 大对数铜缆（用4对超五类双绞线代替，实现设备间子系统与管理子系统之间的干线连接）端接得1分	2
	三、设备间子系统和管理子系统的安装与连接	1. 安装RJ 45光纤收发器得1分。 2. 自制3根用于设备间子系统和管理子系统的网络管理跳线（超五类双绞线）得3分。 3. 从程控交换机接出2对内线（内线端口1、7）到设备间子系统的110配线架得2分	6
火灾自动报警及消防联动系统安装、连接与调试	一、火灾探测器、隔离模块、I/O模块及外部设备的连接与器件登录	火灾探测器、隔离模块、I/O模块及外部设备的连接与器件登录得4分（说明：火灾探测器地址码范围1～50；I/O模块及声光报警器的地址码范围129～136）	4
	二、探测器报警联动编程调试	1. 点型光电感烟探测器报警后，联动声光警报器报警得1分。 2. 按下火灾报警按钮后，再触发非编码点型感温探测器报警后，联动声光警报器报警得2分（未采用复合逻辑编程的此项不得分）	3
	三、水流开关监视及压力开光联动喷淋泵编程调试	1. 手动触发压力开关动作后，延时2s联动声光警报器报警得0.5分；声光报警器启动后再延时5s联动喷淋泵启动得1.5分。 2. 火灾报警控制器监视1楼水流开关动作信号得0.5分。 3. 火灾报警控制器监视2楼水流开关动作信号得0.5分	3

续表

项目	考核内容	任务要求	分值
通信网络和信息网络系统连接、调试与管理	一、语音程控交换机调试	1. 电话机从工作区子系统接入水平子系统的语音信息点插座至管理子系统得 2 分。 2. 电话机（电话号码：801、807）之间能互相通话得 3 分	5
	二、网络交换机连接与基本配置	用线缆把网管交换机 Console 口与计算机连接得 1 分	1
	三、网络交换机 Vlan 划分与管理	智能镜像网管交换机 Vlan 端口划分 1～4 端口划为 Vlan2（网关：192.168.2.1），5～8 端口划为 Vlan3（网关：192.168.3.1）得 2 分	2
	四、网络智能化管理	1. 将计算机（IP：192.168.2.100）的网线经 RJ 45 信息插座引至设备间子系统配线架后，通过 1 根网络管理跳线接入智能镜像网管交换机 Vlan2 得 3 分。 2. 将视频监控系统 HDCVI 硬盘录像机（IP：192.168.3.100）的网线经 RJ 45 信息插座引至设备间子系统配线架后，通过 1 根网络管理跳线接入智能镜像网管交换机 Vlan3，高清网络红外枪型摄像机（IP：192.168.3.101）通过自制通信网络线缆直接接入网管交换机 Vlan3，得 3 分	6
建筑设备监控系安装、连接、编程与调试	一、照明系统安装与连接	1. 连接 1 盏 LED 照明灯得 1 分。 2. 连接光照度传感器得 1 分。 3. 连接 LED 驱动器得 1 分。 4. 安装连接室内用被动红外入侵探测器得 1 分。 5. 安装连接日光灯得 1 分	5
	二、照明系统 DDC 的编程与调试	1. 当光照度传感器检测到环境光照度变暗时，LED 灯的亮度调亮得 1 分。 2. 当光照度传感器检测到环境光照度变亮时，LED 灯的亮度调暗得 1 分。 3. 当室内用被动红外入侵探测器能在 18：00～6：00 时间段内联动控制日光灯开关得 1 分。 4. 当室内用被动红外入侵探测器连续 5s 未动作时日光灯自动熄灭得 1 分	4
	三、空调系统 DDC 编程与检测	1. DDC 能实时检测空调系统各传感器点位数值和开关状态得 1 分。 2. 系统处于自动运行状态时，能实现以下功能： （1）压差开关报警后，能停止送风机运行得 2 分； （2）新风阀开度小于 3%时，能停止送风机运行得 2 分； （3）防冻开关报警后，能停止送风机运行得 2 分； （4）送风机停止后，能关闭水阀得 2 分； （5）通过 PID 调节，设定房间目标温度（制冷模式），系统能根据室内采集温度对水阀进行 PID 控制得 3 分； （6）通过 PID 调节，设定房间目标湿度（制冷模式），系统能根据室内采集湿度对加湿阀进行 PID 控制得 3 分	15

续表

项目	考核内容	任务要求	分值
建筑设备监控系安装、连接、编程与调试	四、照明系统集成监控管理	1. 照明系统组态监控有设计界面得 2 分。 2. 照明系统组态画面的标注信息、各种操作按钮、指示灯、仪表、数值、单位等设置完整并结构合理得 2 分。 3. 组态界面能监测仪表读数、光照度传感器实时采集数值、室内用被动红外入侵探测器状态、运行状态得 2 分。 4. 当室内用被动红外入侵探测器未动作时，组态界面能对日光灯进行手动开关得 1 分	7
	五、空调系统组态管理	1. 空调系统组态监控有设计界面得 1 分。 2. 空调系统组态画面的标注信息、各种操作按钮、指示灯、仪表、时间、数值、单位等设置完整并结构合理得 1 分。 3. 组态界面能监控送风机（启停控制）得 2 分。 4. 组态界面能监测压差开关、防冻开关状态得 2 分。 5. 组态界面能监测回风温度、回风湿度、送风温度、新风阀开度、水阀开度、加湿阀开度得 3 分	9
安全防范系统安装、连接、调试	一、前端设备安装与连接	1. 安装连接红外对射探测器得 1 分。 2. 安装连接紧急按钮得 1 分。 3. 连接拾音器得 1 分。 4. 高清网络红外枪型摄像机采用 1 根自制的通信网络线缆直接接入设备间子系统的智能镜像网管交换机 Vlan3 端口得 1 分。 5. POE 高清网络半球摄像机（IP：192.168.2.101）采用 1 根自制的通信网络线缆接入水平子系统的其中一个数据信息点插座至管理子系统配线架后，再通过网络管理跳线连接 POE 交换机，通过垂直干线光纤链路接入智能镜像网管交换机 Vlan2 端口得 2 分。 6. HDCVI 高清同轴高速球型摄像机和 HDCVI 高清同轴一体化枪型摄像机采用 2 根自制的视频线缆分别接入网孔架接线端子引至实训台的视频分配器得 2 分	8
	二、视频监控系统调试	1. HDCVI 硬盘录像机监视器清晰显示 HDCVI 高清同轴高速球型摄像机、高清网络红外枪型摄像机和 HDCVI 高清同轴一体化枪型摄像机画面得 3 分。 2. 通过 HDCVI 硬盘录像机控制 HDCVI 高清同轴高速球型摄像机进行控制得 1 分。 3. 通过矩阵控制键盘对带云台及电动三可变镜头进行控制得 1 分。 4. 通过计算机客户端软件对 POE 高清网络半球摄像机进行监控得 1 分。 5. 通过矩阵主机对 HDCVI 高清同轴高速球型摄像机和 HDCVI 高清同轴一体化枪型摄像机画面进行轮巡显示（时间间隔 6S）得 2 分	8

续表

项目	考核内容	任务要求	分值
安全防范系统安装、连接、调试	三、视频监控系统运行与管理	1. 按下紧急按钮后，HDCVI 硬盘录像机能弹出 HDCVI 高清同轴一体化枪型摄像机画面得 1 分。 2. 按下紧急按钮后，HDCVI 硬盘录像机能发出声光报警信号并能对 HDCVI 高清同轴一体化枪型摄像机进行录音录像得 2 分。 3. 红外对射探测器触发报警后，HDCVI 硬盘录像机能发出声光报警信号并调用 HDCVI 高清同轴高速球型摄像机指定预置位和进行录像得 2 分。 4. 能查询到按下紧急按钮后 HDCVI 高清同轴一体化枪型摄像机通道的录音录像回放得 1 分。 5. 能查询到红外对射探测器触发报警后 HDCVI 高清同轴高速球型摄像机通道的录像回放得 1 分	7
职业素养	一、安全生产 二、职业道德 三、职业规范	1. 竞赛现场大声喧哗； 2. 参赛选手进入其他工位； 3. 短路跳闸； 4. 带电进行连接或改接； 5. 器材及临时工具接触地面； 6. 器材及临时工具放置超越肩部高度； 7. 竞赛完成后不清理工位。 违反文明生产，由裁判员视情况最多扣 10 分	

附录 B　亚龙 YL-700 系列楼宇智能化监控系统实训考核装置平台简介

一、装置概述

亚龙 YL-700 系列楼宇智能化监控系统实训考核装置（见图 B1）依据建筑设备行业的发展趋势和特点，结合楼宇智能化技术的功能和应用，以楼宇智能化视频监控系统、防盗报警系统、设备监控系统、集成监控系统、通信网络系统及综合布线系统工作任务为导向，基于楼宇智能化、工业自动化、计算机网络通信、综合布线及系统集成等多种技术的综合运用和拓展，多层面地满足了职业院校楼宇智能化设备安装与运行、物业管理、自动化、计算机网络通信等相关专业的系统与原理演示、技能展示、工作任务设计与计划、实训、过程与结果评定、考核、鉴定及竞赛等，同时还采用了创新型的物联网故障考核系统功能模块，系统地训练了学生专业技术、实操技能（安装、布线、接线、编程、集成、调试、运行、维护及检修等）、交流沟通、团队协作及效率意识等能力，同时培养了其严谨的工作作风和良好的职业素养。

图 B1

二、技术指标

（1）电源输入：单相三线（第三方接地），AC 220V（1±10%），50/60Hz。

（2）安全保护：接地，漏电（动作电流不大于 30mA），过压，过载，短路，越级跳闸。

（3）整机功耗：≤500W。

（4）整机质量：≤300kg。

（5）外形尺寸（宽×深×高）：4500mm×650mm×1930mm。

三、实训项目

（1）楼宇智能化视频监控系统。

1）系统的安装、布线、接线、编程、调试、运行、维护及维修。

2）线路故障的设置、检测及排除。

3）各类摄像机和镜头的结构、原理、接线、调试和应用。

4）球型摄像机的接线、设定和操作。

5）网络摄像机的接线、设定和操作。

6）硬盘录像机的接线、设定和操作。

7）室内全方位云台和解码器的接线和操作。

8）摄像机、硬盘录像机及监视器的连接和调试。

9）电动镜头、硬盘摄像机、室内云台、解码器及录像机的连接和调试。

10）球型摄像机和硬盘录像机的连接和调试。

11）硬盘录像机、网络摄像机及工作站 IP 地址的分配和设定。

12）了解和掌握 POE 交换机的标准规范和控制方式。

13）硬盘录像机、网络摄像机、POE 分离器及 POE 交换机的连接和调试。

14）矩阵主机、控制键盘、硬盘录像机、视频分配器及液晶监视器的连接、配置和调试。

15）智能楼宇集成监控软件的编程和通信，集成监控用户界面的设计和制作。

16）光纤分线盒的安装、连接和测试。

17）光纤收发器的连接和调试。

18）PVC 波纹管及其配件的安装和布线。

19）PVC 线槽及其配件的安装和布线。

20）PVC 线管及其配件的安装和布线。

21）桥架及其配件的安装和布线。

22）单模皮线光缆的快速端接、测试和连接。

23）信息插座和机架设备的安装。

24）水晶头及跳线的制作和测试。

25）RJ 45 模块和配线架的压线和测试。

26）RJ 45 跳线的连接及链路的测试。

（2）楼宇智能化防盗报警系统。

1）系统的安装、布线、接线、编程、调试、运行、维护及维修。

2）线路故障的设置、检测及排除。

3）不同类型的防区并对其参数进行设置实训。

4）不同的布撤防类型并对其参数进行设置实训。

5）可编址控制主机的权限设置和维护实训。

6）报警记录的查询和导出实训。

7）探测器、可编址控制主机、键盘、警号及闪灯的连接和调试实训。

8）可编址控制主机、串行接口模块及防盗报警监控软件的通信和调试实训。

9）桥架及其支架的安装和布线。

10）信息插座和机架设备的安装。

11）水晶头及跳线的制作和测试。

12）RJ 45 模块和配线架的压线和测试。

13）RJ 45 跳线的连接及链路的测试。

（3）楼宇智能化设备监控系统。

1）系统的安装、布线、接线、编程、调试、运行、维护及维修。

2）线路故障的设置、检测及排除。

3）四种标准信号（DI/DO/AI/AO）的认识、测量与连接。

4）系统程序设计、编写、调试和监控。

5）DDC 编程软件的安装和通信接口的配置。

6）DDC 数字量输入/输出模块的编程和配置。

7）DDC 模拟量输入/输出模块的编程和配置。

8）DDC 日程、时间和计划功能模块的编程和配置。

9）DDC 逻辑表功能模块的编程和配置。

10）DDC 模拟量转换功能模块的编程和配置。

11）DDC 设备运行状态功能模块的编程和配置。

12）系统组态监控界面设计。

13）基于 DDC 的智能照明子系统的功能设计、接线、编程、调试及运行。

14）基于 DDC 的新风与空调机组监控虚拟仿真系统的功能设计、接线、编程、调试及运行。

15）基于DDC的供配电与照明监控虚拟仿真系统的功能设计、接线、编程、调试及运行。

16）基于DDC的给排水与热交换监控虚拟仿真系统的功能设计、接线、编程、调试及运行。

17）基于DDC的智能家居与电梯监控虚拟仿真系统的功能设计、接线、编程、调试及运行。

18）智能镜像网管交换机的参数设定和VLAN划分。

19）综合布线系统垂直干线子系统与水平干线子系统的安装、链路设计、连接和测试。

20）光纤分线盒的安装、连接和测试。

21）光纤收发器的连接和调试。

22）程控交换机的安装、配置和电话机通话测试。

23）PVC波纹管及其配件的安装和布线。

24）PVC线槽及其配件的安装和布线。

25）PVC线管及其配件的安装和布线。

26）桥架及其配件的安装和布线。

27）单模皮线光缆的快速端接、测试和连接。

28）信息插座和机架设备的安装。

29）水晶头及跳线的制作和测试。

30）110配线架的压线和测试。

31）鸭嘴跳线的连接及链路的测试。

32）RJ 45模块和配线架的压线和测试。

33）RJ 45跳线的连接及链路的测试。

（4）楼宇智能化火灾报警及联动系统。

1）系统的安装、布线、接线、编程、调试、运行、维护及维修。

2）线路故障的设置、检测及排除。

3）各类控制器、火灾报警探测器和模块的结构、原理、接线、调试和应用。

4）火灾报警控制器的接线、操作和编程。

5）火灾显示盘的接线和操作。

6）电子编码的设计和操作。

7）手/自动联动控制。

8）消防广播系统、消防电话系统和联动控制系统的接线、操作和事故演习。

9）火灾自动报警及消防联动控制系统的设计、接线、编程、调试和事故演习。

10）火灾自动报警监控管理软件的编程及操作。

11）智能楼宇集成监控软件的编程和通信，集成监控用户界面的设计和制作。

12）光纤分线盒的安装、连接和测试。

13）PVC 波纹管及其配件的安装和布线。

14）PVC 线槽及其配件的安装和布线。

15）PVC 线管及其配件的安装和布线。

16）桥架及其配件的安装和布线。

17）单模皮线光缆的快速端接、测试和连接。

18）信息插座和机架设备的安装。

19）水晶头及跳线的制作和测试。

20）RJ 45 跳线的连接及链路的测试。